难加工材料高效精密加工与3D打印技术

Difficult-to-Machine Materials: High-Efficiency Precision Machining and 3D Printing Technologies

李　清
李伯民
辛志杰　编著

化学工业出版社
·北京·

内容简介

难加工材料高效精密加工与3D打印技术，对于推动高端制造技术、装备及高质量发展具有积极的现实意义。本书在全面介绍难加工材料的分类、性能及加工特点的基础上，对难加工材料的高速与超高速高效切削（磨削）加工技术、高效精密切削（磨削）加工技术、高效切削（磨削）复合加工技术等进行了重点介绍，还介绍了难加工材料典型零件切削加工实例，特别是对当前蓬勃发展的3D打印技术在难加工材料中的具体应用与实例进行了阐述。

全书内容丰富、系统，理论联系实际，具有实用性强等特点。本书可供机械制造及其自动化、机电产品设计、材料加工企业及研究部门工程技术人员和材料加工成型、3D打印等领域的人士参考，也可作为高校机械工程及其自动化、材料科学与工程等相关专业本科生和研究生的教学参考书。

图书在版编目（CIP）数据

难加工材料：高效精密加工与3D打印技术/李清，李伯民，辛志杰编著. —北京：化学工业出版社，2024.5

ISBN 978-7-122-43916-1

Ⅰ.①难…　Ⅱ.①李…②李…③辛…　Ⅲ.①难加工材料切削　Ⅳ.①TG506.9

中国国家版本馆CIP数据核字（2023）第140030号

责任编辑：朱　彤　　文字编辑：林　丹　吴开亮
责任校对：刘　一　　装帧设计：刘丽华

出版发行：化学工业出版社（北京市东城区青年湖南街13号　邮政编码100011）
印　　装：北京科印技术咨询服务有限公司数码印刷分部
787mm×1092mm　1/16　印张13¾　字数354千字　2025年1月北京第1版第1次印刷

购书咨询：010-64518888　　售后服务：010-64518899
网　　址：http://www.cip.com.cn
凡购买本书，如有缺损质量问题，本社销售中心负责调换。

定　　价：98.00元

前言

随着经济发展和科技进步，各类高强度、高硬度、耐磨、耐高温、耐腐蚀等难加工材料不断涌现，广泛开展难加工材料高效精密加工技术研究和应用，对于提高制造企业竞争力，推动高端制造技术、装备的高质量发展具有积极的现实意义。

难加工材料的加工技术和3D打印技术都是现代加工技术的重要组成部分。其中，机械切削（磨削）加工目前仍是难加工材料加工的主流技术途径，并发挥着不可替代的作用。3D打印技术又称为“增材制造”，是与传统“减材制造”截然不同的工艺，它独辟蹊径，为难加工材料带来一种崭新的制造和加工模式，提供独特的解决方案。近年来，我国的3D打印技术获得了高速发展，也为难加工材料的加工提供了一个非常好的平台。

本书综合了近年来现代制造技术在难加工材料高效精密加工与难加工产品方面的新理论和技术成果以及编者的技术实践经验。全书介绍了高温合金、钛合金、超高强度钢、陶瓷材料、复合材料等难加工材料的分类、性能及加工特点，对难加工材料的高速与超高速高效切削（磨削）加工技术、高效精密切削（磨削）加工技术、高效切削（磨削）复合加工技术等进行了重点介绍，还介绍了难加工材料典型零件加工实例，特别是对目前蓬勃发展的3D打印技术在难加工材料加工中的具体应用进行了阐述。本书以“难加工、难制造”作为出发点，将材料去除加工和增材制造进行了整合，并将难加工材料的高效精密加工和3D打印技术以不同方式为制造加工过程中的“难”提供了不同的解决方案，二者相辅相成，力争为现代制造行业技术人员提供更加系统和完善的解决对策。本书可供机械制造及其自动化、机电产品设计、材料加工企业及研究部门工程技术人员参考，也可作为高校机械工程及其自动化、材料成型等相关专业本科生和研究生的教学参考书。

本书由李伯民、李清、辛志杰编著。具体分工如下：李伯民编写了第1、5章；辛志杰编写了第7、8章；李清编写了第2、3、4、6章。全书由李伯民、辛志杰共同进行审稿并定稿。在本书编写过程中，研究生齐青华、张鹏、刘荣帅、丰玉玺完成了大量相关工作，特此表示感谢。

由于时间和水平有限，书中疏漏之处在所难免，敬请广大读者批评、指正。

编著者

2024年3月

目录

第5章 难加工材料高效复合加工技术 / 116

第6章 难加工材料典型零件加工实例 / 132

绪论

随着科学技术与先进制造技术的发展，高温合金、钛合金、超高强度钢、陶瓷材料、复合材料等难加工材料，在航空航天、舰船、核工业以及兵器装备等民用和军工领域中的应用日益广泛。新产品、新装备研制型号的增多，开发周期的缩短，也对改善产品加工质量、提高加工效率、降低生产资料消耗提出了更新和更高的要求。因此，广泛开展难加工材料高效精密加工技术研究和应用，对于提高制造企业的竞争力，推动高端制造技术、装备及高质量发展具有十分重要的现实意义。

1.1 难加工材料的范畴、分类及性能

难加工材料通常没有明确的定义，一般是指切削、磨削或切（磨）削加工困难的材料，即切（磨）削加工性差的材料。难加工材料的范畴并不是一成不变的，随着加工技术的不断发展，现阶段切（磨）削加工困难的材料在未来也可能成为易加工材料，而难加工材料的范畴又会因不断出现的新材料性能的提高而改变。在切削、磨削加工中钛合金属于难加工材料，而在 3D 打印技术中，用钛合金粉末制造三维复杂形状的零件相对切削加工简单易行，装备简单，成本降低。此外，在高端制造领域，以我国 C919 大型客机机头工程样件研制所需的钛合金主风挡窗框为例，应用激光 3D 打印直接制造技术，从制造零件到装上飞机，仅用了 55 天，并且零件费用还不到模具费用的 1/5。

难加工材料的种类很多，涵盖金属材料和非金属材料，范围很广。从切削加工角度，初步可分为以下几类。

（1）高强韧类难加工材料

这类材料主要有钛合金、高温合金、超高强度钢等，其特点主要包括塑性强、韧性好、强度高、热导率低。在切削加工中，由于材料的热导率很低，造成切削热高，刀具易产生磨料磨损、黏结磨损、扩散磨损和氧化磨损。此外，切削表面易出现加工硬化严重现象，刀具对钛、镍、钴及其合金等材料化学活性大、亲和性强，加工时材料易粘在刀具上，与刀具材料产生化学、物理作用，出现元素相互扩散等现象。

(2) 高硬脆类难加工材料

这类材料主要包括光学玻璃、硅片、陶瓷等。此类材料硬度高，脆性大，耐磨性好；在切削时起磨料作用，故刀具主要承受磨料磨损，高速切削时同时伴有物理与化学磨损；被加工表面易产生裂纹及边缘破损，降低零件的强度及使用寿命。

(3) 兼具高强韧和高硬脆类特性的难加工材料

这类材料主要包括金属基复合材料（铝基、钛基复合材料）、无机非金属基复合材料（以陶瓷材料为基体的复合材料）、聚合物基复合材料，以各类聚合物（热固性树脂、热塑性树脂及橡胶等）为基体制成的复合材料。按照增强纤维分为玻璃纤维复合材料、碳纤维复合材料、有机纤维（如高强度聚烯烃纤维、芳香族聚酯纤维）复合材料、金属纤维（如不锈钢丝、钨丝）复合材料、陶瓷纤维（如 Al_2O_3 纤维）复合材料、碳化硅纤维复合材料、氮化硼纤维复合材料等。

该类材料具有高比强度、高比模量，良好的导热性、导电性、耐磨性、高温性能，低线膨胀系数，尺寸稳定性好等特点。在复合材料加工中常出现硬且脆（坚韧）的增强相，使刀具磨损大；有的复合材料韧性大且不导热，易黏结刀具。加工时，应选择合适的刀具、合理的加工余量和合理的冷却润滑措施，设计专用夹具，以保证加工质量。

1.2 难加工材料高效精密加工状况

1.2.1 高强韧类难加工材料高效精密加工状况

(1) 钛合金高效加工的发展现状

高性能钛合金广泛用于制造飞机机体结构的翼梁、隔框和接头，以及用于制造航空发动机中的压气机叶片、压气机盘、机匣和燃料室外壳等重要零件。钛合金在飞机整体结构材料中的比例越来越高，如美国 F-22 战机的钛合金零件的总质量占飞机结构质量的比例已达 41%，F-35 战机则达到了 42%。但在航空工业中，钛合金零件合格成品和毛坯之比往往仅为 15%左右。钛合金毛坯主要通过切削方式（车、铣、磨、钻等）去除多余的材料，因此，实现钛合金高效切削加工是工业界追求的目标。

美国 GE 公司开展了提高钛合金切削加工效率的研究工作，通过 K10 硬质合金刀具以 31.4～628m/min 的铣削速度进行实验，并以 30～300m/min 的车削速度进行实验，发现铣削速度可高达 628m/min，而连续车削时却不能超过 200m/min。

使用 PCD（聚晶金刚石）刀具高速铣削 Ti6Al4V 压气机叶片，在 110m/min 的切削速度下刀具寿命可达 281min。高速铣削钛合金时，也可获得较好的切削效果。使用可转位刀具切削 Ti6Al4V 钛合金，在高速车削状态下，可转位刀具的寿命比整体式刀具的寿命增长了 37 倍，有时高达 64 倍。利用 PCBN（聚晶立方氮化硼）刀具高速（300～400m/min）铣削 Ti6Al4V 钛合金，拥有较佳的切削优势。在 250～350m/min 分别采用 PCD 和 PCBN 刀具铣削钛合金，结果显示两种刀具加工质量良好，PCD 刀具耐用度好于 PCBN。

(2) 高温合金高效加工的发展现状

镍基高温合金是最难加工的材料之一。该合金主要用于航空航天发动机中，使用量很大，零件形状复杂，组织结构完整性要求高，零件质量虽不大，但毛坯的质量很大，切削加工量非常大。因此，提高高温合金的加工效率和加工质量是提高制造水平的关键。

加工镍基高温合金主要选用硬质合金刀具、陶瓷刀具、PCBN 刀具。当高速加工 Inconel718 合金时（高速是指超过 50m/min 的速度），采用 K20 和 P20 两种硬质合金刀具干切削后，发现刀具以 35m/min 的切削速度加工时，切削温度高达 1000℃，积屑瘤比较严重；P20 刀具比 K20 刀具磨损要严重，用 TiN PVD（物理气相沉积）涂层刀具在车削速度为 30m/min、进给量为 0.2mm/r、余偏角为 45°条件下，加工 Inconel718 合金时，刀具耐用度最高，使用陶瓷刀具高效切削高温合金的效果比硬质合金刀具更佳。如用 SiC 晶须强化 Al_2O_3 陶瓷刀具、Si_3N_4 陶瓷刀具和 Al_2O_3-TiC 陶瓷刀具，可在切削速度为 500m/min 时，使用 10%的水基冷却液车削 Inconel718 合金。SiC 晶须强化 Al_2O_3 陶瓷刀具在进给量为 0.19mm/r、切削深度为 0.5mm 时，主切削刃上的主磨损沟尺寸比较小；但当切削速度提高或加大进给时，SiC 晶须强化 Al_2O_3 陶瓷刀具和 Si_3N_4 陶瓷刀具的前后刀面磨损都非常大。Al_2O_3-TiC 陶瓷刀具的后刀面磨损一直都比较小，当切削速度为 500m/min 时，前后刀面磨损都是最小的。但是，当切削速度为 400～500m/min 时，SiC 晶须强化 Al_2O_3 陶瓷刀具和 Si_3N_4 陶瓷刀具的磨损急剧增大，发生扩散磨损。而用 Al_2O_3-TiC 陶瓷刀具进行加工是最稳定的，高速切削加工比较耐热。采用涂层可以增加刀具的寿命，用 TiAlN 涂层刀具切削高温合金时刀具寿命更高。PCBN 刀具在高温区化学稳定性较好，非常适用于高速切削镍基高温合金。含 85%～95%CBN、粒度为 2～3μm、采用金属等结合剂的 PCBN 刀具切削速度一般选择 120～240m/min；加工 Inconel718 合金时，宜选用 CBN 含量高的刀具，CBN 含量越高，PCBN 刀具的硬度就越高，可以减小残余应力和获得较好的表面粗糙度。

1.2.2 高硬脆类难加工材料高效加工状况

工程陶瓷是高硬脆类难加工材料的代表。陶瓷材料具有高硬度与无塑性的特点，使工程陶瓷的高效加工极其困难。实现陶瓷材料的高效切削加工，主要采用了以下方法。

（1）CBN 刀具切削

CBN 刀具具有接近金刚石的硬度和抗压强度，热稳定性很高，耐热性达 1400～1500℃，具有较低的摩擦系数和良好的导热性。CBN 刀具切削机理：以负前角和高速切削时产生的高温不断软化切削区中极微小范围内的被切削材料从而进行切削。一般切削速度较高，用 CBN 刀具切削 Si_3N_4 陶瓷时，切削速度 v_c=60～90m/min，刀具磨损较小。由于 CBN 刀具脆性大，强度和韧性较差，宜选用较小的切削深度和进给量。

（2）PCD 刀具切削

车削 Al_2O_3 陶瓷：采用圆形 ϕ13mm 金刚石刀片，v_c=30～60m/min，切削深度 a_p=1.5～2mm，进给量 f=0.05～0.12mm/r，湿式切削，加工效率为 5～14cm^3/min。采用 DA100 圆刀片铣削 Al_2O_3 陶瓷，切削参数为 v_c=216m/min，a_p=0.5mm，f=0.05～0.12mm/r，切削 48min，刀具磨损 0.1mm 左右。采用 ϕ13mm DA100 圆刀片，v_c=50～80m/min，a_p=1～2mm，f=0.05～0.2mm/r，加工效率为 10～32cm^3/min。

（3）离子束加热切削

硼硅酸玻璃和莫来石（$3Al_2O_3 \cdot 2SiO_2$）等陶瓷材料可通过加热切削提高加工效率，加热温度分别达到 900K（约 630℃）和 1200K（约 930℃）时，其切削机理由脆性破坏转变为塑性变形，材料因高温软化。Si_3N_4 陶瓷也可以采用加热切削，加热到 1470K（约 1200℃）仍不产生裂纹，切屑呈流线型，表面粗糙度值较小。

(4) 新型金刚石砂轮磨削

采用金刚石砂轮磨削工程陶瓷可显著提高磨削效率。用金刚石砂轮平面磨削 Si_3N_4 陶瓷，磨削比大幅提高。磨削蓝宝石时，砂轮耐用度提高 30%，磨削比增大。若采用铸铁结合剂，砂轮价格便宜，修整容易。

采用复合磨削法可提高磨削效率。用超声振动磨削，在 Al_2O_3 陶瓷上加工 ϕ1mm 小孔，在 0.5mm 厚的 Al_2O_3 板材上加工 ϕ0.76～12mm 的孔，每个孔加工时间只需 5～15s，提高了磨削效率。

1.2.3 兼具高强韧和高硬脆特性的难加工材料高效加工状况

复合材料具有良好的物理化学特性，材料中包含硬度较高、刚性好的材料时会使切削加工困难。如陶瓷颗粒、碳化硅颗粒，其硬度非常高，切削时对刀具磨损严重。对碳化硅增强铝基复合材料进行钻削时，用高速钢钻头无法钻削。而采用电火花加工时，进给量小，加工效率低，复合材料的切削速度都比较低，一般为 100m/min 左右，甚至每分钟几米或几十米，每转进给在 0.1mm 以下，切削效率低。

PCD 刀具加工以 SiC 颗粒增强的复合材料，存在一个合理的切削速度范围，较高或较低的切削速度都会显著降低刀具的寿命。推荐采用的切削速度范围为 30～40m/min。

1.3 3D 打印技术与难加工材料制造产品新模式

3D 打印技术又称为“增材制造”技术。这种新兴技术在公开的文献中被通俗地称为 3D 打印，3D 打印具有能制造复杂形状和结构产品的独特能力。3D 打印成功地将虚拟的数字智能化技术与实实在在的工业产品“桥接”在一起，用“虚拟”再造“现实”。

与传统的难加工材料的“切削材料去除”的加工技术不同，3D 打印以经过智能优化处理后的 3D 数字模型文件为基础，运用粉末状金属或塑料等可热熔粘接材料，通过分层加工、叠加成型的方法“逐层增加材料”来生成 3D 实体。由于可采用各种各样的材料（液体、粉末、塑料丝、金属、纸张，甚至巧克力、人体干细胞等），可自由成型任意复杂的中空镶嵌形状，因此，3D 打印机也被称为“万能制造机”。例如，于 1989 年成立的德国 EOS 公司，作为工业级增材制造解决方案的技术领导者之一，推出的激光烧结成型设备所用的 3D 打印机粉末材料有 Ti64、Ti6Al4V 合金、镍基耐热合金 718、Inconel625 镍铬合金、MP1 钴铬高温合金、MS1 高强度马氏体时效钢、钴铬钼 SP2 高温合金、CP1 不锈钢、PH1 不锈钢等。

对于难加工材料如钛合金、耐热高温合金在航空航天、舰船、兵器等领域中的零件生产而言，采用传统的切削材料去除的加工工艺，即减材制造方式，会带来很多制造方面的困难。以增材制造技术将零件经 3D 数字模型智能处理后，可将钛合金粉末、镍基高温合金粉末加热熔融，以激光烧结分层加工、叠加成型方式，生产和制作出 3D 实体。在航空制造领域，企业纷纷将增材制造技术和相关材料纳入新型航空部件的研发中。美国 GE 公司将其 LEAP 发动机的燃油喷嘴采用增材制造技术生产。这款知名的发动机，根据发动机版本的不同，每台发动机上安装有 18 个或 19 个燃油喷嘴。基于 3D 打印带来的制造优势，新设计的燃油喷嘴将原来的20个部件变成了一个精密整体，并与其他组件通过钎焊连接，喷气燃料通过喷嘴内部的复杂流道实现自身冷却。最终，新喷嘴质量比上一代减轻了25%，耐用度提高了5倍，成本效益上升了30%。GE公司的增材制造工厂已制造了超过10万个3D打印的燃油喷嘴，这是该公司和3D打印行业的重要里程碑。

2010年11月，世界上第一辆3D打印而成的汽车问世。2011年8月，英国南安普顿大学制造出世界上第一架3D打印的飞机。2013年11月，总部位于美国的一家3D打印公司设计制造出3D打印金属手枪。3D打印（增材制造）钛合金、镍基高温合金分层加工、叠加成型用于生产3D实体，彻底改变了以往切削材料去除时面临的加工性困难局面，简化了产品的制造程序，缩短了产品研制周期，提高了效率，降低了成本。

当前3D打印技术的应用已进入各行各业，几乎所有增材制造技术都基于相同的原理，因此，增材制造系统都有相似的工艺链。一般而言，增材制造过程有以下步骤：3D建模、数据转换与传输、检测与准备、3D打印、后期处理。

随着增材制造业的发展，3D打印技术出现了一些重要的发展趋势：低成本3D打印机数量的激增，金属3D打印机公司的兴盛；快速制造和批量个性化生产的发展；生物医疗工程领域的应用；成型速度和打印质量的不断提高及深受关注的设备易用性的提升等。一些增材制造技术的具体创新应用还体现在食品、建筑、服装（时装）、船舶、海洋等领域。金属粉末可以直接打印金属材料的成品，打印出来的金属部件能够立即投入使用，因此，这种增材制造也被称为直接金属制造。这种工艺具有不用模具、不限形式的优势，比快速成型机的性能更好，而且更接近材料自身的性能，比树脂或塑料增材制造产品具有更好的产品性能。此外，与传统CNC(计算机数控系统）的加工方式相比，还具有速度优势。总之，3D打印虽然不能颠覆传统制造业，但可以大力助推传统制造业的转型升级，使传统行业焕发勃勃生机。

难加工材料主要加工技术

在航空航天、核工业、兵器工业及现代机械工业领域，装备制造产品对材料性能提出了各种各样新的特殊要求。因此，出现了许多难加工材料，如高强度与超高强度钢、高温合金、钛合金、不锈钢、冷硬铸铁、淬硬钢、陶瓷、工程塑料等以及复合材料。这些材料均较难或难以切削加工，表现在切削力增大，切削温度升高，刀具耐用度缩短，加工表面恶化，切屑难以控制与处理，生产效率与加工质量下降等。

2.1 高强韧类难加工材料的加工

2.1.1 超高强度钢的加工

（1）超高强度钢分类及性能

超高强度钢主要用于制造飞机起落架、飞机发动机的压气机轴和涡轮轴、火箭发动机壳体、导弹壳体、高压容器等，是重要的结构材料。按超高强度钢的化学成分分类，主要可分为低合金超高强度钢、中合金超高强度钢及高合金超高强度钢。代表性的超高强度钢如下。

① 40CrNiMoA 钢。其为低合金超高强度钢，经 900℃淬火+230℃回火，呈回火马氏体组织；力学性能：抗拉强度$\sigma_b=1820$MPa，屈服强度$\sigma_{0.2}=1560$MPa，伸长率$\delta=8\%$，断面收缩率$\psi=30\%$，冲击韧性$\alpha_k=55\sim75$J/cm^2，断裂韧性$K_{Ic}=17.7\sim23.2$MPa·m$^{1/2}$。

② 300M 钢。300M 钢是在 40CrNiMoA 钢的基础上加入约 1.5%Si 和 0.05%～0.10%V，并稍微提高碳和铝的含量。热处理后抗拉强度可达到 1900MPa 以上。300M 钢经 930℃正火，870℃油淬，再经 300℃两次回火；主要力学性能：$\sigma_b\geqslant1950$MPa，$\sigma_{0.2}\geqslant1620$MPa，$\delta\geqslant8\%$，$\psi\geqslant30\%$。

③ 30CrMnSiNi2A 钢。其为应用广泛的低合金超高强度钢。经 900℃淬火，250～300℃回火后，抗拉强度达 1600～1800MPa，冲击韧性达 70～90J/cm^2。采用等温淬火，其冲击韧性可达 100～120J/cm^2。

④ 40CrMnSiMoVA 钢（GC-4）。其为无镍超高强度钢，用于制造飞机起落架、机翼大

梁等重要零件。含碳质量分数约为0.4%，以保证钢的强度。钢中Mn、Cr、Mo、Si等元素的主要作用在于提高钢的淬透性和马氏体回火稳定性。具有良好的溶透性，180℃等温淬火时，直径50mm的截面在油中可淬透；300℃等温淬火时，直径40mm的截面在油中能淬透。抗拉强度达2000MPa，$\delta=14\%$，$\psi=46\%$，$\alpha_k=79J/cm^2$。

（2）超高强度钢的加工特点

超高强度钢切削加工难度大，表现在切削力大、切削温度高、刀具磨损快、耐用度低、断屑困难、生产率低。

① 切削力大。超高强度钢的强度高，即σ_s大，故主切削力F_z大。车削低合金钢时，其主切削力比车削45钢（正火）提高25%～40%，车削中合金、高合金高强度钢时的主切削力比车削45钢（正火）提高50%～80%。

② 切削温度高。切削超高强度钢的切削力大，切削功率大，消耗能量多，形成的切削热也较高。该类钢导热性较差，切屑集中在刃口很小的接触面内，刀具切削区温度较高。

③ 刀具磨损严重、耐用度低。调质超高强度钢的硬度在50HRC以下，抗拉强度高，韧性好。切削区的应力和热量集中，易造成前刀面月牙洼磨损与后刀面磨损，导致刀具刃口崩缺、烧伤，降低刀具耐用度。

④ 断屑困难。切削过程中切削不易断屑，易缠绕于工件及刀具上，划伤已加工表面。

2.1.2 钛合金的切削加工

（1）钛合金的分类与用途

钛及钛合金是一种新型结构材料，其主要特征是比强度高，耐腐蚀，具有良好低温性能，有一些特殊的物理、化学、生物性质和特殊功能，在尖端技术领域、军工领域、航空航天领域及石油化工、医疗等行业应用广泛。钛合金是同素异构体，熔点为1720℃，在低于882℃时呈密排六方晶格结构，称为α钛；在882℃以上时呈体心立方晶格结构，称为β钛。利用钛的上述两种结构的不同特点，添加适当的合金元素，可使其相变温度及相变含量逐渐改变而得到不同组织的钛合金。室温下，钛合金有三种基本组织，因此钛合金可分为以下三类。

① α钛合金。它是α相固溶体组成的单相合金，不论是在一般温度下还是在较高的实际应用温度下，均是α相，组织稳定，耐磨性高于纯钛，抗氧化能力强。在500～600℃的温度下，仍保持其强度和抗蠕变性能，但不能进行热处理强化，室温强度不高。

② β钛合金。它是β相固溶体组成的单相合金，未热处理即具有较高的强度，淬火、时效后合金得到进一步强化，室温强度可达到1372～1666MPa；但热稳定性较差，不宜在高温下使用。

③ α+β钛合金。它是双相合金，具有良好的综合性能，组织稳定性好，有良好的韧性、塑性和高温变形性能，能较好地进行热压加工，能进行淬火、时效使合金强化。热处理后的强度约比退火状态提高50%～100%；高温强度高，可在400～500℃的温度状态下长期工作，其热稳定性次于α钛合金。

三种钛合金中最常使用的是α钛合金和α+β钛合金；α钛合金的切削加工性能最好，α+β钛合金次之，β钛合金最差。α钛合金代号为TA，β钛合金代号为TB，α+β钛合金代号为TC。

钛合金是一种新型金属，钛的性能与所含碳、氮、氢、氧等杂质含量有关，最纯的钛杂质含量不超过0.1%，但其强度低、塑性高。99.5%工业纯钛的性能为：密度ρ为

4.5g/cm^3，熔点为1800℃，热导率λ为15.24W/(m·K)，抗拉强度σ_b为539MPa，伸长率δ为25%，断面收缩率ψ为25%，弹性模量E为1.078×10^5MPa，硬度为195HB。

① 比强度高。钛合金的密度一般在4.5g/cm^{3}左右，仅为钢的约60%，纯钛的强度接近普通钢的强度，一些高强度钛合金的强度超过了许多合金结构钢。因此，钛合金的比强度（强度/密度）远大于其他金属结构材料，可制出单位强度高、刚性好、质轻的零部件。目前飞机的发动机构件、骨架、蒙皮、紧固件及起落架等都使用钛合金。

② 热强度高。对于α钛合金，在350℃时TA6的σ_b达422MPa、TA7的σ_b达491MPa，在500℃时TA8的σ_b达687MPa；对于α+β钛合金，在400℃时TC4的σ_b达618MPa、TC10的σ_b达834MPa，在450℃时TC6和TC7的σ_b均达589MPa、TC8的σ_b达706MPa，在500℃时TC9的σ_b达785MPa。这两类钛合金在150～500℃范围内仍有很高的比强度，而铝合金在150℃时比强度明显下降。钛合金的工作温度可达500℃，铝合金则在200℃以下。

③ 耐腐蚀性好。钛合金在潮湿的大气和海水介质中工作，其耐腐蚀性远优于不锈钢；对点蚀、酸蚀、应力腐蚀的抵抗力特别强；对碱、氯化物、氯的有机物、硝酸等有优良的耐腐蚀能力。但钛对还原性氧及铬盐介质的耐腐蚀性差。

④ 低温性能好。钛合金在低温和超低温下，仍能保持其力学性能。在−100℃和−196℃时TA4的σ_b分别为893MPa和1207MPa，在−196℃和−253℃时TA7的σ_b分别为1216MPa和1543MPa、TC1的σ_b分别为1133MPa和1354MPa、TC4的σ_b分别为1511MPa和1785MPa。因此，钛合金也是一种重要的低温结构材料。

⑤ 化学活性大。钛的化学活性大，与大气中的O元素、N元素、H元素以及CO、CO_2、水蒸气、氨气等产生强烈的化学反应。含碳量大于0.2%时，会在钛合金中形成硬质TiC；温度较高时，与N作用也会形成TiN硬质表层；在600℃以上时，钛吸收氧形成硬度很高的硬化层；氢含量上升，会形成脆化层。吸收气体而产生的硬脆表层深度可达0.1～0.15mm，硬化程度为20%～30%。钛的化学亲和性较强，易与摩擦表面产生黏附现象。

⑥ 热导率小，弹性模量小。钛的热导率λ为15.24W/(m·K)，约为镍的1/4，铁的1/5，铝的1/14，而各种钛合金的热导率比纯钛的热导率约下降50%。钛合金的弹性模量约为钢的1/2，故其刚性差、易变形，不宜制作细长杆和薄壁件；切削时加工表面的回弹量很大，约为不锈钢的2～3倍，造成刀具后刀面的剧烈摩擦、黏附、黏结磨损。

钛合金的牌号及性能见表2.1。

表2.1 钛合金的牌号及性能

类型	牌号	成分	σ_b/MPa	δ/%	α_k/(10^4J/m^2)	硬度(HB)	$E/10^6$MPa	λ/[W/(m·K)]
α钛合金	TA1	工业纯钛	343	25	—	—	—	—
	TA2	工业纯钛	441	20	—	—	—	—
	TA3	工业纯钛	540	15	—	—	—	—
	TA4	Ti3Al	687	12	—	24～300	0.124～0.134	10.47
	TA5	Ti4Al0.05B	687	15	8.86	24～300	0.124～0.134	—
	TA6	Ti5Al	687	10	29.43	24～300	0.103	7.54
	TA7	Ti5Al2.5Sn	785	10	29.43	24～300	0.103～0.118	8.79
	TA8	Ti5Al2.5Sn3Cu1.5Zr	981	10	19.62～29.43	24～300	—	7.54
β钛合金	TB1	Ti3Al8Mo11Cr	1079	18	—	—	>0.098	—
	TB2	Ti5Mo5V8Cr3Al	≤1079	18	29.43	—	—	—
			1373	7	14.72	—	—	—

续表

类型	牌号	成分	σ_b/MPa	δ/%	α_k/(10^4J/m^2)	硬度(HB)	$E/10^6$MPa	λ/[W/(m·K)]
α+β钛合金	TC1	Ti2Al1.5Mn	589	15	44.15	210～250	0.103	9.63
	TC2	Ti2Al1.5Mn	687	12	39.24	60～70HRB	0.108～0.118	—
	TC3	Ti5Al4V	883	11	—	320～360	0.112	—
	TC4	Ti6Al4V	903	10	39.24	320～360	0.111	5.44
	TC5	Ti6Al2.5Cr	932	10	—	260～320	0.108	7.12
	TC6	Ti6Al2Cr2Mo1Fe	932	10	29.43	266～331	0.113	7.95
	TC7	Ti6Al0.6Cr0.4Fe0.4Si0.01B	981	10	34.34	—	0.125	—
	TC8	Ti6.5Al3.5Mo2.5Sn0.3Si	1030	10	29.43	310～350	0.115	7.12
	TC9	Ti6.5Al3.5Mo2.5Sn0.3Si	1059	9	29.43	330～365	0.116	7.54
	TC10	Ti6.5Al6V2Sn0.5Cu0.5Fe	1030	12	34.34～39.24	—	0.106	—

(2) 钛合金的切削特点

钛合金的硬度大于350HB时切削加工特别困难，小于300HB则容易出现黏结刀具现象，也难以切削。但钛合金的硬度只是难以切削加工的一个方面，关键在于钛合金本身化学、物理、力学综合性能对切削加工性的影响。钛合金有如下切削特点。

① 变形系数小。这是钛合金切削加工的显著特点，变形系数小于或接近1。切屑在前刀面上滑动摩擦的路程大幅度增加，加速刀具磨损。

② 切削温度高。由于钛合金的热导率很小，切屑与前刀面的接触长度极短，切削时产生的热不易传出，集中在切削区和切削刃附近的较小范围内，切削温度很高。在相同的切削条件下，切削温度可比切削45钢高出一倍以上。

③ 单位面积上的切削力大。主切削力比切削钢时约小20%，由于切屑与前刀面的接触长度极短，单位接触面积上的切削力大幅度增加，容易造成崩刃；同时，由于钛合金的弹性模量小，加工时在径向力作用下容易产生弯曲变形，引起振动，加大刀具磨损并影响零件的精度。因此，要求工艺系统应具有较好的刚性。

④ 冷硬现象严重。由于钛的化学活性大，在高的切削温度下，很容易吸收空气中的氧气和氮气形成硬而脆的外皮；同时，切削过程中的塑性变形也会造成表面硬化。冷硬现象不仅会降低零件的疲劳强度，而且能加剧刀具磨损，是切削钛合金时一个很重要的特点。磨损宽度VB_{max}<0.4mm较合适。

(3) 金刚石与CBN刀具切削钛合金

使用金刚石和立方氮化硼（CBN）刀具切削钛合金，可获得显著效果。

① 金刚石刀具切削加工钛合金。切削加工钛合金可以选用聚晶金刚石（PCD）或金刚石镀膜焊接刀具。在精加工时，可选用天然金刚石刀具。金刚石刀具加工钛合金具有以下特点。

a. 有很高的耐用度。用硬质合金刀具和金刚石复合片刀具车削钛合金棒料，采用的车削用量为v_c=56m/min、a_p（背吃刀量或切削深度）为1mm、f=0.05mm/r。用硬质合金刀具车削时，刀具很快就磨损了，切屑体积仅有0.07cm^3；而在相同的磨损条件下，金刚石车刀却能切下多得多的切屑，切屑体积高达132cm^3，约是硬质合金刀具的1886倍。通过切削钛合金实验，在相同条件下，刀具材料磨损量最大的是氧化铝基陶瓷，其次是硬质合金，磨损量最小的是金刚石。

b. 有很高的热导率。钛合金的热导率为5.44～10.47W/(m·K)，是45钢的1/6～1/5，而金刚石的热导率非常高，达146.5W/(m·K)，是45钢的约3倍、硬质合金的1.7～

7倍；加上金刚石硬度高，切削刃可磨得非常锋利，切削时产生的切削热较少，刀具又能传出很大部分切削热。因此，采用金刚石刀具加工钛合金的切削温度低。

c. 允许较高的切削速度。用YG类硬质合金刀具加工TC4钛合金时，切削速度一般采用$v_c=20\sim50$m/min；而用金刚石刀具干切时，$v_c=100$m/min，湿切时可高达$v_c=200$m/min，比硬质合金高出好几倍，且刀具几乎看不出有多少磨损。

d. 黏结和扩散磨损最小。用于切削钛合金的各种刀具材料中，金刚石与钛合金间产生黏结和扩散的可能性最小，即切削时刀具产生的黏结磨损和扩散磨损最小。

实践证明，精切钛合金时以金刚石刀具最佳，粗加工时以YG类硬质合金刀具湿切为好。金刚石刀具的几何参数是前角$\gamma_0=-5°$、后角$\alpha_0=17°$、主偏角$\kappa_r=30°$、副偏角$\kappa_r'=20°$、刃倾角$\lambda_s=0°$、刃口圆弧半径$r_\varepsilon=0.1$mm；切削参数为$v_c=80\sim90$m/min，$a_p=0.2\sim0.4$mm，$f=0.05\sim0.07$mm/r。

② PCBN刀具车削TC4钛合金。PCBN刀具选用美国Kennametal公司的KDIZ刀片，CBN含量为93%，PCBN焊接在硬质合金基体上。刀片几何参数为：$\gamma_0=-8°$、$\lambda_s=0°$、$\kappa_r=45°$。

车削加工工件材料为TC4钛合金（Ti6Al4V）棒料，属于α+β类钛合金，其化学成分（质量分数）：C为0.05%、Fe为0.09%、N为0.01%、Al为6.15%、V为4.40%、H为0.05%、Ti为余量。其抗拉强度$\sigma_b=903$MPa，屈服强度$\sigma_{0.2}=830$MPa，伸长率$\delta=11\%$，弹性模量$E=111$GPa，硬度36HRC。

车削TC4，当$v_c=80$m/min时，$f=0.1$mm/r，$a_p=0.25$mm，经过50min的切削，后刀面磨损宽度VB达0.3mm左右。当$v_c=120$m/min时，$f=0.15$mm/r，$a_p=0.25$mm，切削20min，则后刀面磨损宽度达0.3mm。当$v_c=120$m/min时，$f=0.1$mm/r，$a_p=0.4$mm，切削12min左右时，后刀面磨损宽度也达0.3mm。可以看出切削深度a_p增大，刀具后刀面磨损也增加。在相同磨损量$VB=0.3$mm，$a_p=0.4$mm时，切削时间最短。

在$v_c=120$m/min，$f=0.1$mm/r，$a_p=0.4$mm的切削条件下，对比金刚石、PCBN、涂层硬质合金三者的刀具寿命，则PCBN刀具寿命最长。

在$v_c=120$m/min条件下，改变进给量f和切削深度a_p，考察对表面粗糙度（Ra）的影响。PCBN刀具车削时进给量f对表面粗糙度影响最大。当$v_c=120$m/min时，$a_p=0.4$mm，$f=0.1$mm/r，Ra值较小，$Ra=0.7\mu$m，且切削平稳。当$v_c=120$m/min时，$a_p=0.4$mm，$f=0.15$mm/r，则Ra值较大，达$Ra=0.9\sim1.1\mu$m。实践证明，PCBN刀具切削TC4钛合金时，选择大的进给量f和切削深度a_p是不恰当的。

在$v_c=120$m/min条件下，增大进给量f与切削深度a_p，则切削力增大，随切削时间增加，切削力越来越大，直到达到刀具磨损标准；当达到磨损急剧阶段时，切削力随刀具磨损增大而急剧增加。

(4) CBN砂轮磨削钛合金

磨削钛合金时，钛合金力学性能给磨削带来如下特点。

① 磨削力大，磨削温度高，单位宽度法向磨削力F_n达13N/m，单位切向磨削力F_t达9N/m，磨削温度达650℃左右。

② 磨削过程中变形复杂，生成层叠状挤裂切屑。

③ 砂轮黏附严重，黏附物脱落可导致砂轮磨粒破碎与脱落。

④ 化学活性高，易导致砂轮氧化磨损与扩散磨损。

钛合金过去常用SiC砂轮进行磨削，砂轮黏附、氧化磨损、扩散磨损严重。而CBN砂轮具有高硬度、高韧性、高化学稳定性，很适合磨削钛合金，既可进行普通磨削，又可进行缓进给磨削。缓进给磨削的低温优势有利于钛合金的磨削加工。

用树脂结合剂 CBN 砂轮、粒度 100#、浓度 75%磨削 TC4 工件，在平面磨床上进行切入式顺磨、缓进给磨削，磨削参数为：砂轮速度 v_s=19.5m/s，a_p=1mm；使用 5%乳化液，流量为 90L/min，压力为 0.4MPa，冷却。其磨削力、磨削比去除率 Z_w、磨削温度（T）的数据显示如图 2.1 所示。

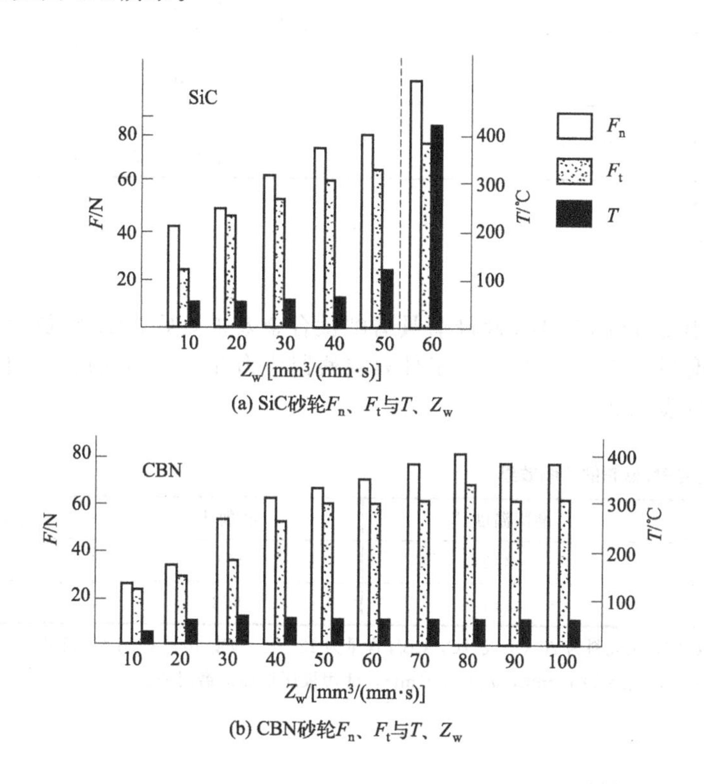

图 2.1 SiC、CBN 砂轮磨削力、磨削去除率、磨削温度对比

用 CBN 砂轮缓进给磨削时磨削力较 SiC 砂轮磨削明显下降。磨削温度相差不大，SiC 砂轮易发生钝化。而 CBN 砂轮的力与温度能长时间保持在正常水平上，CBN 砂轮钝化趋势不明显。使用 CBN 砂轮磨削钛合金几乎不存在磨削黏附堵塞砂轮的现象。CBN 砂轮在正常磨损阶段，由于磨粒自身的耐磨性好，磨料为磨耗磨损，因此可以保持良好的磨削性能而不钝化，形成较好的磨削表面纹理。用 CBN 砂轮进行缓进给磨削的负荷大时，磨削温度升高，磨削液发生薄膜沸腾，使温度急剧上升。当温度超过树脂结合剂极限温度时树脂发生软化，会导致磨粒脱落。若出现这种情况，可选用金属结合剂和陶瓷结合剂 CBN 砂轮，或向磨削区供给大流量高压磨削液进行充分冷却。

使用 CBN 砂轮进行缓进给磨削与高效深切磨削（HEDG），存在烧伤工件的临界磨削温度。在临界磨削温度的高温区中进行磨削，工件表面易发生烧伤，所以 CBN 砂轮砂轮速度（衡量磨削时也称磨削用量）v_s、工件速度 v_w、磨削深度 a_p 的选择，应避开临界磨削温度，应在低于临界磨削温度区范围内选择 v_s、v_w 及 a_p。在低于临界磨削温度区内，磨削用量 v_s 对磨削温度影响最大，即磨削钛合金时砂轮速度不宜太高。具体磨削钛合金的磨削用量可参考表 2.2。

⊡ 表 2.2 磨削钛合金的磨削用量

磨削方式	v_s/(m/s)	v_w/(m/min)	a_p/(mm/st)①	f/(B/r)②
平面磨	15～20	18	粗 0.025 精≤0.013	0.65～6.5mm/st
外圆磨	15～20	15～30	粗 0.025 精≤0.013	粗 1/5，精 1/6
内圆磨	20～25	15～46	粗 0.013 精≤0.005	粗 1/3，精 1/6
无心磨	20～28	—	粗 0.025 精≤0.013	1.3～3.8m/min （工件通过速度）

① 表中 st 为单行程。

② B 为砂轮宽度，mm。

采用人造金刚石砂轮和 CBN 超硬磨具磨削钛合金效果更好，CBN 砂轮磨削钛合金的磨削比比采用混合磨料高 50～60 倍，而工件表层残留应力几乎均为压应力。陶瓷结合剂 CBN 砂轮的磨削效果见表 2.3。

⊡ 表 2.3 陶瓷结合剂 CBN 砂轮的磨削效果

砂轮磨料	磨削温度/℃	磨削比	表面粗糙度 Ra/μm
CBN/Al_2O_3	419	529	0.43
CBN/SiC	471	658	0.49

注：1. 主磨料为 CBN，填充料为 Al_2O_3 或 SiC，CBN 含量为 125%，粒度 100#，Al_2O_3 或 SiC 粒度为 80#，中等硬度。

2. 磨削时 v_s=31m/s，v_w=14m/min，a_p=0.01mm，使用极压添加剂磨削油。

2.1.3 耐热钢的切削加工

耐热钢是在高温工况下所使用的钢。耐热钢一般分为抗氧化钢（热稳定性钢）和热强钢。

在动力机械、石油化工等设备中所使用的许多耐热构件是在 300℃ 以上温度下工作的，有的甚至高达 1200℃。这些在高温工况下工作的耐热构件还要承受各种载荷作用和冲击作用；与高温气体接触，耐热钢构件的表面会发生高温氧化、燃气腐蚀作用。所以，对耐热钢性能的基本要求是：有足够的高温强度、抗蠕变性能、抗应力松弛性能及高温疲劳强度；要有足够高的化学稳定性，即抗高温氧化性；要有良好的组织稳定性、良好的导热性；有较好的铸造性、焊接性及可切削性。

钢的高温强度可用蠕变强度、持久强度表征。提高金属与合金的高温力学性能的途径有基本强化、晶界强化、弥散相强化与热处理强化等方法。

① 抗氧化钢。抗氧化钢有铁素体型和奥氏体型两类，广泛应用于制作工业炉中的构件。

a. 铁素体抗氧化钢是铁素体型不锈钢进一步合金化而形成的钢种，钢的表面容易得到连续而稳定的保护性氧化膜。这类钢主要分类如下。Cr13 型钢，使用温度在 800～850℃，如 Cr13Si3、Cr13SiAl。

b. 奥氏体型抗氧化钢是奥氏体不锈钢加入抗氧化的 Si、Al 等合金元素而形成的钢种。这类钢有 Cr-Ni 及 Cr-Ni-N 系抗氧化钢、Cr-Mn-N 及 Cr-Mn-Ni-N 系抗氧化钢、Fe-Al-Mn

抗氧化钢，相关参数见表 2.4。

表 2.4 典型抗氧化钢的牌号、化学成分和用途

钢种		化学成分/%							用途举例
		C	Si	Mn	Cr		S(<)	P(<)	
铁素体类	Cr3Si	≤0.01	1.0～1.5	≤0.7	3.0～3.5		0.03	0.035	<750℃下工作的炉用构件
	Cr6Si2Ti	≤0.15	2.0～2.5		5.8～6.8	Ti 0.08～0.15			<800℃下工作的炉用构件
	Cr11SiTi	≤0.08	1.0	≤1.0	10.5～11.75	Ti 6×C%～0.75		0.040	
	Cr13Si3	≤0.12	2.3～2.8	≤0.7	12.5～14.5			0.035	800～1000℃下工作的炉用构件
	Cr13SiAl	0.10～0.20	1.0～1.5		12.0～14	Al 1.0～1.8			800～1000℃下工作的炉用构件
	Cr18Si2	≤0.12	1.9～2.4	≤1.0	17.0～19.0				<1000℃下工作的炉用构件及渗碳箱
	Cr17Al14Si	≤0.10	1.0～1.5	≤0.7	16.5～18.5	Al 3.5～4.5			<1000℃下工作的炉用构件及渗碳箱
	Cr19Al13Si	≤0.10	1.5	≤1.0	17～20		0.03	0.040	
	Cr24Al12Si	≤0.12	0.8～1.2		23.0～25.0	Al 1.4～2.4		0.035	约1050℃温度波动下工作的炉用构件
	Cr25Si2	≤0.10	1.6～2.1		24～26				约1050℃温度波动下工作的炉用构件
	Cr25SiN	≤0.20	1.0	≤1.5	23～27			0.040	
奥氏体类	Cr18Ni25Si2	0.3～0.4	2.0～3.0		17～20	Ni 23～26	0.025	0.035	≤1100℃下工作的炉用构件、渗碳箱及炉内传送带
	6Mn18Al15Si2Ti	0.6～0.7	1.7～2.2	18～20		Ti 0.15～0.25 Al 4.5～5.5	0.030	0.060	≤950℃下工作的炉用构件
	Cr19Mn12Si2N	0.24～0.34	1.7～2.4	11～13	18～20	N 0.24～0.32	0.035	0.050	850～1000℃下工作的炉用构件
	Cr20Mn9Ni2Si2N	0.18～0.28	1.8～2.7	8.5～11	17～21	Ni 2～3 N 0.2～0.28	0.030	0.030	850～1000℃下工作的炉用构件，可替代Cr18Ni25Si2

② 热强钢。

a. 珠光体型热强钢。这类钢在正火状态下的金相组织为珠光体＋铁素体。含碳量较低，工艺性好，导热性好，工作温度可达 500～620℃。按含碳量及应用特点可分为低碳珠光体热强钢、中碳珠光体热强钢。典型珠光体型热强钢的参数如钢号、化学成分、热处理及力学性能分别见表 2.5 和表 2.6。

b. 马氏体型热强钢。马氏体型热强钢按用途分为汽轮机叶片用钢与内燃机排气阀用钢。

汽轮机叶片是在温度 450～620℃条件下工作的，其强度、耐腐蚀性、耐磨性能的要求比珠光体型热强钢的要求更高。这类钢是在 Cr13 型不锈钢中加入 W、Mo、V、Ti、Nb 等合金元素来强化钢的性能，加入 W、Mo 能提高固溶强化效果，使钢中 $Cr_{23}C_6Cr_7C_3$ 变为

$(Cr_2MoWFe)_{23}C_6$，产生弥散强化作用；加入 V、Ti、Nb 等强碳化物形成元素，在钢中形成更加稳定的（V、Ti、Nb）C 复合碳化物；加入 B、P 以强化晶界提高热强性。1Cr12Ni2W1Mo1V 钢用于汽轮机末级叶片，该钢经 980～1000℃、2h 加热后空冷淬火，再经 670～690℃回火 5h，其力学性能：抗拉强度 σ_b=980MPa，屈服强度 $\sigma_{0.2}$=803MPa，伸长率 δ=17.1%，冲击韧性为 7100J/cm^2。

⊡ 表 2.5　典型珠光体热强钢的化学成分

类别		钢号	化学成分/%								
			C	Si	Mn	Cr	Mo	W	V	Ti	B
低碳珠光体热强钢	锅炉管用钢	16Mo	0.13～0.19	0.17～0.37	0.40～0.70		0.40～0.55				
		12CrMo	≤0.15	0.17～0.37	0.40～0.70	0.40～0.60	0.40～0.55				
		15CrMo	0.12～0.18	0.17～0.37	0.40～0.70	0..80～1.00	0.40～0.55				
		12CrMoV	0.08～0.15	0.17～0.37	0.40～0.70	0.40～0.60	0.25～0.35		0.15～0.30		
		12Cr1MoV	0.08～0.15	0.17～0.37	0.40～0.70	0.90～1.20	0.25～0.35		0.15～0.30		
		10CrMo910(德)	≤0.15	≤0.5	0.40～0.60	2.0～2.5	0.90～1.1				
		15CrMoV	0.08～0.15	0.17～0.37	0.40～0.70	0.90～1.20	1.0～1.2		0.15～0.25		
		12MoWVBRE	0.08～0.15	0.60～0.90	0.40～0.70	RE 0.15	0.45～0.65	0.15～0.30	0.35～0.55	0.06	0.007
		12Cr2MoWSiVTiB	0.08～0.15	0.46～0.75	0.45～0.65	1.6～2.1	0.5～0.6	0.3～0.5	0.2～80.42	0.06～0.12	0.008
		12Cr3MoVSiTiB	0.09～0.15	0.6～0.9	0.5～0.8	2.5～3.0	1.0～1.2		0.25～0.35		0.005～0.011
中碳珠光体热强钢	叶轮、转子、紧固件用钢	24CrMoV	0.20～0.28	0.17～0.37	0.30～0.60	1.2～1.5	0.5～0.6		0.15～0.25		
		25Cr2MoVA	0.22～0.29	0.17～0.37	0.40～0.70	1.5～1.8	0.25～0.35		0.15～0.30		
		25Cr2Mo1VA	0.22～0.30	0.17～0.37	0.55～0.80	2.1～2.50	0.90～1.10		0.30～0.50		
		25Cr1MoVA(P2)	0.22～0.29	0.3～0.5	≤0.6	1.5～1.8	0.6～0.8		0.2～0.3		
		35CrMo	0.22～0.40	0.17～0.37	0.40～0.70	0.8～1.1	0.15～0.25				
		35CrMoV	0.30～0.38	0.17～0.37	0.40～0.70	1.0～1.3	0.2～0.3		0.1～0.2		
		35Cr2MoV	0.26～0.34	0.17～0.37	0.40～0.70	2.3～2.7	0.15～0.25		0.1～0.2		
		34CrNi3MoV	0.3～0.4	0.17～0.37	0.5～0.8	1.2～1.5	0.25～0.4	Ni 3～3.5	0.1～0.2		
		20Cr1Mo1VNbTiB	0.17～0.23	0.35～0.50	0.3～0.6	0.9～1.3	0.75～1.0	Nb 0.11～0.25	0.5～0.7	0.05～0.14	0.004～0.011
		20Cr1Mo1VTiB	0.17～0.23	0.35～0.50	0.3～0.6	0.9～0.3	0.75～1.0		0.45～0.65	0.12～0.28	0.004～0.011

⊡ 表 2.6　典型珠光体型热强钢的热处理及力学性能

类别		钢号	热处理	力学性能(不小于)					用途举例
				σ_b/MPa	σ_s/MPa	δ/%	ψ/%	α_k/(J/cm^2)	
低碳珠光体热强钢	锅炉管用钢	16Mo	880℃空冷，630℃空冷	400	250	25	60	120	管壁温度<450℃
		12CrMo	900℃空冷，650℃空冷	420	270	24	60	140	管壁温度<510℃
		15CrMo	900℃空冷，650℃空冷	450	300	22	60	120	管壁温度<560℃
		12CrMoV	970℃空冷，750℃空冷	450	230	22	50	100	
		12Cr1MoV	970℃空冷，750℃空冷	500	250	22	50	90	管壁温度<570～580℃
		10CrMo910(德)							管壁温度<565℃
		15CrMoV							蒸汽参数为580℃的主气管
		12MoWVBRE	1000℃空冷，760℃空冷	650	510	21	71	100	管壁温度<580℃
		12Cr2MoWSiVTiB	1025℃空冷，770℃空冷	600	450	18	60	100	管壁温度<600～620℃
		12Cr3MoVSiTiB	1050～1090℃空冷，720～790℃空冷	640	450	18			管壁温度<600～620℃
中碳珠光体热强钢	叶轮、转子、紧固件用钢	24CrMoV	900℃油淬，600℃水或油	800	600	14	50	60	450～500℃工作的叶轮，<525℃紧固件
		25Cr2MoVA	900℃油淬，620℃空冷	950	800	14	55	80	<540℃紧固件
		25Cr2Mo1VA	1040℃空冷，670℃空冷	750	600	16	50	60	<565℃紧固件
		25Cr1MoVA(P2)	970～990℃及930～950℃二次正火，680～700℃空冷	650	450	16	40	50	<535℃整锻转子
		35CrMo	850℃油淬，560℃油或水	1000	850	12	45	80	<480℃螺栓 <510℃螺母
		35CrMoV	900℃油淬，630℃水或油	1100	950	10	50	90	500～520℃工作的叶轮及整锻转子
		35Cr2MoV	860℃油淬，600℃空冷	1250	1050	9	35	90	<535℃工作的叶轮及整锻转子
		34CrNi3MoV	820～830℃油淬，650～680℃空冷	870	750	13	40	60	≤450℃工作的叶轮及整锻转子
		20Cr1Mo1VNbTiB	1050℃油淬，700℃回火4～6h上贝氏体						570℃紧固件
		20Cr1Mo1VTiB	1050℃油淬，700℃回火4～6h上贝氏体						570℃紧固件

内燃机排气阀的阀端位于燃烧室中，工作温度在700～850℃之内，燃气中含有V_2O_5、Na_2O、SO_2、PbO等气体，对阀门产生严重的高温氧化腐蚀，阀门还承受2000～5000次/min的高速运动及7～15MPa的爆发压力作用，所以要求阀门用钢具有高的热强度、韧性、抗高温氧化性，良好的金相组织稳定性和加工工艺性。内燃机排气阀用钢牌号是5Cr21Mn9Ni4N(简称21-4N)，柴油机排气阀的用钢牌号是2Cr21Ni12Mn1SiN。

c. 奥氏体型热强钢。奥氏体型热强钢分为固溶强化钢、碳化物沉淀强化钢、金属间化合物强化钢三类。

固溶强化钢有：1Cr18Ni9Mo、1Cr18Ni11Nb 等。

碳化物沉淀强化钢有：Cr25Ni20、4Cr13Ni8Mn8MoVNb 等。

金属间化合物强化钢有：Cr15Ni26MoTiAlVB、Cr15Ni35W2Mo2TiAl3B。

耐热钢中的抗氧化钢及低碳珠光体热强钢多用于工业炉钢管、炉罐、炉底辊、炉底板、辐射管等耐磨件，一般不进行切削加工或进行少量粗加工。对这类耐热钢不再述及。马氏体型热强钢、奥氏体型热强钢及铁基、镍基、钴基高温合金制成的结构件，在切削加工中属于最难切削的材料，其相对切削加工性仅为 5%～15%。

2.1.4 高温合金的切削加工

(1) 高温合金分类与牌号

高温合金按生产工艺分为变形高温合金、铸造高温合金。按基体元素和金相组织分为铁基高温合金、铁-镍基高温合金、镍基高温合金、钴基高温合金。部分常用高温合金的牌号和性能见表 2.7。

表 2.7 部分常用高温合金的牌号和性能

类别		牌号	力学性能					持久强度		E/10^6MPa	线膨胀系数 α/(10^{-6}/℃)	λ/[W/(m·K)]
			实验温度/℃	σ_b/MPa	$\sigma_{0.2}$/MPa	δ/%	ψ/%	应力/MPa	时间/h			
铁基	变形	GH36	20	971	677	22.1	35.7	—	—	0.203	12.23	17.17
			800	392	363	17.5	28.5	—	—	0.14		27.20
		GH40	20	883～932	598	20	26	—	—	0.19	13.97	13.39
			800	343	226	10	25	98	100	0.108	—	—
		GH132	20	883	—	20	—	—	—	0.198	—	—
			650	736	—	15	—	—	—	0.153	—	—
		GH136	20	932	687	15	20	—	—	0.197	13.4	13.86
			700	—	—	—	—	294	100	0.155	17.07	23.03
	铸造	K136	20	883	628	12	20	—	—	0.235	14.46	—
			800	441	383	19	39	—	—	—	18.64	—
铁-镍基	变形	GH178	20	1118～1187	746～863	11～16	14～19	—	—	0.214	14.10	15.49
			750	834～873	638～765	16	14.3	324	100	0.156	16.70	26.79
		GH135	20	1197	716～755	23～25	36～37	—	—	0.197	15.00	10.88
			750	755	657～677	25～27	31～32	30	100	0.148	17.05	22.39
		GH169	20	1393	—	14.8	4.1	—	—	0.206	13.20	14.65
			700	—	—	—	—	491	99～145	0.165	15.80	23.02
		GH901	20	1177～1275	824～922	17～21	18～22	—	—	0.20	13.00	13.81
			750	687～785	638～736	10～18	20～30	441	65～84	0.152	16.45	27.27
	铸造	K13	20	922	746	4	4.8	—	—	0.178	12.36	10.88
			800	638	—	5.8	9.7	294	268～360	0.126	18.61	20.52
		K14	20	1079～1177	—	2～3	3～6	—	—	0.180	13.2	9.63
			950	422～451	—	10～13	15～26	98	>100	0.122	17.4	—
镍基	变形	GH33	700	687	—	15	—	432	60	0.177	17.76	23.03
		GH33A	20	1197～1236	804～845	25～28	—	—	—	0.223	—	—
			750	873～952	647～706	12～17	—	294	334～432	0.179	—	—

续表

类别		牌号	力学性能					持久强度		$E/$ 10^6MPa	线膨胀系数 $\alpha/(10^{-6}/℃)$	$\lambda/$[W/(m·K)]
			实验温度/℃	σ_b	$\sigma_{0.2}$	δ	ψ	应力	时间			
				/MPa		/%		/MPa	/h			
镍基	变形	GH37	20	893～1099	—	10～16	11～15	—	—	0.226	11.90	7.95
			900	461～510	—	23～30	34～36	118	113～119	0.157	16.20	22.19
		GH49	20	1079～1177	—	8～11	9～12	—	—	0.225	12.36	10.47
			950	491～540	—	20～25	25～35	137	140～210	0.164	16.87	28.05
		GH163	20	1059	—	40	—	—	—	0.246	11.60	12.98
			900	206	—	88.4	—	57	63	0.151	17.63	31.40
		GH698	20	1059～1148	736～785	15～25	15～29	—	—	0.219	12.11	10.30
			800	687～746	569～618	7～10	12～19	314	45～90	0.173	15.48	20.76
	铸造	K1	20	932	—	2.0	1.5～4.5	—	—	0.186	10.90	—
			950	491	324	3.5	1.2～2.4	137	100	0.102	25.20	—
		K4	20	932～981	—	1.5～4	4～8	—	—	0.211	12.00	11.72
			900	736～785	—	1.2～2.4	3～3.4	314	100	0.161	15.70	20.52
		K16	20	1000～1059	883～912	6	8～11	—	—	0.225	11.10	—
			1000	540	412	9	14	147	100	0.150	14.80	—
		K19H	20	1030	—	6.3	9.3	—	—	0.208	11.61	3.79
			1100	294	—	12.1	16.8	69	35	0.129	16.27	30.15
钴基	变形	GH25	20	1010～1069	—	58～60	—	—	—	—	—	—
			815	—	—	—	—	165	63～68	—	—	—
	铸造	K40	20	736	422	12.5	18	—	—	0.225	13.90	13.40
			816	500	284	20.7	22.2	207	131	0.159	15.60	25.12
		K44	20	795	569	9	15.7	—	—	0.206	—	15.07
			980	196	137	31	56.5	55	339	—	15.80	33.07

(2) 高温合金主要特性

高温合金是一种组元很多、激活能很高、高熔点金属元素含量很高的复杂合金化材料。高温合金主要要求是具有耐热性。耐热性包括热稳定性和热强性两种性能。热稳定性是指高温下抗氧化、抗燃气腐蚀的能力，热强性是指合金在高温下抵抗塑性变形和断裂的能力。高温合金具有以下主要特性。

① 在钢中加入与氧亲和力比铁大的铬、铝、硅等元素，在高温下优先与氧形成尖晶石型氧化物，能有效抑制铁的氧化和发展，提高热稳定性。

② 高温合金中的铁、钛、钴、镍、钒、钨、钼、铌等元素强化了固溶体，通过合金化使合金沉淀硬化、强化晶界等，提高了合金的热强性。一般来说，合金的热强性取决于内部原子间的结合力，而标志原子间结合力的物理量有熔点、自扩散激活能、升华热、再结晶温度、弹性模量等因素。这些物理量的综合指标越高，其热强性越强。

③ 高温合金中存在大量的碳化物、氮化物、硼化物及金属间化合物，其硬度很高，起到沉淀硬化作用。特别是合金中的铝、钛与镍形成金属间化合物 γ'相 Ni3（Al，Ti），在时效过程中 γ'相以固溶体脱落沉淀，弥散分布于晶粒间，使合金得到很大的强化效果。在相当高的温度范围内，随温度升高其强度反而有所上升。

④ 微量的硼、锆、铈等表面活性元素，会吸附于晶界造成局部合金化，阻碍了晶界滑动和晶界迁移，也能显著地提高合金的热强性。

⑤ 在一定的温度范围内，材料仍保持相当高的硬度和强度。高温合金的耐热性越高，它的切削加工性越差，有的材料切削非常困难。

部分高温合金对其切削由易到难的顺序如下：变形合金 GH34、GH36、GH132、

GH135、GH140、GH30、GH33、GH37、GH49、GH33A；铸造高温合金 K11、K14、K1、K6、K10。

高温合金切削加工过程有以下特点。

① 塑性变形较大。不同高温合金的伸长率相差很大，但大多数具有一定的塑性。其中有些合金的塑性很高，如 GH140 室温下的伸长率达 45%。

② 切削力大。高温合金在室温下的强度稍高于中碳钢，但高温强度很高，在 600～900℃时，仍接近甚至超过中碳钢的室温强度。高温合金本身的硬度并不高，但合金中有大量的纯度高、组织致密的奥氏体固溶体存在，使切削时塑性变形区晶格歪扭严重，因而硬度大幅度提高，从而使切削力增加。高温合金中原子间结合十分稳定，切削时欲使其原子脱离平衡位置所需能量大，而且冷硬现象严重，因而切削力很大，比切削一般钢材大 2～4 倍。

③ 冷硬现象严重。在金属产生塑性变形的同时，存在着强化和软化的现象。由于高温合金的软化温度高，软化速度低，所以硬化现象严重。切削高温合金时，已加工表面的硬度比基体的硬度高 0.5～1 倍。

④ 切削温度高。高温合金在切削中产生较大的塑性变形，同时刀具与工件和切屑之间产生着强烈摩擦，使切削力增大，因此产生大量的切削热。又因高温合金的热导率很低，约为 12.5W/(m·K)，大部分切削热集中在狭小切削区域内，使切削温度升高，最高可达 1000℃左右。例如，车削 GH132 时的切削温度比车削 45 钢高 300℃；用硬质合金 75°外圆车刀车削 GH131，当 $\gamma_0=15°$、$a_p=3mm$、$f=0.1mm/r$、$v_c=60m/min$ 时，切削温度超过 900℃，而在同样的条件下，45 钢的切削温度只有 640℃。

⑤ 刀具易磨损。在高温合金中含有许多金属碳化物、氮化物、硼化物及金属间化合物，特别是 γ'相构成的硬质点；同时，高温合金的高温强度较高，加工硬化严重，所以在切削过程中给刀具造成了巨大的摩擦和磨料磨损。在高温高压下，由于刀具材料与被加工件间亲和力及黏附力的作用，切屑与刀具间出现熔焊现象，有一部分刀具材料被切屑带走，造成黏结磨损。在较高的切削温度下，刀具中的某些元素（如钨、钴、钛、铌等）向工件和切屑扩散，使磨损加快。在高温条件下，周围介质中的碳、氧、氢、氮等非金属元素容易侵入切削界面，使刀具材料生成相间脆性相，加剧了刀具材料组织内应力集中，容易使刀具产生裂纹，甚至使刀具切削部分崩落而失去切削能力。在车削高温合金时，除了在前、后刀面发生磨损外，还有比较特殊的磨损形式，就是边界磨损和沟纹磨损。

⑥ 精度不易保证。切削高温合金时，切削温度很高，会造成工件热变形，使尺寸和形状精度发生变化，不易保证。

⑦ γ'相含量的影响。高温合金中金属间化合物 γ'相的含量越高，越难加工。

2.2 高硬脆类难加工材料的加工技术特点

2.2.1 硅片的加工技术特点

（1）硅片的用途与力学性能

硅（Si）是制造芯片的重要半导体材料，半导体芯片的制造需要高纯净的单晶硅结构。单晶硅结构属于金刚石结构，是一种复式面心立方结构，硅晶体中有一些重要的晶面和晶向。不同晶向的硅片，其化学、电学和力学性质不一样，会影响工艺条件和器件性能。半导体工业常用的单晶硅片为（111）晶面及（100）晶面的硅片。硅集成电路衬底通常为（100）晶面的硅片，硅双极集成电路衬底通常为（111）晶面或（100）晶面的硅片。单晶硅片的主要力学性能：弹性模量 $E_{(100)}=1.31\times10^{11}$Pa，$E_{(110)}=1.69\times10^{11}$Pa，$E_{(111)}=1.87\times10^{11}$Pa；泊松比 $\nu_{(110)}=0.063$，$\nu_{(100)}=0.28$；断裂应力（15～50）$\times10^{3}$Pa；单晶硅密度（25℃）2.329g/cm^{3}；强度 9.5～11.5GPa。

（2）硅片的加工方法

一般对直径≤200mm 的单晶硅棒进行加工，是采用内圆金刚石锯片将其切割成硅片。硅片表面残留切痕和微裂纹，损伤层深度可达 10～50μm。通常采用游离磨料进行双面研磨工艺消除切痕、减小损伤层深度和改善面型精度，对于小直径硅片和小尺寸硅片的背面减薄主要采用单面研磨、腐蚀和化学机械抛光（CMP）工艺。对直径>200mm 的硅片，主要采用多线锯代替内圆金刚石锯片切割，使用超精密磨削代替研磨、腐蚀，进行硅片表面加工。为满足集成电路制造的需要，开发了新加工方法，主要如下。

① 超精密磨削，用于硅片加工的磨削工艺是在线电解修整（ELID）砂轮磨削。

② 化学机械抛光，主要有双面化学机械抛光（DSP）、固结磨料化学机械抛光（FA-CMP）。

③ 电火花、液流悬浮抛光、离子束、电子束加工硅片表面。

2.2.2 光学玻璃的加工技术特点

（1）光学玻璃的用途与力学性能

光学玻璃是主要用于光学仪器的光学材料，各种球面或非球面的透镜、棱镜和反射镜等光学器件都是由光学玻璃制成，从而对光进行投射、折射和反射。光学玻璃的主要特征是：高度的透明性，物理与化学上的高度均匀性，具有较高的机械强度和热稳定性。光学玻璃主要力学性能如下。

① 机械强度。光学玻璃是一种脆性材料，机械强度一般用抗压、抗折、抗张、抗冲击强度等指标表示。抗压强度高，硬度也高。抗折和抗张强度不高，且脆性大，使光学玻璃应用受到限制。

② 弹性。光学玻璃的弹性主要指玻璃的弹性模量、剪切模量、泊松比和体积压缩模量，是重要的物理性质。弹性模量是表征光学玻璃应力和应变的物理量，表示光学玻璃对变形的抵抗力，其在低温和常温下是遵循胡克定律的理想弹性体。

③ 硬度和脆性。光学玻璃的硬度取决于组成原子的半径和电荷大小，并与堆积密度有关，网络生成体离子使光学玻璃硬度提高，而网络外体离子则使光学玻璃硬度降低。硬度的表示方法有莫氏硬度、显微硬度、研磨硬度等，一般光学玻璃的莫氏硬度为 5～7。光学玻璃的脆性是指当负载超过光学玻璃的极限强度时立即破坏的特性。光学玻璃没有明显的屈服延伸阶段，特别是受到突然施加的负荷时，光学玻璃内部的质点来不及作出适应性的流动，就发生断裂。松弛速度低是光学玻璃脆性的重要原因。光学玻璃的脆性常用它被破坏时所受到的冲击强度来衡量。

（2）光学玻璃的加工方法

目前我国大多数非球面光学零件采用研磨抛光的方法进行制造，依赖技术熟练工人通过反复局部修抛和不断检测来完成。通过开发不同成型方法，非球面零件加工方法可以分为四类：复制成型法、附加成型法、去除成型法和特种加工法。

① 复制成型法是用一定的模具复制出非球面光学零件的方法。采用这种方法需要制造

出比非球面光学零件精度更高的模具。复制成型法具有重复精度高、成本低等优点。

② 附加成型法是在已经加工好的球面或平面上将光学涂层按一定的厚度要求形成非球面的加工方法。附加成型法按不同工艺过程，分为电镀法、蒸镀法。电镀法常用于加工反射面。蒸镀法具有较高的重复精度，可加工非球面镜，但需要使用真空设备，因此成本较高。附加成型法多用于小型非球面镜生产。

③ 去除成型法是指直接去除工件材料，从而得到所需要的非球面光学零件的方法。主要包括手工修研法、弹性变形加工法、成型磨具加工法、仿形加工法、成型机构加工法、金刚石车削法、研磨抛光法、ELID 磨削法。

④ 特种加工法包括离子束加工法、电火花加工法、激光辅助加工法、微生物加工法等。这些方法能够以原子、分子级的精度去除材料，加工精度高，加工成本高，对前道工序要求较高。

2.2.3 工程陶瓷的加工技术特点

(1) 陶瓷材料的分类及基本特征

陶瓷一般是含有玻璃相和气孔相的多晶多相结构，是由一种或几种金属元素与非金属元素组成的化合物。陶瓷材料的显著特征是硬脆性，故又称为硬脆材料。工程陶瓷分为结构陶瓷和功能陶瓷两类。

结构陶瓷分为氧化物陶瓷和非氧化物陶瓷。氧化物陶瓷是金属元素与氧结合而形成的化合物，原子间化合键主要是离子键。其硬度、强度、韧性各不相同。氧化物陶瓷有：简单氧化物，如 Al_2O_3（氧化铝）、ZrO_2（氧化锆）等；复合氧化物，如 $3Al_2O_3 \cdot 2SiO_2$（莫来石）。非氧化物陶瓷是由非金属元素 B、C、N 与金属元素 Al、Zr、Hf 等结合而成的化合物，具有高熔点、强共价键及高强度、高硬度、高温强度衰减小、低膨胀系数等特征，主要有金属碳化物 TiC、ZrC、VC、HfC、NbC、TeC 及非金属碳化物 B_4C、SiC。

功能陶瓷从应用的角度大致分为结构陶瓷、电容陶瓷、压电陶瓷、半导体陶瓷、导电瓷、磁性陶瓷、生物陶瓷、超硬陶瓷。

结构陶瓷主要是指应用在承受载荷、耐高温、耐腐蚀、耐磨损等工作场合的陶瓷材料，广泛应用于机械、能源、电子、化工、汽车、航空航天等领域。

① 氧化物陶瓷。氧化物陶瓷包括氧化铝陶瓷、氧化锆陶瓷、氧化镁部分稳定氧化锆陶瓷（Mg-PSZ)、氧化钇稳定的四方多晶氧化锆陶瓷（Y-TZP)、氧化锆增韧氧化铝陶瓷(ZTA)、氧化锆增韧莫来石陶瓷（ZTM)、晶须（颗粒）补强相变增韧陶瓷。

氧化物陶瓷的特性为：a. 化学键主要是离子键、共价键及它们的混合键；b. 硬而脆，韧性低，抗压不抗拉，对缺陷敏感；c. 熔点高、耐高温、抗氧化能力强；d. 自由电子数目少，导热性、导电性较弱；e. 耐化学腐蚀性好；f. 耐磨损。

氧化铝陶瓷中 Al_2O_3 的质量分数在 99%以上，烧结温度高达 1700℃，烧结后的材料为刚玉相，又称刚玉瓷。氧化铝陶瓷具有以下特性：a. 力学性能好；b. 电阻率高；c. 硬度高；d. 熔点高，耐腐蚀；e. 优良的光学特性；f. 具有离子导电性。高铝陶瓷泛指 95 瓷、90 瓷、85 瓷等不同氧化铝含量的陶瓷。

氧化锆陶瓷的晶体结构有立方、四方、单斜三种晶型。单斜相是低温相，将它加热到 1000℃以上就转变为四方相，持续升温至 2370℃，则转变为立方相。在氧化锆多晶转变中 $t\text{-}ZrO_2 \rightarrow m\text{-}ZrO_2$ 的相变属于马氏体转变。这一相变有 8%的切应变和 3%～5%的体积膨胀效应。氧化锆相变增韧正是基于 ZrO_2 的马氏体相变属性和体积效应。ZrO_2 陶瓷增韧后在力学性能上明显提高。

Mg-PSZ是在ZrO_2中加入MgO作稳定剂得到的稳定的立方ZrO_2陶瓷。Mg-PSZ陶瓷是粗晶陶瓷，立方氧化锆晶粒大小在50～100μm范围。Mg-PSZ是研究成熟的陶瓷材料，已广泛应用于各工业领域的耐磨、耐腐蚀、耐高温的易损零件。常用冷加工方法获得所要求的表面粗糙度的零部件。Mg-PSZ具有非常好的切削加工性。加工中不易产生边缘缺口。

Y-TZP是以Y_2O_3作稳定剂的单相四方多晶氧化锆材料。Y-TZP在氧化锆增韧陶瓷中具有最佳的室温力学性能，如抗弯强度达2500MPa，断裂韧度（断裂韧度又称断裂韧性）超过15MPa・$m^{1/2}$。这是Y-TZP所特有的显著特点。Y-TZP材料已用于制造发动机零件、精密工具、拉丝模具、泵用耐磨零件，进行机械密封等。

ZTA是利用ZrO_2相变增韧技术，在Al_2O_3机体中引入细相变物质，可使Al_2O_3陶瓷的抗弯强度和断裂韧度同时得到改善。ZTA的纤维结构特点是ZrO_2颗粒均匀弥散分布于Al_2O_3基体中，ZrO_2颗粒分布在Al_2O_3晶界处。ZTA的抗弯强度可达600MPa，断裂韧度为7MPa・$m^{1/2}$，比Al_2O_3陶瓷有了大幅提高。

ZTM是莫来石加入ZrO_2，利用相变增韧机理，改善抗弯强度和断裂韧度而形成的。ZTM材料显微结构特点是：ZrO_2晶粒一般处于莫来石晶界处，其大小与形状和起始粉末状态有关。当莫来石的组成富铝时，常呈等轴状；当莫来石的组成富硅时，易得针状或长柱状莫来石晶粒。长柱状莫来石相互交织，有利于力学性能提高。常压烧结ZTM的抗弯强度可大于400MPa，断裂韧度超过5～6MPa・$m^{1/2}$。

把晶须（或颗粒）补强和相变增韧结合起来，发展成为一种新型复合材料——晶须（或颗粒）补强相变增韧陶瓷，可将相变增韧陶瓷材料的高强度和高韧性保持到1000℃以上的高温区。如用质量分数为30%的SiC晶须复合ZTA，则1000℃时断裂韧度从4MPa・$m^{1/2}$增至9MPa・$m^{1/2}$；以质量分数为20%～30%的SiC晶须复合Y-TZP，在1000℃时使断裂韧度从6MPa・$m^{1/2}$增至10～12MPa・$m^{1/2}$，抗弯强度从200MPa增至400MPa。晶须或纤维补强的陶瓷基复合材料，主要是利用晶须或纤维承受载荷，产生拔出纤维及使裂纹改向，从而增加裂纹扩展阻力，达到了增强韧性的目的。含SiC莫来石基复合材料在室温下抗弯强度为461MPa，断裂韧度为5.1MPa・$m^{1/2}$；含SiC ZTM基复合材料在室温下抗弯强度为559MPa，断裂韧度为7.5MPa・$m^{1/2}$。

② 非氧化物陶瓷。

a. 氮化硅（Si_3N_4）陶瓷。氮化物的晶体结构大部分为立方晶系和六方晶系，密度为2.5～16g/cm^3。氮化物陶瓷在性能上有以下特点。氮化物熔点都比较高；氮化物陶瓷都具有非常高的硬度，如TiN的硬度为21.6GPa，Si_3N_4硬度为18GPa。一部分氮化物具有较高的机械强度，热压Si_3N_4抗弯强度达1000MPa以上。氮化物的导电性能变化很大，TiN-ZrN-NbN系具有金属的光泽和导电性，而B、Si、Al元素的氮化物形成了新的共价键晶体结构，而变成绝缘体。

Si_3N_4陶瓷是一种理想的高温结构材料，具有以下性能：强度高，韧性好；抗氧化性能好；抗热震性好；抗蠕变性好；结构稳定性好；抗机械振动。

常压下Si_3N_4没有熔点，热压Si_3N_4陶瓷抗弯强度达1000MPa，断裂韧度为6MPa・$m^{1/2}$，洛氏硬度为91～93HRA，维氏硬度为18～21HV，仅次于金刚石和CBN。Si_3N_4陶瓷可作为切削刀具材料使用，可制作陶瓷轴承、超高速发动机零件。在绝热发动机中活塞顶、缸盖板、气门、气门座、燃气涡轮转子和涡轮叶片、增压器转子和蜗壳、煤气化热气阀等制作过程中获得广泛应用。

b. 碳化硅（SiC）陶瓷。SiC陶瓷为共价键化合物。Si—C键结合力很强，有多种变体。SiC主要有闪锌矿结构和纤锌矿结构。β-SiC是面心立方结构，属闪锌矿结构，α-SiC属纤锌矿结构的立方晶系。SiC陶瓷具有以下性能。

ⓐ 具有较好的抗热冲击性。在101.3kPa下，SiC不熔化而发生分解，分解温度始于2050℃，分解达到平衡的温度约为2500℃。SiC具有高的热导率和较小的线膨胀系数。

ⓑ SiC硬度很高。莫氏硬度为9.2～9.5，显微硬度为33.4HM，仅次于金刚石、CBN；SiC陶瓷断裂韧度约为3～4MPa·$m^{1/2}$，抗弯强度已接近Si_3N_4水平。

ⓒ 纯SiC是绝缘体，含有杂质时电阻率大幅下降，所以SiC具有半导体性质。

ⓓ 抗氧化性。SiC在1000℃以下开始氧化，在1350℃加速进行氧化，在1300～1500℃时反应生成SiO_2，形成SiO_2氧化膜覆盖在SiC表面上，阻碍SiC进一步氧化。

SiC陶瓷的高温强度大，高温蠕变小，硬度高，耐磨，耐腐蚀，抗氧化，热导率高，电导率高，热稳定好，是良好的高温结构陶瓷材料。其可作为原子能反应堆结构材料，在火箭尾喷管、涡轮叶片、叶片增压器转子、蜗壳等零部件方面得到应用。

c. 氮化钛（TiN）陶瓷。TiN是一种新型的结构材料，硬度高，熔点高，约为2950℃，化学稳定性好，具有金黄色的金属光泽。它是很好的耐熔耐磨材料，又是仿金饰品材料。在刀具基体材料上用化学气相沉积（CVD）TiN涂层，可大幅提高刀具耐磨性，延长刀具使用寿命。

在TiN基础上发展了碳氮化钛基［Ti(C,N)］金属陶瓷。Ti(C,N)也是一种高硬度材料，用于制造切削刀具、拔丝模等。Ti(C,N)兼有硬质合金与陶瓷的优点，是精车和铣削钢材及精车铸铁的最佳刀具材料之一。

③ 功能陶瓷。功能陶瓷材料具有优良的电学、光学、热学、磁学、生物学、力学、化学等很多方面的特性。其广泛应用于电子信息、微电子技术、光电子信息、自动化技术、传感技术、生物医学、能源、环境保护、医疗卫生、航空航天、机械制造与加工、计算机等领域。本节仅对Al_2O_3陶瓷、压敏陶瓷、压电陶瓷作简要介绍。

a. Al_2O_3陶瓷。通常把质量分数为99%左右的Al_2O_3陶瓷称为99瓷；把质量分数为95%、90%、85%、75%左右的Al_2O_3陶瓷分别称为95瓷、90瓷、85瓷、75瓷。一般把质量分数>85%的Al_2O_3陶瓷称为高铝陶瓷；把质量分数>99%的Al_2O_3陶瓷称为刚玉陶瓷。Al_2O_3陶瓷的机械强度高，相对介电常数$\varepsilon=8\sim10$，绝缘强度高，电阻率高，导热性能好。质量分数为94%的白色Al_2O_3陶瓷的抗弯强度为31.00MPa。质量分数为99.5%的白色Al_2O_3陶瓷的抗弯强度为49.00MPa。

b. 压敏陶瓷。压敏陶瓷的应用很广，主要用于电压保护等。如电子设备的过电压保护、交流输电线路的防雷保护、继电器的触点及线圈保护。

c. 压电陶瓷。压电陶瓷主要有PZT、PLZT、$PbTiO_3$。压电陶瓷主要应用于电-声信号、电-光信号处理的频率器件，发射与接收超声波，计测与控制，信号发生器和高压电源发生器以及压电陶瓷超声换能器、压电加速度计、高精度三维微动台、高精度机加工等方面。

（2）工程陶瓷材料的切削机理

① 陶瓷材料的切削过程。金属材料加工是以弹塑性理论为基础，而脆性陶瓷材料加工中尽管存在塑性变形过程，但陶瓷材料主要是以断裂形式去除。

a. 裂纹的生成。陶瓷作为脆性材料，其普通切削过程一般伴随着裂纹产生、扩展，材料成屑去除等过程。陶瓷材料加工去除初始阶段在陶瓷材料内部产生切削裂纹，裂纹首先在引力场中最大主应力处产生，由此点出发，在应力场中，裂纹将沿着最小梯度的方向扩展。

初始裂纹产生在最大主应力分布区域的中间部分，不在刀尖处，而是位于离刀尖一定距离的区域内。

b. 材料的去除。切削过程中在陶瓷材料内部产生初始裂纹后，可采用断裂力学有限元法进行计算。根据计算模型，判断陶瓷材料的去除方式。陶瓷材料的去除方式取决于材料特性和加工条件。它与陶瓷材料的弹性模量、屈服强度、断裂韧度、切削速度、刀具角度及背吃刀量（切削深度）等因素有关。应用线弹性有限元分析方法，初始裂纹产生于刀具切削刃的前端。设定刀具前角为 0°，在设置初始裂纹与切削方向一致的情况下，随着切削力增加，裂纹尖端的能量释放率 G 值相应增加。当 G 值达到临界点 G_c 时，对应的切削力为裂纹扩展型材料去除的临界点切削力 F_c，简称为裂纹扩展型临界切削力。此时，切削初始裂纹不稳定扩展，陶瓷材料以裂纹扩展型方式进行材料去除。切削热压 Al_2O_3 陶瓷，改变刀具前角，则明显影响裂纹扩展型临界切削力 F_c。刀具前角由负前角向 0°增加，裂纹扩展型临界切削力 F_c 逐渐降低。随前角进一步增加，F_c 略微上升。在大负前角情况下，如 $\gamma_0=-30°$，F_c 可以达到 $\gamma_0=0°$时的 2.5 倍，此时不宜采用裂纹扩展型的材料去除方式，材料趋于发生塑性变形。陶瓷材料断裂韧度增加，陶瓷脆性降低，则陶瓷材料不容易以裂纹扩展型方式去除。裂纹角度 $\theta=0°$，刀具前角 $\gamma_0=0°$时，可获得较低的临界切削力，使陶瓷材料容易以裂纹扩展型断裂形式去除，从而获得较高的加工效率。在 $\theta=15°$，刀具前角 $\gamma_0=-10°$时，也可获得较低的裂纹扩展型临界切削力 F_c。

c. 切削裂纹的扩展。随着切削加工陶瓷材料过程的进行，所产生的初始裂纹开始扩展，并伴随着裂纹扩展方向的变化，裂纹扩展到自由表面就会形成切屑，裂纹扩展到内部并停止，则成为加工残留裂纹。陶瓷材料的切削过程可分为三个阶段：切削刀具的前刀面前方区域陶瓷材料未去除阶段，前刀面前方部分材料去除阶段，断裂上部材料全部去除阶段。在三个阶段中包括了裂纹的生成、扩展，切屑形成和材料去除。当切削过程中切削厚度较小时，切削应力场中刀具下方的拉应力低于陶瓷材料的抗拉强度，在初始裂纹产生之前，材料的局部去除已经开始，陶瓷材料以微裂纹扩展形式去除，因此陶瓷材料的已加工表面质量较好。而当切削厚度较大时，切削区最小主应力方向将向刀具下方深处转移，初始裂纹将沿着下方产生并扩展，很难向上转移扩展到自由表面，在已加工表面残留的切削裂纹和凹坑，影响陶瓷材料的强度和表面质量。

② 切削刀具之间的相互影响。在脆性材料切削过程中，应选择合适的刀具间距。两刀之间的材料会因裂纹交叉而去除。在刀具切削过程中，在材料内部产生硬币状裂纹。硬币状裂纹的相互连接，将导致刀具之间材料的去除。图 2.2 为刀具之间的材料去除示意图。

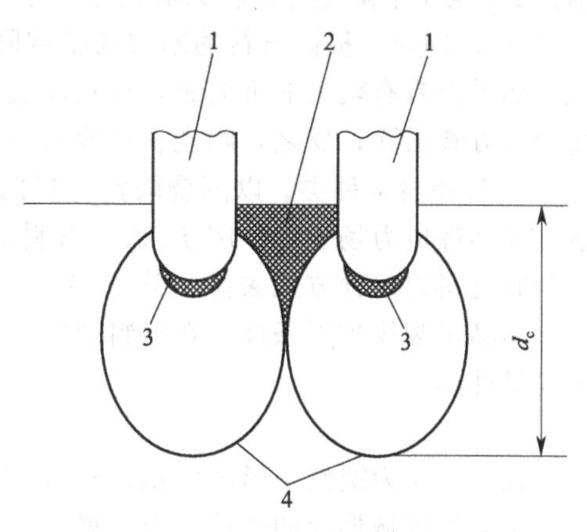

图 2.2　刀具之间的材料去除示意图

1—刀具；2—交叉去除；3—碎裂区；4—裂纹

按照图 2.2，当两条切削痕迹中线之间的距离小于最大硬币状裂纹深度 d_c 时，刀具间的材料可以因裂纹交叉而被去除。上述关系可描述为：

$$B_c<d_c-k_cB=5.7\{[(\gamma_s/q)^{0.7}a_p^{0.3}]-k_cB\} \tag{2.1}$$

式中，B_c 为切痕间距；k_c 为刀具形状系数；B 为切痕宽度；γ_s 为比表面能；a_p 为背吃刀量；q 为材料的比破碎能。

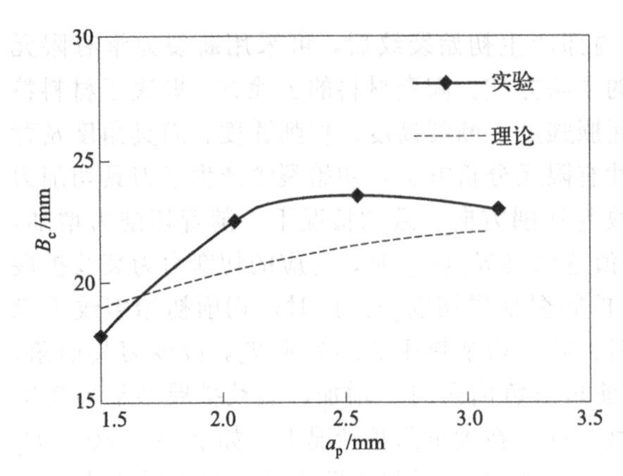

图 2.3 背吃刀量与切痕间距关系的理论和实验结果对比

通过式(2.1)可以确定在某一背吃刀量下材料以裂纹交叉去除的切痕间距。

图 2.3 所示为脆性材料大理石背吃刀量与切痕间距关系的理论和实验结果对比。利用这一特性，可以在材料的切削过程中，选择背吃刀量和进给量的适当组合，以获得较高的材料去除量。

③ 陶瓷材料的塑性切削条件。随着高性能陶瓷材料的不断出现，对陶瓷材料的加工效率和加工质量提出了更高要求。陶瓷材料用于制作精密机械零件时，也对加工提出了苛刻要求。陶瓷材料残留的加工裂纹对于精密零件的强度有一定影响。这就需要在陶瓷材料精密加工过程中，陶瓷材料能以塑性方式去除，避免加工损伤。塑性切削是实现陶瓷材料精密加工的重要前提。影响塑性去除的因素有刀具角度、陶瓷材料种类和性能、切削深度（背吃刀量）、切削速度等。

a. 刀具前角。在切削热压 Al_2O_3 陶瓷的过程中，陶瓷材料以塑性流动性方式去除的临界切削力为 F_p，称为塑性流动临界切削力。如随着刀具前角由负前角向 0°增加，F_p 逐渐降低，但降低不太显著。陶瓷材料的屈服强度会影响临界切削力 F_p 的取值，降低材料的屈服强度，临界切削力 F_p 也随着降低，材料会更容易采用塑性流动性方式去除。

b. 陶瓷材料性能。随着刀具前角的增加，裂纹扩展型临界切削力 F_c 和塑性流动临界切削力 F_p 均呈下降趋势。在刀具前角取较小值的条件下，$F_c > F_p$；在刀具前角较大条件下，$F_p > F_c$；同时，提高材料的断裂韧度或降低屈服强度，均会扩大塑性流动性去除区域。因此，如果刀具有较大的负前角，材料断裂韧度较大，屈服强度较小，则陶瓷材料容易以塑性流动性方式去除；反之，陶瓷材料容易以脆性断裂方式去除。

c. 陶瓷材料种类。以围绕陶瓷材料的切削裂纹、尖端积分路径的 J 积分来表示裂纹尖端的弹塑性应力场强度。用 J_c 表示材料的临界 J 积分，根据断裂准则，用 J 和 J_c 的关系来判断材料以何种方式去除。当满足 $J > J_c$ 时，裂纹将扩展，材料以脆性断裂方式去除。如果不满足裂纹扩展条件，在材料裂纹扩展之前，已形成剪切变形区域，则继续切削过程直至满足准则：

$$S \geqslant S_c$$

式中，S 为塑性变形区面积；S_c 为塑性变形区面积的临界值。

主剪切区域形成的塑性变形区增大到临界值面积时，陶瓷材料以塑性变形方式去除。在这种条件下，陶瓷材料的切削过程从脆性断裂去除方式转为塑性去除方式，陶瓷材料将会产生与金属材料类似的切屑。通过参数比值 J/J_c 和 S/S_c 构建区域图，从而判断材料以哪种方式去除。图 2.4 中 45°斜线表示材料去除方式的边界。在 45°斜线以上，材料以脆性断裂方式去除；在此斜线以下，材料以塑性方式去除。在低速、背吃刀量为 2μm 时五种陶瓷材料的去除方式如图 2.4 所示。

陶瓷韧性差，呈现较强的脆性断裂方式去除趋势。Si_3N_4 陶瓷材料相对接近边界，根据切削加工条件不同，Si_3N_4 陶瓷材料的去除方式会发生变化。

d. 背吃刀量。背吃刀量 a_p 在 2～10μm 范围变化时，ZrO_2 和 Si_3N_4 两种陶瓷材料随 a_p 的减小，去除方式逐渐由脆性断裂去除转为塑性去除。在 a_p 为 2μm 时，两种材料都处于塑性去除区域，在 a_p 为 10μm 时，两种材料均位于脆性断裂去除区域。用 SEM 观察 ZrO_2 陶瓷，在 a_p 为 1μm 时可观察到类似金属的塑性去除型连续切屑；而陶瓷在 a_p 为 10μm 时，可观察到明显的裂纹扩展行为。在切削速度为 0.1mm/min、金刚石刀具前角为 0°、a_p 为 2μm 的切削条件下，观察 ZrO_2 材料 SEM 图片，显示为类似金属的连续型切屑。

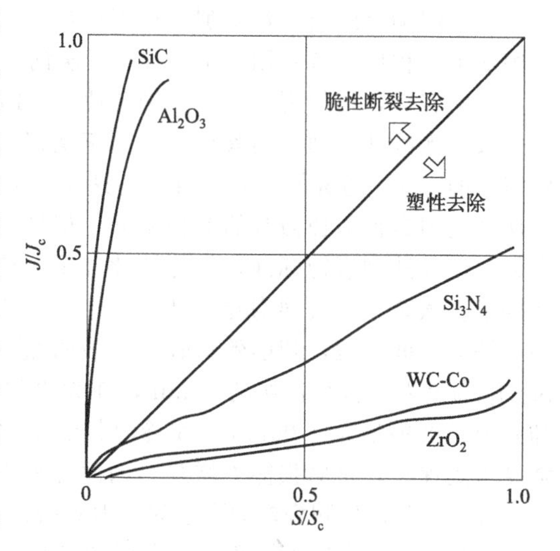

图 2.4 不同材料的去除方式

e. 切削速度 v_c。v_c 在 600～1800m/min 范围内变化情况为：提高 v_c，Si_3N_4 陶瓷材料因切削温度升高而呈现韧性提高和屈服强度下降，材料的去除方式呈现由脆性断裂逐渐变为塑性的趋势。但 Al_2O_3 仍在脆性断裂模式区域内。实验表明，在高速和小背吃刀量 a_p 情况下，可以获得脆性材料的连续状切屑。

(3) 工程陶瓷材料的切削特征

由于陶瓷材料的高硬度特性，增加了材料的加工难度。陶瓷材料的切削特征也与金属材料的切削特性存在显著差异。如在刀具材料选择上，金属材料一般选用高速钢、硬质合金刀具就可完成切削任务；而对于多数陶瓷材料，特别是结构陶瓷材料，只有金刚石刀具能够完成切削加工任务。在普通金属材料切削的三个分力中，主切削分力 F_c 最大。而陶瓷材料切削的三个分力中背向力 F_p 的值最大。以下从刀具磨损、切削力、切削加工表面质量、切削温度等方面介绍陶瓷材料的切削特性。

① 刀具磨损。刀具磨损是陶瓷材料切削加工中的显著特征之一。无论是普通结构陶瓷还是可切削陶瓷的切削过程都存在严重的刀具磨损现象。由于陶瓷材料很少产生塑性变形，因此前刀面磨损很少，则以后刀面的磨损形式为主。在陶瓷切削过程中，刀具材料、刀具形状、切削用量、冷却条件均会影响刀具的磨损状态。

a. 切削 Al_2O_3 普通结构陶瓷的刀具磨损。切削 Al_2O_3 陶瓷使用聚晶金刚石（PCD）刀具材料。Al_2O_3 陶瓷硬度为 2100～2300HV，切削速度 $v_c=48$m/min，$f=0.025$mm/r，$a_p=0.2$mm。选用三种聚晶金刚石刀具 DA150、DA100、DA2200，存在晶粒和结合强度上的差别。切削表明三种刀具磨损不尽相同。其中，DA100 型金刚石刀具的磨损量最小。切削同一种材料，切削用量相同，但因刀尖形状不同，刀具磨损相差较大。圆形刀具的刃口圆弧半径大，刀尖强度增强，有利于刀尖处切削热的扩散。

切削用量增加，刀具磨损也随之增大。选用 DA100 圆形 PCD 金刚石刀具，$f=0.025$mm/r，$a_p=0.2$mm，随 v_c 提高，切削温度和切削力增加。在有冷却液情况下，切削 Al_2O_3 陶瓷时，刀具的磨损值变小。

陶瓷材料类型不同，切削实验结果也不同。对于 SiC 和 Si_3N_4 陶瓷材料，刀具磨损量较 Al_2O_3 陶瓷大。湿切情况下刀具磨损小于干切情况。

b. 可切削陶瓷的刀具磨损。在实际工程中，玻璃陶瓷材料可以像金属一样进行切削加工。玻璃陶瓷应用广泛，可制造复杂结构的精密零件。

可切削陶瓷的刀具在切削中也存在严重的刀具磨损现象。如在切削氟金云母玻璃陶瓷的车削加工过程中，分别用W18Cr4V高速钢、YW硬质合金、Si_3N_4陶瓷三种刀具材料进行端面车削实验，切削用量为：主轴转速$n=150r/min$，$a_p=0.3mm$，$f=1.5mm/r$，刀具角度一致，无冷却切削。实验结果为高速钢刀具磨损量最大，切削时间为37min，只相当于陶瓷刀具的1/7；随着加工的进行，高速钢刀具磨损相当严重，工作表面形成了明显的锥体。硬质合金刀具比陶瓷刀具的磨损率低，但加工持续时间较短，仅相当于陶瓷刀具的1/2。陶瓷刀具还未达到磨钝标准，仍能持续加工。切削玻璃陶瓷时，刀具材料是影响刀具磨损的关键因素。氟金云母玻璃陶瓷切削加工中，高速钢刀具材料无法满足加工要求，硬质合金刀具加工持续时间较短，切削效率较低，表明氟金云母玻璃陶瓷仍属于硬脆性难加工材料。选用Si_3N_4陶瓷刀具材料，切削50min，在无冷却条件下，刀具磨损量为0.96mm，用自来水冷却则刀具磨损量为0.05mm。水冷时带走了大量的切削热，抑制了刀具的过高温度，使刀具强度得到保持，抗磨损能力增强，因而刀具磨损下降。

氟金云母玻璃陶瓷端面车削时，刀具磨损主要发生在后刀面和刀尖处。切削氟金云母玻璃陶瓷刀具磨损主要是磨料磨损。当切削条件为转速$n=200r/min$，进给速度$v_f=2mm/min$，$a_p=0.5mm$时，硬质合金刀具后刀面明显呈现耕犁状痕迹，是硬度较高的云母晶粒与刀具表面摩擦接触所形成的划痕，属于典型的磨料磨损。刀具磨损表面形成了沟纹。切削中刀具的主切削刃主要参与切削作用，主后刀面承受大部分的切削阻力，摩擦作用突出，所以刀具磨损主要发生在主后刀面。

② 切削力。

a. 普通陶瓷材料。陶瓷材料切削加工的显著特征是背向力F_p明显大于主切削力F_c和进给力F_f。这主要是因为陶瓷材料硬度高，刀尖难以切入材料内部。因此，三个切削分力中F_p最大。切削Al_2O_3陶瓷，采用PCD金刚石刀具ϕ13mm圆形DA100型刀片，切削用量$f=0.025mm/r$，$a_p=0.2mm$，有冷却，改变切削速度v_c，随v_c增加，各切削分力逐渐增加，背向力最大。Al_2O_3陶瓷以脆性断裂去除方式为主，加工裂纹在脆性材料内部的扩展速度很快，接近声速。切削过程主要在于刀具的切入，之后伴随着裂纹的扩展、断裂而成屑。因此，切削速度对于F_c的影响显得很小。

切削Al_2O_3陶瓷，$v_c=20m/min$，$a_p=0.2mm$，有冷却，改变f。经实验表明，与v_c对切削力的影响类似，三个切削分力中背向力F_p最大。

b. 可切削陶瓷材料。切削玻璃陶瓷过程中，背向力F_p也是最大的。切削氟金云母玻璃陶瓷，切削用量为$v_c=22.8m/min$，$a_p=0.05mm$，$f=0.1mm/r$，刀具材料为YG6X硬质合金，干式切削与冷却切削均显示出背向力F_p具有最大值。陶瓷材料的切削特征随陶瓷种类不同而不同，在切削加工中应充分考虑材料的性能、组织、结构、成分等因素。根据陶瓷材料的性能和切削特征，确定适合的刀具参数和加工工艺参数及其他加工条件，实现对陶瓷材料的有效加工。

③ 切削加工表面质量。多数陶瓷材料加工以脆性断裂去除方式为主，在陶瓷的加工表面残留加工裂纹。有残留裂纹的加工表面会影响加工表面质量。切削Al_2O_3陶瓷，在切削用量较小时，切屑是粉末状；随切削用量的增加，块状切屑逐渐形成。在已切削表面上出现凹坑，表面粗糙度值增加。在$f=0.025mm/min$，$a_p=0.2mm$，切削速度v_c分别为30m/min、50m/min、70m/min时，切削氟化锆陶瓷表面粗糙度值小于切削Al_2O_3陶瓷。

切削氟金云母玻璃陶瓷，车床主轴转速$n=150r/min$，$a_p=0.3mm$，$f=1.5mm/r$，用W18Cr4V、YW、Si_3N_4三种刀具材料进行端面车削，在高速钢和Si_3N_4刀具的加工表面上，可观察到切削纹理，而采用硬质合金加工则不明显。用高速钢刀具加工氟金云母玻璃陶瓷的表面粗糙度 $Ra=1.06\mu m$；用硬质合金刀具加工结果为 $Ra=0.59\mu m$；用 Si_3N_4 陶瓷刀具加工结果为 $Ra=0.56\mu m$。

④ 切削温度。用PCD金刚石刀具车削堇青石陶瓷，硬度为8000HV，切削条件为 $a_p=0.15mm$，$f=0.01825mm/r$。随切削速度增加，加工堇青石陶瓷的切削温度呈上升趋势。当 $v_c=80m/min$ 时，切削温度约为700℃，明显高于有冷却条件的切削温度。显然，在低速和有冷却的条件下可以降低切削温度，可有效地减少金刚石刀具的磨损。

（4）工程陶瓷材料的磨削加工方法

用超硬磨料磨具对工程陶瓷材料进行粗磨、精磨、研磨及抛光是重要的陶瓷加工方法，脆性断裂、塑性变形则是工程陶瓷材料的主要去除机理，主要有以下先进磨削加工技术。

① ELID镜面磨削技术。ELID镜面磨削技术是指在线电解修整金刚石砂轮进行镜面磨削加工，在磨削加工中砂轮保持锋锐状态，对工程陶瓷进行镜面磨削。其表面粗糙度值达10μm以下的水平，在大型或超大型结构陶瓷件以及电子工业的陶瓷件制造中达到纳米级表面。

② 延性域磨削技术。近年来世界各国竞相开发结构陶瓷表面无损伤的高效加工技术。实现结构陶瓷无损伤加工最有效的技术是延性域磨削技术。它是一种纳米级磨削技术，该技术主要采用高刚度高分辨率磨床，通过控制磨削深度（控制在几纳米或几十纳米），使脆性材料以延性域方式去除，即脆性材料的磨削机理由脆性断裂变为塑性流动。

③ 超高速磨削技术。超高速磨削技术是指砂轮速度（也称磨削速度）$v_s \geqslant 150m/s$ 的高速磨削技术，是一种高效且经济生产出高精度高质量零件的现代加工技术。其应用高效率、高精度、高自动化、高柔性的磨削装备，提高磨削进给速度，增加单位时间金属比去除率 Z_w 和金属去除率 Z'_w，使去除率大幅度提高，极大地提高了工件的加工效率、加工精度和表面加工质量。

④ 超精密砂轮磨削技术。超精密砂轮磨削技术是指被加工零件的尺寸精度高于0.1μm，表面粗糙度 $Ra<0.025\mu m$ 的磨削加工技术。使用金刚石砂轮、CBN超硬砂轮对工程陶瓷等硬脆材料进行磨削，进行微量去除以达到低 Ra 值。

⑤“一次行程”镜面磨削技术。“一次行程”镜面磨削技术是使用超硬磨料砂轮磨削结构陶瓷的高效率、高质量镜面磨削技术。“一次行程”镜面磨削技术的磨削原理是：在一次磨削行程中，选择合适的磨削深度 a_p 使磨削掉的材料能完全去除粗磨工序引起的加工变质层，并保证磨削表面少裂纹或无裂纹，从而直接生成镜面。国内外航空发动机中涡轮叶片及衬套改用高温结构陶瓷材料，应用“一次行程”镜面磨削技术在无损伤表面加工方面发挥了重要作用。

⑥ 超精密砂带磨削技术。超精密砂带磨削是很有发展前景的超精密加工技术。常用开式系统，对系统中接触轮（辊）施加一径向振动，以形成网状微切削痕纹，降低表面粗糙度值，砂带以缓慢速度进给，工件主轴转速为40～50r/min，接触轮（辊）振动频率为5～20Hz，振幅为10～20μm。其采用超声波振动实现接触轮（辊）的振动，称为超声波振动砂带磨削，用于精密零件加工。

⑦ 超精密研磨与抛光技术。采用游离磨料对加工表面进行精微去除，是一种以原子、分子为加工单位的研磨加工技术，加工精度高于0.1μm，$Ra \leqslant 0.02\mu m$。研磨加工是介于脆性破坏与弹性去除之间的一种加工技术，作为最后一道工序对硅片、光学镜等零件进行加工。

2.3 兼具高强韧和高硬脆类特性的难加工材料切削加工

2.3.1 金属基复合材料的切削加工

（1）金属基复合材料的分类

金属基复合材料是以金属合金为基体，以高强度的第二相为增强体（物）而制成的复合材料。这类复合材料充分发挥了基体金属的导电、导热、高的强韧性和增强体的高硬度、高强度、高耐磨性的优点，又克服了各自的不足。通过特殊方法，将二者有机地复合在一起形成一种性能优良的材料。金属基复合材料已取得极大发展，其主要包括如下种类。

① 按基体分类。主要包括铝基、镁基、钛基、镍基、耐热金属基、金属间化合物基等复合材料。

② 按增强体材料类型分类。

a. 非连续增强金属基复合材料。非连续增强金属基复合材料是由短纤维、晶须、颗粒为增强物与金属基体组成的复合材料。增强物在基体中随机分布时，其性能是各向同性，非连续增强物的加入，明显提高了金属的耐磨、耐热性，提高了高温力学性能、弹性模量，降低了线膨胀系数等。非连续增强金属基复合材料最大的特点是可以用常规的粉末冶金、液态金属搅拌、液态金属挤压铸造、真空压力浸渍等方法制备，并可用铸造、挤压、锻造、轧制、旋压等加工方法成型，制造方法简便，制造成本低，适合大批量生产，在民用工业中的应用领域十分广阔。

b. 连续纤维增强金属基复合材料。它是利用高强度高模量的碳（石墨）纤维、硼纤维、碳化硅纤维、氧化铝纤维、金属合金丝等增强金属基体组成的高性能复合材料，通过基体、纤维类型、纤维排布方式、体积分数的优化设计组合，可获得各种高性能复合材料。在连续纤维增强金属基复合材料中纤维具有很高的强度、模量，是复合材料的主要承载体，对基体金属的增强效果明显。基体金属主要起固定纤维、传递载荷、部分承载并赋予特定形状的作用，连续纤维增强金属基复合材料因纤维排布有方向性，其性能有明显的各向异性，可通过不同方向上纤维的排布来控制复合材料构件的性能。在沿纤维轴向上具有高强度、高模量等性能，而横向性能较差，在设计使用时应充分考虑。连续纤维增强金属基复合材料要考虑纤维的排布、体积分数等，制造工艺复杂、难度大、成本高。

c. 层状复合材料。层状复合材料是指在韧性和成型性较好的金属基体材料中，含有重复排列的高强度、高模量片层状增强物的复合材料。这种材料是各向异性的（层内两维同性），如碳化硼片增强钛、胶合板等。双金属、表面涂层等也是层状复合材料。

层状复合材料的强度和大尺寸增强物的性能比较接近，而与晶须或纤维类小尺寸增强物的性能差别较大。因为增强薄片在二维方向上的尺寸相当于结构件的大小，因此增强物中的缺陷可以成为长度上和构件相同的裂纹的核心。

由于薄片增强的强度不如纤维增强相高，因此层状复合材料的强度受到了限制。然而，在增强平面的各个方向上，薄片增强物对强度和模量都有增强效果，这与纤维单向增强的复合材料相比具有明显的优越性。

（2）金属基复合材料性能与应用

金属基复合材料具有以下性能。

① 高比强度、高比模量。通过在金属基体中加入适量的高强度、高模量、低密度的纤维、晶须、颗粒等增强物，可以明显提高复合材料的比强度和比模量，特别是连续纤维。如用密度只有 $1.85g/cm^3$ 的碳纤维作为增强纤维的复合材料的强度可达 7000MPa，比铝合金强度高出 10 倍以上。石墨纤维的最高模量可达 900GPa。硼纤维、碳化硅纤维密度为 2.5～$3.4g/cm^3$，强度为 3000～4500MPa，模量为 350～450GPa。加入 30%～50%的高性能纤维作为复合材料的主要承载体，复合材料的比强度、比模量成倍地高于基体合金的比强度、比模量。用高比强度、比模量的复合材料制成的构件质量轻、刚性好、强度高，是航天、航空技术领域中理想的结构材料。

② 导热性能好。金属基复合材料金属含量一般在 60%以上，仍保持了金属所具有的良好的导热性和导电性。其能够减少构件受热后产生的温度梯度，迅速散热，这对尺寸稳定性要求高的构件和高集成度的电子器件尤为重要。金属基复合材料采用高导热性的增强物可以提高热导率，解决集成电路器件散热问题。现已开发出超高模量石墨纤维、金刚石纤维。金刚石颗粒增强铝基、铜基复合材料的热导率比纯铝、铜还高，用它们制成的集成电路衬底和封装件可有效地把热量散出去，提高了集成电路的可靠性。

③ 线膨胀系数小，尺寸稳定性好。金属基复合材料中所用的增强体均具有很小的线膨胀系数，特别是超高模量的石墨纤维具有负的线膨胀系数。对于石墨纤维增强镁基复合材料，当石墨纤维含量达到 48%时，复合材料的线膨胀系数为零。

④ 高温性能好，使用温度范围大。金属基复合材料有比基体金属更高的高温性能，特别是连续纤维增强金属基复合材料，高温性能可保持到接近金属熔点，如钨丝增强耐热合金，其 1000℃、100h 高温持久强度为 207MPa，而基体金属的高温持久强度只有 48MPa。发动机等高温零件选用金属基复合材料，可大幅度提高发动机的性能和效率。

⑤ 耐磨性好。由陶瓷纤维、晶须、颗粒增强金属基体组成的复合材料具有很好的耐磨性。在金属基体中加入陶瓷纤维，特别是细小的陶瓷颗粒，提高了复合材料的强度、刚度、硬度和耐磨性。其可用于制造汽车发动机、刹车盘、活塞等零件，提高了零件性能和寿命。

⑥ 良好的抗疲劳性能和断裂韧性。金属基复合材料中增强物在金属基体中的分布、增强物与基体最佳的界面状态及金属与增强物的特性可有效地传递载荷，阻止材料裂纹的扩展，提高了材料的断裂韧性。

⑦ 不吸潮，不老化，气密性好。金属基复合材料由于金属性质稳定、组织致密，不存在老化、分解、吸潮等问题，不会发生性能退化，不会分解出污染仪器和环境的低分子物质。

⑧ 二次加工性能较好。现有各种金属材料加工工艺及装备，可有效实现金属基复合材料的二次加工。

(3) 金属基复合材料的切削加工

金属基复合材料的加工过程中存在许多问题。以纤维增强型金属基复合材料（FRMMC）为例，它是采用轻质、高强度、耐热性优异的陶瓷纤维增强的金属基复合材料，最大特点是抗拉强度与一般钢材相比高出几十倍，密度为钢材的几分之一，硬度非常高，达到 1500～2000HV。FRMMC 含有与切削刀具差不多硬度的陶瓷纤维，因此加工困难，刀具磨损严重。FRMMC 在纤维方向上强度很高，而垂直于纤维方向的强度与金属基体基本相同，强度存在各向异性，这是 FRMMC 加工非常困难的原因之一。对于颗粒增强型金属基复合材料（PRMMC），虽然不存在各向异性问题，但是由于增强颗粒 SiC、Al_2O_3 等本身就是磨料，既硬又耐磨，因此对刀具的磨损非常严重。

PRMMC 是研究开发的重点，是一种典型的难加工材料，其加工特性主要表现如下。

① 刀具磨损严重，加工成本高。切削 PRMMC 时，刀具会发生前、后刀面的磨料磨损，发生黏着磨损、扩散磨损、崩刃，在前刀面产生沟痕、凹坑和刻痕。

② 在已加工表面上存在各种缺陷，难以获得高质量的加工表面。

③ 干式切削加工易产生积屑瘤，影响加工质量。使用 PCBN 刀具切削 PRMMC 时，进给速度提高，表面粗糙度下降，高的切削速度有利于抑制积屑瘤，能获得高质量加工表面。

④ 在普通磨床上用金刚石砂轮磨削 PRMMC 可获得良好的表面粗糙度和尺寸精度；可磨削性好，增强颗粒的存在改善了材料的磨削性能。

切削加工仍然是 PRMMC 的主要加工方法；磨削加工则是可推广的加工方法。

2.3.2 SiC/Al 复合材料的切削加工

SiC 颗粒或晶须增强铝基复合材料（SiC_p/Al 或 SiC_w/Al）性能优异，成为金属基复合材料发展的主要方向之一。

(1) SiC/Al 复合材料（SiC 颗粒增强铝基复合材料）的性能

在基体中加入增强体颗粒，对基体晶粒滑移的约束性加强，材料体现出较高的抗塑性变形能力。增强体对复合材料强度的贡献明显增大，金属基复合材料的强度要远高于铸造铝合金材料。从抗拉强度、伸长率、热导率来看，属于较易切削范围。加入硬而脆的 SiC 后，铝基复合材料的延性下降，切削时材料塑性变形减小，切削时切屑变短，与前刀面摩擦距离短，排屑容易。由于 SiC 硬度很高，约为 3000HV，故刀具后刀面磨损严重，切削力和摩擦力大，加工较铝合金困难。在对 SiC_p/ZL101A 材料的加工中采用合理的工艺，加工结果为：形位公差（垂直度、平行度、角度）可以达到 0.004/200mm，表面粗糙度 $Ra<0.4\mu m$。

(2) SiC/Al 复合材料的切削

① 刀具材料的影响。采用 PCD、PCBN、K10、Si_3N_4 陶瓷四种刀具对 SiC_p/2024 复合材料切削加工，四种刀具后刀面磨损情况如下：PCD 的最大磨损量 VB_{max} 值最小，Si_3N_4 的 VB_{max} 值最大，约为 3mm；PCBN、K10 的 VB_{max} 约为 2～2.5mm。

采用 K10、PCD 刀具切削 SiC_w/2024 复合材料，在不同切削条件（$v_c=20\sim40$m/min，$f=0.08\sim0.10$mm/r，$a_{p=}0.2\sim0.8$mm）情况下，K10 刀具切削温度在 78～116℃范围内，PCD 刀具的切削温度在 125～173℃范围内。从切削加工效果可知，PCD 刀具材料是理想的刀具材料。

② 刀具几何参数。根据工件材料特性，选用合理的刀具角度，在半精加工中能保证有较高的加工效率和耐用度，在精加工时能保证加工精度和加工表面质量。

a. 前角 γ_0 的选择。Si/Al 材料塑性变形小，断屑容易，材料强度、硬度高。为了保证刀具强度和耐用度，刀具前角不必选得太大。精加工 PCD 刀具因刃磨困难，前角要尽量选小一些。

b. 后角 α_0 选择。由于 SiC 硬度高，刀具后刀面磨损严重，主要是磨料磨损，为减小与加工表面间的摩擦，后角宜选大些。另外，由于前角小，刀刃的强度得到加强，后角也可选大些，有利于保证刀刃的锋利性。

c. 刃倾角的选择。刃倾角主要控制切屑流向及刀头强度等，半精加工硬质合金刀具选择负刃倾角为宜，精加工 PCD 刀具选择零刃倾角为宜。

主偏角、副偏角的选择根据加工情况而定。

③ 切削用量选择。v_c 越高，f 越小，后刀面与加工表面间摩擦越严重。因此，应选择

大的进给量和低的切削速度。用 PCD 刀具进行精加工，由于刀具磨损小，可选用与硬质合金刀具加工铝合金相同的切削用量，切削速度过快则会导致刀尖温度过高而石墨化，所以切削速度有一临界值。合理的切削速度 v_c<35m/min。

④ 切削液的选用。加工 SiC 复合材料应选用切削液。车、镗加工选用乳化液。

⑤ 加工表面质量。用硬质合金刀具切削时，加工表面上产生有规则的进给痕迹，但表面光亮整洁，刀具锋利时车削表面粗糙度可达 0.8μm。用 PCD 刀具切削时加工表面粗糙度可达 0.4μm，表面发乌，面轮廓清晰。加工 SiC_p/Al 的切削机理是 SiC 颗粒剥离和破裂，而加工 SiC_w/Al 则是晶须断裂。

(3) SiC 颗粒增强铝基复合材料的高速铣削

由于硬质 SiC 增强颗粒的存在，该复合材料加工十分困难，要求刀具具有优良的耐磨性、耐热性，较高的硬度和韧性。一般认为 PCD 是最佳刀具材料，但 PCD 刀具制造困难，成本高。所以，仍然大量使用硬质合金刀具。

① SiC 颗粒具有高模量、高强度、高硬度（3000HV）、高温性能。这些增强颗粒的强化使得复合材料的屈服强度提高，但复合材料中 SiC 颗粒周围和远离颗粒处应力很不均匀；同时，SiC 颗粒几乎不可塑性变形，则在切削加工过程中基体发生塑性变形，而 SiC 颗粒只发生弹性变形、转动、脆性破坏或脱落，在切削过程中会使刀具产生较大的磨损。

② 复合材料基体中散布着硬脆的 SiC 颗粒，切削过程中振动较大。铣削加工应采用高性能高速加工中心，刀具选用耐磨性优良、耐热性较好、硬度和韧性较高的超细颗粒涂层硬质合金刀具。

③ 铣削 SiC 颗粒增强铝基复合材料的铣削力与铣削速度的关系。在其他铣削参数不变的情况下，随着铣削速度的提高，铣削力 F_z、F_y、F_x 均随之增大；同时，在铣削速度提高的过程中，铣削振动明显增大，颗粒增强金属基复合材料存在一个临界应变速率。当应变速率在临界值以下时，位错从颗粒上攀移过去的速度大于位错到达颗粒周围的速度，则颗粒周围没有位错堆积。当应变速率大于临界值时，位错到达颗粒周围的速度大于位错从颗粒上攀移过去的速度，从而导致位错在颗粒周围的堆积，颗粒中的应力逐渐增加并导致高强度增强颗粒断裂、破损。因此，在较低铣削速度的条件下，切削过程中裂纹可能沿较长的路径在强度较低的基体中扩展。在较高的铣削速度、高应变速率条件下，裂纹易穿过高强度 SiC 颗粒扩展。铣削速度提高，材料应变速率增大，破损、断裂的颗粒数增加，从而使铣削力和铣削振动增大。

在高速铣削过程中，被铣复合材料与螺旋立铣刀的主、副切削刃频繁接触和相对滑动导致切削刃的磨损。后刀面上涂层剥落，并形成主切削方向的磨损沟槽。这是由 SiC 颗粒所致的磨料磨损。

④ 刀具失效形式有后刀面磨损和崩刃两种。

⑤ 增强颗粒尺寸增大，材料的切削加工性降低，表面变粗糙，切削力增大，刀具磨损加重。

2.3.3 陶瓷基复合材料的切削加工

(1) 陶瓷基复合材料的分类

现代陶瓷基复合材料具有高强度、高模量、超高硬度、耐腐蚀、密度小等许多优良特点。其具体分类如下。

① 连续纤维增韧陶瓷基复合材料。连续纤维增韧陶瓷基复合材料（CFCC）可以从根本

上克服陶瓷脆性，是陶瓷基复合材料发展的主流方向。根据增强（或增韧）纤维排布方式的不同，分为单向排布纤维增强（或增韧）陶瓷基复合材料和多向排布纤维增强（或增韧）陶瓷基复合材料。

a. 单向排布纤维增强陶瓷基复合材料。单向排布纤维增强陶瓷基复合材料的显著特点是它具有各向异性，即沿纤维长度的纵向性能大幅度高于横向性能。材料中裂纹扩展遇到纤维时会受阻，要使裂纹进一步扩展就必须提高外加应力。

b. 多向排布纤维增强陶瓷基复合材料。许多陶瓷构件要求在二维及三维方向上均具有优良性能，这就要进一步研究多向排布纤维增强陶瓷基复合材料。二维纤维化机制是纤维的拔出与裂纹机制，使其韧性及强度比基体材料大幅度提高。三维多向排布纤维增强陶瓷基复合材料是为了满足某些性能而设计的。这种材料为航天用的三向C/C复合材料，现已发展到三向石英/石英等陶瓷复合材料。

② 短纤维、晶须增韧陶瓷基复合材料。短纤维通常小于3mm，常用的有SiC晶须、Si_3N_4晶须和Al_2O_3晶须。常用的基体为Al_2O_3、ZrO_2、SiO_2、Si_3N_4、莫来石。晶须增韧是高温结构陶瓷复合材料的主要增韧方式。复合材料的断裂韧性随晶须含量V_f（体积含量）的增加而增大。

③ 颗粒增韧陶瓷基复合材料。用颗粒作为增韧剂，制备颗粒增韧陶瓷基复合材料，其原料的均匀分散及烧结致密化都比短纤维及晶须复合材料方便和易行。如颗粒种类、粒径、含量及基体材料选择得当，仍有一定的韧性效果，会带来高强度、高温蠕变性能的改善。

从增韧机理上看，颗粒增韧分为非相变第二相颗粒增韧、延性颗粒增韧、纳米颗粒增韧，目前使用较多的是氮化物和碳化物颗粒。延性颗粒增韧是在脆性陶瓷基体中加入第二相延性颗粒来提高陶瓷韧性。一般加入金属粒子，金属粒子作为延性第二相引入陶瓷基体内，改善了陶瓷的烧结性能；而且，可以以多种方式阻碍陶瓷中裂纹的扩展，如钝化、偏转、钉扎及金属粒子的拔出等，使得复合材料的抗弯强度和断裂韧性得以提高。

（2）陶瓷基复合材料的性能

① 陶瓷基复合材料的主要物理化学性能指标如下。

a. 热膨胀。复合材料由纤维、界面和基体构成，晶体的线膨胀系数存在各向异性。各向异性造成的热应力常常导致晶体材料从烧结温度冷却下来即发生开裂，在陶瓷基复合材料中，一般希望增强体承受压缩的残余应力，这样即使是弱界面，也不会发生界面脱落。

b. 热传导。陶瓷为耐热、隔热材料，其热导率对复合材料的裂纹、空洞和界面结合情况都很敏感。

c. 氧化抗力。陶瓷基复合材料作为高温材料，氧化抗力是其重要的性能指标。

② 陶瓷基复合材料的主要力学性能指标

a. 拉伸、压缩和剪切力学行为。单体陶瓷的拉伸曲线为一直线，而连续体复合材料在直线后，经过曲线上升到最大应力后断裂。由直线向曲线转变的应力，通常称为基体开裂应力。

b. 断裂韧性。连续纤维增强陶瓷基复合材料的断裂韧性达到$20MPa \cdot m^{1/2}$，远高于单体陶瓷。

c. 热冲击抗力与机械冲击抗力。在热冲击载荷下，不容易发生完全破坏。

d. 疲劳陶瓷基复合材料在室温下的疲劳极限为抗拉强度的70%～80%，远大于基体开裂应力。但是，在高温下疲劳寿命的降低是个大问题。

用SiC晶须增强的陶瓷基复合材料，抗弯强度高，韧性好，作为刀具材料，其耐用度比硬质合金高出113倍。其抗弯强度＞800MPa，断裂韧性≥$8MPa \cdot m^{1/2}$，硬度＞92HRA。

③ 非连续纤维增强（或增韧）陶瓷基复合材料的主要力学性能。增韧可大幅度提高陶瓷材料常温韧性和强度，高温下则失效。颗粒弥散及晶须复合增韧可明显提高其抗弯强度和断裂韧性。将颗粒、晶须等增韧物加入基体材料中，由于二者弹性模量和线膨胀系数的差异而在界面形成应力区，并与外加应力发生相互作用，使扩展裂纹产生钉扎、分叉或其他形式（如相变）吸收能量，从而提高了材料的断裂抗力。对于高温下使用的颗粒弥散及晶须复合材料，就基体而言，应综合考虑高温强度、抗热震性、密度、抗蠕变性、抗氧化性等。首选材料仍是 Si_3N_4 和 SiC，能够满足 1600℃以下高温抗氧化的要求。在基体材料中加入合适的增韧物，可以大幅度提高陶瓷材料的强度和韧性。

④ 连续纤维增韧陶瓷基复合材料的力学性能。连续纤维增韧陶瓷基复合材料（CFCC）具有较高韧性，受外力冲击时，能够产生非失效性破坏形式，可靠性高，是提高陶瓷材料性能最有效的方法之一。用于生产 CFCC 的连续纤维主要有 SiC 纤维、碳纤维、硼纤维、氧化物纤维。碳纤维的使用温度最高，可超过 1650℃，只能在非氧化条件下工作，其他纤维在超过 1400℃高温下均存在强度下降问题。因为陶瓷材料一般在 1500℃以上烧制，这种制备方法会使陶瓷纤维由于热损伤而造成力学性能退化，所以需研制抗氧化的陶瓷纤维。目前 CFCC 适用领域包括航空航天结构件、耐高温结构件、汽车构件、防护（防弹）材料等。

⑤ 层状陶瓷基复合材料的主要力学性能。层状陶瓷基复合材料的基体层为高性能陶瓷片层，界面层可以是非致密陶瓷、石墨或延性金属等。层状陶瓷基复合材料的断裂韧性和断裂功产生质的飞跃，有效地改善了陶瓷材料的韧性和可靠性，而且制备简单、易于推广，适合制备薄壁类陶瓷部件。这种层状结构还能与其他增韧机制相结合，形成不同尺度多级增韧机制协同作用，多重结构复合为陶瓷基复合材料的应用开辟广阔前景。典型层状陶瓷基复合材料有：SiC/石墨，断裂功 6125J/m^2，抗弯强度 633MPa；Si_3N_4/BN＋20％Al_2O_3，断裂功 6500J/m^2，抗弯强度 437MPa；Si_3N_4/BN＋10％ Si_3N_4，断裂功 4500J/m^2，抗弯强度 533MPa；Si_3N_4/BN 纤维，断裂功 4700J/m^2，抗弯强度 600MPa。

（3）陶瓷基复合材料的加工特点

陶瓷基复合材料属于脆性材料，一般使用金刚石刀具或金刚石砂轮进行切削或磨削、研磨加工。这种加工有可能在材料的表面或表面的下层产生微裂纹。颗粒增强陶瓷基复合材料与普通陶瓷材料的加工特性类似，而纤维增强陶瓷基复合材料的加工技术目前仍处于不断开发过程中，还未有成熟的工艺技术。

2.3.4 聚合物复合材料的切削加工

（1）热固性树脂基复合材料

热固性树脂基复合材料主要有环氧树脂基复合材料、酚醛树脂基复合材料、不饱和聚酯树脂基复合材料、聚酰亚胺树脂基复合材料、双马来酰亚胺树脂基复合材料、氰酸酯树脂基复合材料、有机硅树脂基复合材料、三聚氰胺甲醛树脂复合材料等。

① 环氧树脂基复合材料。纤维增强环氧树脂是综合性能最好的一种环氧树脂基体材料，黏结能力强，与纤维复合时，界面剪切强度最高。环氧树脂热固化时无小分子放出，纤维增强机械强度高，收缩率只有 1％～2％。

② 酚醛树脂基复合材料。纤维增强酚醛树脂是一种耐热性好的材料，它可以在 200℃下长期使用，甚至在 1000℃以上的高温下，也可以短期使用。它是一种耐烧蚀材料，因此可用于制作宇宙飞船的外壳。它的耐电弧性还可用于制作电弧的绝缘材料。其价格比较便宜，原料来源丰富；不足之处是性能较脆，机械强度不如环氧树脂，固化时有小分子副产物放

出，故尺寸不稳定，收缩率大。酚醛树脂对人体皮肤有刺激作用，会使人的手和脸肿胀。

③ 不饱和聚酯树脂基复合材料。纤维增强聚酯树脂最突出的特点是加工性能好，树脂中加入引发剂和促进剂后，可以在室温下固化成型，因为树脂中的交联剂（苯乙烯）也起着稀释剂的作用，所以树脂的黏度大幅度降低，可采用各种成型方法进行成型。因此，它可制作大型构件，扩大了应用范围。此外，其透光性好，透光率可达 60%～80%，可制作采光瓦。它的价格也很便宜。其不足之处是固化时收缩率大，可达 4%～8%，耐酸碱性差些，不宜制作耐酸碱的设备及管件。

④ 其他热固性树脂基复合材料。聚酰亚胺树脂的 T_g（玻璃化转变温度）一般在 230～275℃，耐高温性能优异，但其溶解性极差。一般需在聚酰胺酸阶段直接浸渍纤维制成预浸料，但由于存在高温脱水的缺陷，限制了它的发展。目前主要从改善工艺性着手，提出了用乙炔基封端的聚酰亚胺与之共混的改性方法，得到工艺性、耐热性、力学性能俱佳的复合材料。总之，聚酰亚胺树脂基复合材料具有优异的耐热性、突出的力学性能，在航空航天工业中必不可少。但它本身也存在工艺性差、预浸料质量控制困难，以及价格昂贵等缺点，有待于进一步开发。

双马来酰亚胺树脂是一类综合性能优异的树脂，它综合了聚酰亚胺树脂和环氧树脂的特点。不仅具有突出的耐热性，还具有较佳的工艺性能，其性能价格比在各类热固性树脂中是最高的。双马来酰亚胺树脂基复合材料获得了广泛应用，不仅在航空航天等高科技领域深受青睐，而且在汽车、体育用品、电气设备等民用工业中也具有广阔的应用前景。在国外，其正以 15%的年增长率逐步取代环氧树脂，大幅推动了材料工业的发展。

(2) 热塑性树脂基复合材料

热塑性树脂基复合材料品种不仅与基体树脂、增强纤维的性能有关，而且与纤维增强方式、成型工艺以及设备有关。热塑性树脂基复合材料的发展主要体现在以下几方面：在基体树脂方面，由通用塑料、工程塑料向特种工程塑料和塑料合金发展；在增强材料方面，由玻璃纤维、碳纤维向高强度纤维、Kevlar（凯芙拉）纤维以及混杂纤维发展；在增强方式方面，由短纤维增强向中长纤维、长纤维及连续纤维增强方式发展。

① 通用热塑性树脂基复合材料。聚乙烯（PE）、聚氯乙烯（PVC）、聚苯乙烯（PS）、聚丙烯（PP）和 ABS（丙烯腈-丁二烯-苯乙烯共聚物）树脂为五大通用树脂。通用树脂基复合材料也是应用最为广泛的材料。

用玻璃纤维增强的聚丙烯（FR-PP）突出的特点是机械强度与纯聚丙烯相比大幅度提高。当短切玻璃纤维增加到 30%～40%时，其机械强度达到顶峰，抗拉强度达到 100MPa，大大高于工程塑料聚碳酸酯（PC）、聚酰胺（PA）等，尤其是使聚丙烯的低温脆性得到大幅度改善，而且随着玻璃纤维含量提高，低温时的抗冲击强度也有所提高。FR-PP 的吸水率很小，是聚甲醛和聚碳酸酯的十分之一。在耐沸水和水蒸气方面更加突出，含有 20%短切纤维的 FR-PP，在水中煮 1500h，其抗拉强度比初始强度只降低 10%，如在 23℃水中浸泡则强度不变。但在高温时，高浓度的强酸、强碱中会使机械强度下降。在有机化合物的浸泡下会降低机械强度，并有增重现象。聚丙烯为结晶型聚合物，当加入 30%的玻璃纤维复合以后，其热变形温度有显著提高，可达 153℃（1.86MPa），已接近纯聚丙烯的熔点，但是必须在复合时加入硅烷偶联剂（如不加则变形温度只有 125℃）。

聚苯乙烯类树脂目前已成为系列产品，多为橡胶改性树脂。这些聚合物用长玻璃纤维或短切玻璃纤维增强后，其机械强度及耐高低温性、尺寸稳定性均大幅提高。例如，AS（丙烯腈-苯乙烯聚合物）的抗拉强度为 66.8～84.4MPa，而含有 20%玻璃纤维的 FR-AS 的抗拉强度为 135MPa，提高将近一倍，而且弹性模量提高几倍。FR-AS 比 AS 的热变形温度提高了10～15℃，而且随着玻璃纤维含量的增加，热变形温度也随之提高，使其在较高的温度下仍具有较高的刚度，制品的形状不变。此外，随着玻璃纤维含量的增加，线膨胀系数减小，含有20%玻璃纤维的FR-AS线膨胀系数为2.9×10^{-5}/℃，与金属铝（2.41×10^{-5}/℃）接近。对于脆性较大的PS、AS，加入玻璃纤维后冲击强度提高；而对于韧性较好的ABS，加入玻璃纤维后，会使韧性降低，抗冲击强度下降，直到玻璃纤维含量达到30%，冲击强度才不再下降，而达到稳定阶段，接近FR-AS的水平。这对于FR-ABS是唯一的不利因素。玻璃纤维与聚苯乙烯类塑料复合时也要加入偶联剂，不然聚苯乙烯类塑料与玻璃纤维黏结不牢，影响强度。

② 工程塑料基复合材料。通用工程塑料通常是指已大规模工业化生产、应用范围较广的5种塑料，即聚酰胺（聚酰胺PA在行业常称为尼龙，尼龙是聚酰胺的商品名）、聚碳酸酯、聚甲醛（POM）、聚酯（主要是PET）及聚苯醚（PPO）。

聚酰胺是一种热塑性工程塑料，本身的强度就比一般通用塑料的强度高，耐磨性好，但因其吸水率太大，影响了它的尺寸稳定性，另外其耐热性也较低，采用玻璃纤维增强的聚酰胺，这些性能会大幅度改善。玻璃纤维增强聚酰胺的品种很多，有玻璃纤维增强尼龙6（FR-PA6）、玻璃纤维增强尼龙66（FR-PA66）、玻璃纤维增强尼龙1010（FR-PA1010）等。一般玻璃纤维增强聚酰胺中，玻璃纤维的含量达到30%～35%时，其增强效果最为理想，它的抗拉强度可提高2～3倍，抗压强度提高1.5倍，最突出的是耐热性提高的幅度最大。例如，尼龙6的使用温度为120℃，而玻璃纤维增强尼龙6的使用温度可达到170～180℃。在这样高的温度下，往往材料容易产生老化现象，因此，应加入一些热稳定剂。FR-PA的线膨胀系数比PA降低了1/5～1/4，含30%玻璃纤维的FR-PA6的线膨胀系数为0.22×10^{-4}/℃，接近金属铝的线膨胀系数。另一特点是耐水性得到了改善，聚酰胺的吸水性直接影响了它的机械强度和尺寸稳定性，甚至影响了其电绝缘性；而随着玻璃纤维加入量的增加，其吸水率和吸湿速度显著下降。例如，PA6在空气中饱和吸湿率为4%，而FR-PA6则降到2%。在聚酰胺中加入玻璃纤维后，唯一的缺点是使本来耐磨性好的性能变差了。因为聚酰胺的制品表面光滑，粗糙度越小越耐磨；而加入玻璃纤维以后，如果制品经过二次加工或者被磨损，玻璃纤维就会暴露于表面上，这时材料的摩擦系数和磨耗量就会增大。所以，如果用它来制造耐磨性要求高的制品，一定要加入润滑剂。

聚碳酸酯是一种透明度较高的工程塑料，它的刚韧相兼的特性是其他塑料无法相比的，唯一不足之处是易产生应力开裂、耐疲劳性差。加入玻璃纤维以后，FR-PC比PC的耐疲劳强度提高2～3倍，耐应力开裂性能提高6～8倍，耐热性比PC提高16～20℃，线膨胀系数缩小为$(1.6\sim2.4)\times10^{-6}$/℃，因而可制成耐热的机械零件。

未增强的纯聚酯结晶性高，成型时收缩率大，尺寸稳定性差、耐温性差，而且质脆。用玻璃纤维增强后，其性能是：机械强度高于其他玻璃纤维增强热塑性塑料，抗拉强度为135～145MPa，抗弯强度为209～250MPa，耐疲劳强度高达52MPa；最大应力与往复弯曲次数的曲线与金属一样，具有平坦的坡度；耐热性提高的幅度最大。PET的热变形温度为85℃，而PR-PET为240℃，而且在这样高的温度下仍然能保持它的机械强度，是玻璃纤维增强热塑性塑料中耐热温度最高的。它的耐低温度性能好，超过了FR-PA6。因此，在温度高低交替变化时，它的力学性能变化不大，电绝缘性能好，可用它制造耐高温电器零件；更可喜的是它在高温下耐老化性能好，尤其是耐光老化性能好，因此其使用寿命长。唯一不足之处是在高温下易水解，使机械强度下降，因而不适于在高温水蒸气中使用。

聚甲醛是一种性能较好的工程塑料，加入玻璃纤维后，不但起到增强的作用，而且最突出的特点是耐疲劳性和耐蠕变性有很大提高。含有25%玻璃纤维的FR-POM的抗拉强度为纯 POM 的 2 倍，弹性模量为纯 POM 的 3 倍，耐疲劳强度为纯 POM 的 2 倍，在高温下仍具有良好的耐蠕变性，同时，耐老化性也很好。但其不耐紫外线照射，因此在塑料中要加入紫外线吸收剂。唯一不足之处是加入玻璃纤维后其摩擦系数和磨耗量大幅度提高，即耐磨性降低。为了改善其耐磨性，可将聚四氟乙烯粉末作为填料加入聚甲醛中，或加入碳纤维来改性。

聚苯醚是一种综合性能优异的工程塑料，但存在着熔融后黏度大、流动性差、加工困难等问题和容易发生应力开裂的现象，还存在成本高等缺点。为改善上述缺点，加入其他树脂共混或共聚使其改性。这种方法虽然克服了上述缺点，但又使其力学性能和耐热性有所下降，故加入玻璃纤维使其增强，效果很好。加入 20%玻璃纤维的 FR-PPO，其抗弯弹性模量比纯 PPO 提高 2 倍；含 30%玻璃纤维的 FR-PPO 则提高 3 倍。因此，可用它制成高温高载荷的零件。FR-PPO 最突出的特性是蠕变性很小，3/4 的变形量发生在 24h 之内。因此，蠕变性的测定可在短期内得出估计的数值，这一点是任何高分子复合材料难以达到的。其耐疲劳强度很高，含 20%玻璃纤维的 FR-PPO，在 23℃往复次数为 2.5×10^{6} 次的条件下，弯曲疲劳极限强度仍能保持 28MPa。如果玻璃纤维的含量为 30%，则可达到 34MPa。FR-PPO 的又一突出特点是热膨胀系数非常小，接近金属的热膨胀系数，因此，与金属配合制成零件，不易产生应力开裂。其电绝缘性在工程塑料中居第一位，可不受温度、湿度、频率等条件的影响。它的耐湿热性能良好，可在热水或有水蒸气的环境中工作。因此，可用其制造耐热性电绝缘零件。

③ 高性能热塑性复合材料。高性能热塑性复合材料相对于热固性复合材料，具有优异的耐高温性、韧性、损伤容限，良好的耐湿热、耐腐蚀、耐磨损、电力性能等特性。因此，世界各国竞相开发各种高强度、高耐热性的树脂基复合材料。目前，如聚醚醚酮（PEEK，其熔点高达 334～380℃）树脂基复合材料、聚醚酮（PEK）树脂基复合材料、聚苯硫醚（PPS）基复合材料、液晶聚合物基复合材料、聚醚砜（PES）基复合材料、聚芳醚砜酮（PPESK）基复合材料等已经在各个领域得到应用。

（3）树脂基复合材料的力学特性

① 具有高比强度和高比刚度。

② 抗疲劳性能好。由于纤维缺陷少，基体塑性好，能消除或减小应力集中（包括大小和数量）。碳纤维增强复合材料的疲劳强度为抗拉强度 σ_b 的 70%～80%，一般金属材料仅为其抗拉强度 σ_b 的 30%～50%。

③ 减振能力强。

④ 断裂安全性好。纤维增强复合材料的单位截面上分布大量细纤维，受力时处于复杂的力学状态，过载会使其中的部分纤维断裂，但应力随即迅速进行重新分配，由未断的纤维承受。这样就不致造成构件的瞬间断裂，安全性好。

（4）树脂基复合材料的切削加工

树脂基复合材料由质软而黏性大的基体和强度高、硬度大的纤维混合而成，其力学性能呈各向异性，机械加工条件恶劣，是典型的难加工材料。对其进行切削加工有以下特点。

① 材料产生分层。破坏分层是由复合材料铺层之间脱胶而形成的一种破坏现象。当切削参数不合理时会使层间受力过大而导致分层，严重降低材料性能，导致零件报废，即使微小的分层也是严重的隐患。

② 刀具磨损严重，耐用度低。切削加工树脂基复合材料时，切削区温度高且集中于刀具切削刃附近，纤维的回弹及粉末状切屑加重了对刃口的磨损。由于碳纤维增强的复合材料的硬度高，故刀具磨损严重，后刀面产生沟状磨损，导致刀具耐用度降低。为了应对复合材

料的高磨蚀性，应提高刀具耐用度。最初使用高速钢、硬质合金刀具来加工，后开发出TiN、TiAlN、金刚石涂层，改善了硬质合金刀具的耐磨性。后又开发了陶瓷、CBN和聚晶金刚石（PCD）等刀具车削碳纤维复合材料。经使用表明，PCD刀具具有非常高的耐磨性，适合碳纤维复合材料的高速切削加工。

③ 产生残余应力。树脂基复合材料加工表面的尺寸精度和表面粗糙度不易达到要求，易产生残余应力。这是由于增强纤维和基体树脂的热膨胀系数相差太大所致，纤维增强复合材料（FRP）常使用钻孔、铣削、切断加工、特种及复合加工等加工工艺。

a. 钻孔。树脂基复合材料是一种很难高质量加工的材料。在钻孔过程中，常出现分层表面剥离、毛刺、树脂熔化、纤维崩缺等问题困扰现场加工。加工精度和表面粗糙度对飞机复合材料构件影响很大。加工中，任何质量问题均会导致零件报废。据统计，飞机在最后组装时，由钻孔不合格导致报废的零件占复合材料零件报废的60%以上。纤维的高硬度使刀具磨损严重、刀具耐用度很低。常用钻削工具如下。

在树脂基复合材料钻孔中，钻头采用多种结构形式的工业钻头。高速钢钻头磨损严重，相比之下，硬质合金钻头较理想。有人采用高速钢麻花钻、硬质合金麻花钻、硬质合金四槽钻进行了CFRP（碳纤维增强树脂基复合材料）的钻削实验，认为硬质合金麻花钻效果最好。在此基础上，又采用硬质合金麻花钻和三尖钻对CFRP进行钻削实验，认为三尖钻能缓解CFRP的分层现象。对麻花钻、三尖钻、扁钻及级进钻钻削CFRP时的钻削力与分层因子进行分析，结果显示，扁钻时分层因子最大，麻花钻分层因子最小；三尖钻钻削力最大，级进钻产生的钻削力最小。为提高钻削质量、加工效率，延长刀具的寿命，现采用直槽钻和螺旋槽钻。研究开发的金刚石套料钻钻削碳纤维复合材料加工质量最好。钎焊金刚石套料钻的钻削过程如图2.5所示。

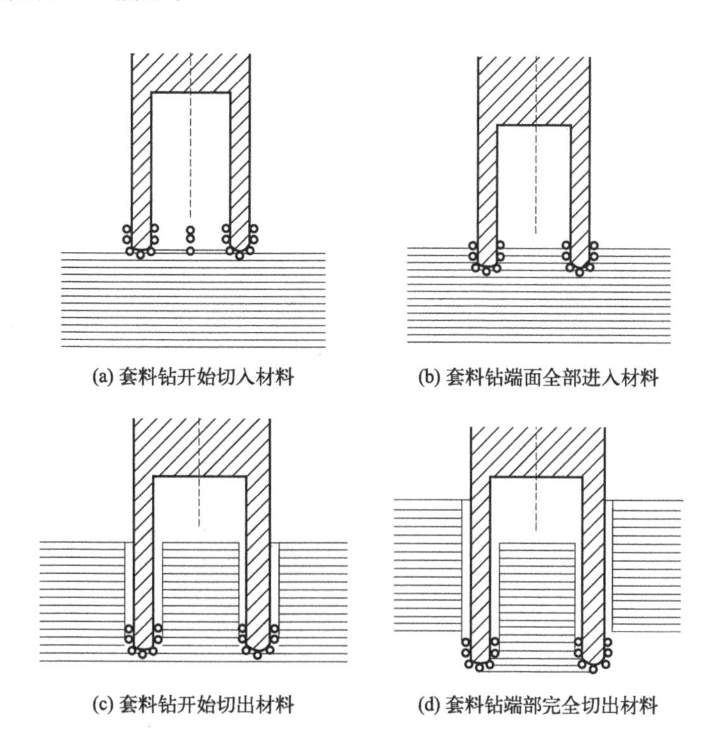

图2.5 钎焊金刚石套料钻的钻削过程

b. 铣削。铣削在树脂基复合材料的零部件生产中，主要用于除去周边余量，进行边缘修整，加工各种内型槽及切断，以保证装配精度。树脂基复合材料铣削加工整体式刀具结构复杂多样，面向不同加工需要不同的专业刀具。图 2.6 为 FRP 复合材料（纤维增强复合材料）用铣刀。

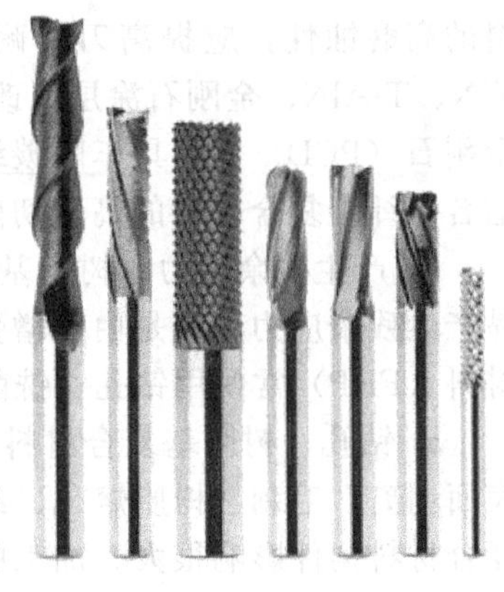

图 2.6 FRP 复合材料（纤维增强复合材料）用铣刀

在树脂基复合材料的铣削加工中，存在分层、撕裂、毛刺、树脂熔化等加工质量问题及刀具磨损问题。目前普遍推荐的碳纤维增强树脂基复合材料的切边加工参数为高转速、低进给，能有效降低每齿切厚、表面粗糙度。有人对碳纤维增强树脂基复合材料进行正交切削后认为，铣槽时切削参数为低切削速度和高进给量。这是由于铣槽时热量较大，且切屑较难排出，在低进给量情况下，会造成基体的熔化、烧伤和纤维的拔出等问题出现，因此，应选用较低切削速度和高的进给量。

第3章

高速切削加工技术

高速切削（high speed cutting，HSC）加工技术是指切削速度超过常规切削速度5～10倍的切削加工技术。德国学者萨洛蒙（Salomon）于1931年提出，以切削速度和切削温度分别为x轴和y轴绘制曲线，起初随着切削速度的增加，切削温度呈上升趋势；随着切削速度进一步增加，切削温度上升到某一峰值点后不再上升，反而出现下降的趋势，并且对应不同材料其峰值是不同的。图3.1所示为萨洛蒙曲线。

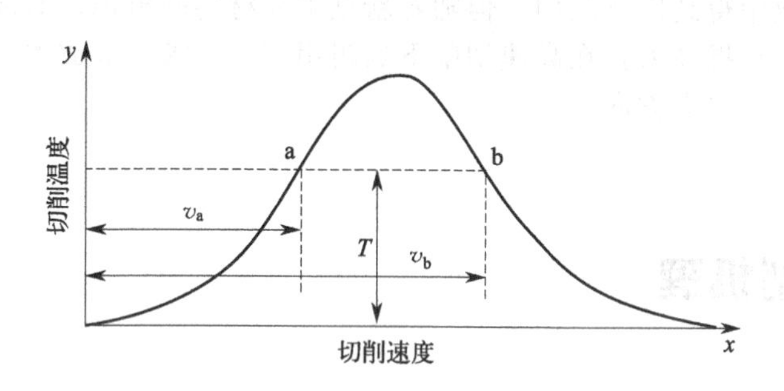

图3.1 萨洛蒙曲线

对于同一切削温度T，存在两个切削速度v_a及v_b与之对应。小于v_a的切削速度范围为传统的切削区，大于v_b的切削速度范围为高速切削区，刀具在这个速度范围内能够实现切削。如果条件允许给出更高的切削速度，则刀具的切削能力可能会得到维持，而中间的切削速度区俗称“死谷”，需尽量避开。图3.2所示为不同材料的切削温度与切削速度的关系曲线。

高速切削加工技术已在航空航天、汽车模具等领域得到广泛应用。高速切削是指高转速切削，机床主轴转速超过12000r/min的机床称为高速切削机床。高切削速度范围是动态的，是一个渐进过程。在高速切削的工业应用中逐渐出现两种趋势：一种是在对铝合金等轻金属合金材料的切削中，由于切削速度的提高对刀具磨损影响很小，在应用中主要通过切削速度与进给速度的提高，大幅度提高金属去除率；另一种则是以加工精度为目标的高速轻切削，利用高速切削机床固有的高进给速度，在较小的切削用量下，以较高的切削速度和进给速度进行精加工；利用高速轻切削条件下的低切削载荷，降低工艺系统的力变形和热变形，避免刀具快速磨损，提高零件表面质量和尺寸精度。高速轻切削主要应用于高硅铝合金、钢和铸

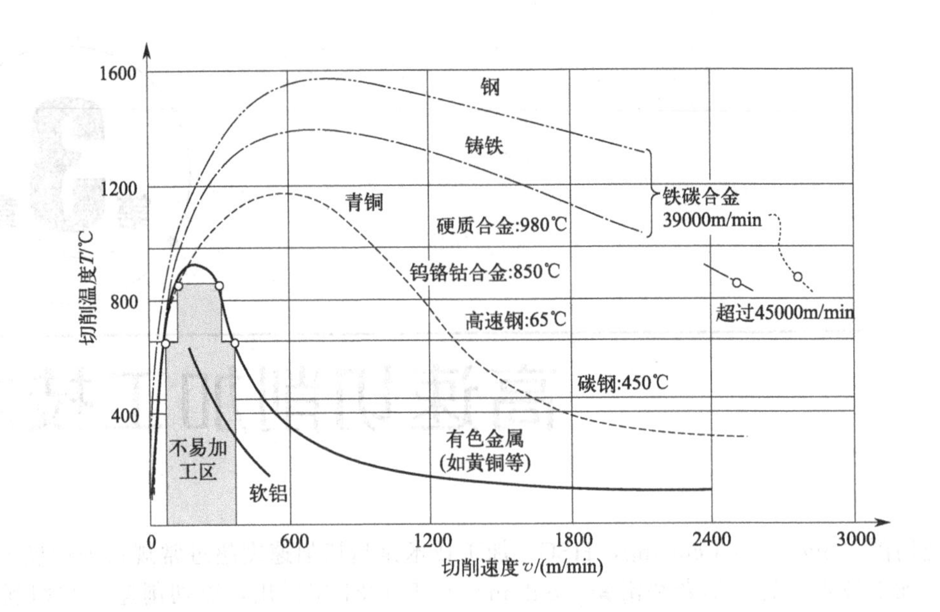

图 3.2　不同材料的切削温度与切削速度的关系

铁等材料的零件生产及钛合金等难加工材料的加工，整体零件的制造有较高的效率。高速切削加工技术已在工业中得到广泛应用，但随着新型工程材料的出现，对高速切削加工技术提出了更高要求。进一步提高刀具在高速切削下的耐用度，寻求更低成本的难加工材料高速切削技术，仍是工业界的努力方向。

3.1 高速切削机理

3.1.1 高速切削的切屑形态

在高速切削钢及难加工材料时，切屑形态发生明显变化，从连续切屑变为不连续切屑。随着切削速度增加，切屑形态变化过程为从带状切屑到松散螺旋屑，进而变化到发条屑，最后切屑产生剧烈的折断，形成弧片屑，甚至变形为粒状切屑。切削速度是影响切屑形态的最主要因素。

高速切削过程中，因应力、应变的跃进而失稳，引起微结构的变化，切削过程中会产生带状切屑和锯齿形切屑两种类型的切屑。带状切屑在较低的切削速度下形成，切屑厚度基本没有变化。而大部分金属材料在较高切削速度下会形成锯齿形切屑，其厚度发生循环起伏和周期性变化，切屑内变形极为不均匀，切削速度增加，切屑会从带状切屑向锯齿形切屑过渡。锯齿形切屑在形态上存在着较大区别，根据锯齿形切屑形成机理的不同，可将锯齿形切屑分为波浪形切屑、突发性剪切切屑、分裂切屑及不连续切屑。

3.1.2 高速切削锯齿形切屑形成机理

关于高速切削锯齿形切屑的形成机理主要有两大理论体系，即突发性热塑性剪切理论

（绝热剪切理论）和周期脆性断裂理论。

（1）突发性热塑性剪切理论

锯齿形切屑是当切削速度达到某一临界值时，由切屑内部的局部应力突变所造成的。随着刀具的运动，沿着第一变形区的方向开始产生突变剪切，由于绝热剪切，应变能的释放和切削中的摩擦运动产生大量热量集中在剪切区，导致热软化作用，使得沿着第一变形区继续变形所需要的应力降低。而沿着前刀面方向刀具所承受的载荷也迅速降低，切削刃处工件材料受到挤压和剪切，所受载荷会增加。当下一个锯齿形切屑单元即将形成时，切削刃前面工件的热-力耦合状态和第一变形区及前刀面上施加的应力将对切屑的形成起决定作用。如果切削速度明显高于形成锯齿形切屑的临界速度，则沿剪切带内传递的载荷迅速降低。剪切区的形成几乎是绝热的，剪切区前方工件温度仍基本与周围环境一样，因而下一个锯齿形切屑的形成只取决于前刀面顶部前方工件上所受的应力。在高速切削条件下，变形区域内发生严重的局部剪切，切削层金属产生非均匀变形，刃口附近的剪应力和温度表现出周期性振荡特征；速度进一步提高，会导致剪切区的迅速破坏，剪应力和温度的变化幅度增大。

（2）周期脆性断裂理论

有学者对工件材料裂纹萌生和扩展方向进行了研究，揭示了锯齿形切屑的形成机理。研究发现，由于待加工表面是不光滑的，且硬度较高，延展性降低，因而表现出一定的脆性。在切削加工中，压应力虽然会引起表面内部的材料流动，但它主要导致自由表面由于工件的脆性而形成裂纹。自由表面萌生的裂纹会在被切削金属层由脆性到塑性的位置停止，脆性区的金属不发生任何变形而沿前刀面移动，同时形成一个锯齿，而裂纹底端与前刀面之间的塑性区切屑逐渐减小，直到下一个裂纹形成。锯齿形切屑是由从自由表面向切削刃扩展的周期性整体断裂所形成的。

3.1.3 高速切削的切削力

切削力是切削过程中一个重要参数。切削力大小决定了切削过程中所消耗的功率和加工工艺系统的变形，对刀具的磨损、破损、耐用性，切削热，加工表面质量，加工精度，切削系统振动都有直接影响。高速切削的切削力由于切屑的集中剪切滑移，其变化规律具有自身特性。特别是在高速切削中刀具与工件高速碰撞，尤其是断续切削时，高频冲击特性非常明显。

下面以钛合金高速切削为例，分析高速铣削力的特性及变化规律。选择 TC4、TC6、TA15 三种钛合金材料，使用平头立铣刀侧铣削加工，同时采用 Kistler9265B 测力仪测量笛卡儿坐标系中三方向分力 F_x、F_y、F_z。侧铣削时的铣削力示意如图 3.3 所示。轴向分力 F_z 数值较小，可忽略不计。

为换算铣削功率及有效分析高速铣削时的摩擦情况，将 F_x、F_y 切削力转化为切向分力 F_t 及径向分力 F_τ，换算关系如下：

$$F_t = -F_x \sin\phi - F_y \cos\phi$$

$$F_\tau = -F_x \cos\phi + F_y \sin\phi$$

由于侧铣削为断续切削，在铣削过程中存在由切削断续性所引起的周期性作用的强迫力。在强迫力作用下，刀具与工件之间存在一定的切削振动，但因机床、刀具、工件工艺系统的固有频率较低，阻尼较低，振动信号在一个铣削周期内迅速衰减，不会对下一个铣削周

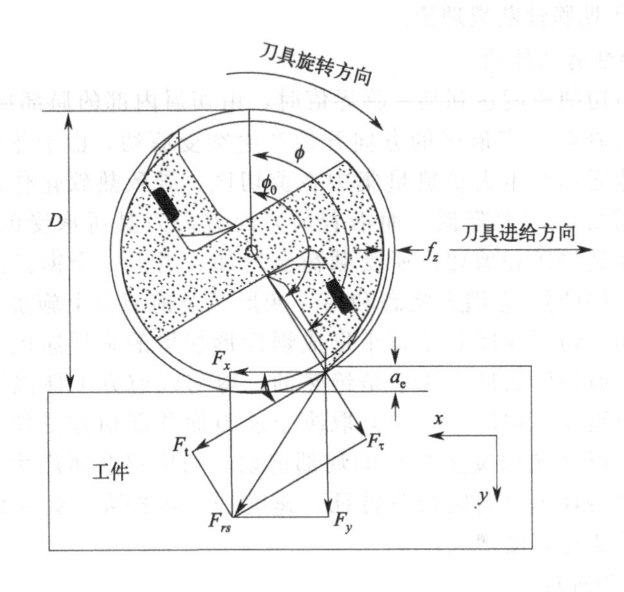

图 3.3 侧铣削时的铣削力示意

期产生影响，不影响测力信号。

高速切削塑性金属材料时，中高速下切削力一般随着切削速度的增大而减小。切削脆性材料时，因塑性变形小，切屑和前刀面的摩擦很小，连续切削时，切削速度对切削力没有显著影响；而断续切削时，切削速度越高，冲击力影响越大，在对高速切削过程的许多研究中，都证实了切削力随切削速度增加而下降的现象。高速切削过程进行得很快，发生突变滑移、绝热剪切，使切削区的应变、硬化来不及发生，则切削力在高速下反而下降。对三种钛合金材料进行精加工，研究各切削参数对切削力的影响，发现各切削用量中切削深度对切削力影响最大，其次是进给量和切削速度。

(1) 切削速度对切削力影响

在高速切削条件下，随着切削速度的提高，受材料的热塑性软化等因素影响，切削力呈现下降趋势。对于钛合金这类易于形成锯齿形切屑的材料，热塑性失稳将导致切屑变形集中、切屑呈节块状、应变率强化等，切削速度对切削力的影响并不太明显。铣削 TC4 钛合金时铣削速度对 F_y 影响最大，在低速段，y 向的铣削力较小；当铣削速度超过 250m/min 后，y 向铣削力呈缓慢上升趋势。F_y 主要反映工件的回弹，随着铣削速度的提高，后刀面对已加工表面的挤压速度随之上升，故在一定程度上，导致 F_y 的增加。铣削速度对 F_x、F_z 的影响较小。在低速段随铣削速度的增加，F_x 出现下降趋势。

通过有限元仿真模拟显示，随切削速度的增加，切削力呈现缓慢上升趋势。在一定速度范围内会形成锯齿形切屑，切屑节状频率与切削速度的 7/4 次方成正比，随切削速度增加，切屑锯齿形节块的宽度有所减小。锯齿形节块宽度的减小将导致切削力下降以及波动频率的升高，同时第一变形区的应变率升高，导致应变率强化。在这种综合作用下，切削力随切削速度的增加呈缓慢上升趋势。

铣削 TA15 和 TC4 时，铣削速度对铣削力的影响趋势基本相同。其中，对于 F_x，两种材料相差不大，但 TA15 的 F_y 比 TC4 小得多。

(2) 每齿进给量对铣削力的影响

在铣削 TC4、TC6、TA15 三种钛合金时，铣削力均随每齿进给量的增加而呈增加趋势。在同样的每齿进给量条件下，TC6 的铣削力最大，TC4 次之，TA15 最小。从每齿进给量对铣削力的影响趋势上看，TC6 的铣削力受影响最大，其次是 TC4，TA15 最小。

（3）径向切深对铣削力的影响

高速铣削过程中，随着径向切深（径向切削深度）的增加，刀具与工件接触的圆弧长度增加，x 向的铣削力 $F_{x\max}$ 存在方向上的改变。因此，在较大的径向切深下，x 向的铣削力 $F_{x\max}$ 有减小的趋势；而随着径向切深的增加，由于钛合金的弹性模量小，回弹增加，y 向的铣削力 $F_{y\max}$ 增加。在侧铣削加工时，由于被切削层的截面由两段摆线构成，被切削层厚度是不断变化的，与刀具的旋转角度有关。而铣削力的大小受切削层的影响，当径向切深小于刀具刃口圆弧半径时，被切削层厚度受径向切削深度和每齿进给量的控制，通常用当量铣削厚度 h_{m} 描述铣削的被切削层厚度。当量铣削厚度又称为最大铣削厚度，其近似计算如下：

$$h_{\mathrm{m}} \approx f_{z}\sqrt{\frac{a_{\mathrm{e}}}{D}}$$

式中，a_{e} 为径向切削深度；f_{z} 为每齿进给量；D 为铣刀直径。

h_{m} 和 f_{z} 成正比，因此当径向切削深度增加到一定值后，对铣削力的影响趋势开始减弱。

3.1.4 高速切削时切削热与切削温度

（1）高速切削时切削热与切削温度的特点

切削温度是高速切削一个重要的物理参数。由于切削时所消耗的能量大部分转化为热能，在散热条件作用下，造成切削区域不同点的温升。切削温度直接影响刀具的磨损和使用寿命，并影响工件的加工精度和表面质量完整性。

单位时间切削系统所消耗的总能量为

$$P = F_{z}v + F_{\mathrm{s}}v_{\mathrm{f}}$$

式中，P 为总能量；F_{z}、F_{s} 分别为主切削力和进给抗力；v、v_{f} 分别为切削速度和进给速度，在高速条件下，v_{f} 和 v 相比很小，因 $F_{\mathrm{s}}v_{\mathrm{f}}$ 项很小，可忽略不计，则

$$P \approx F_{z}v$$

不考虑刀具磨损的影响，切削热因热软化作用，导致切削力 F_{n} 将有所下降，切削功率不随切削速度线性增加。切削能使材料发生塑性变形并克服切屑与前刀面之间的摩擦，最终绝大部分能量转变成热能，产生切削热。与弹性变形有关的一部分能量仍保留在变形材料中而不转变成热能；切削系统也消耗形成新表面的表面能、被切除材料运动发生变化所需的能量。这些不会转变成热量的能量仅占全部切削能的 1%～3%。因此，可认为输入切削系统的能量全部转变为切削热。切削过程中主要有三个热源：剪切区产生的剪切变形热源；刀/屑接触产生的摩擦热源；刀具/工件接触区产生的摩擦热源。

用晶须增韧陶瓷刀具切削镍基高温合金的实验表明，剪切区热源的发热量占总切削热的 75%，刀/屑接触区的摩擦热源占 20%，余下的 5%来自刀具/工件接触区摩擦热源（常常忽略不计）。设剪切区热源传入切屑的热量比例为 R_1，摩擦热源传入切屑的热量比例为 R_2，则单位时间流入切屑、刀具和工件的热量 U_{c}、U_{t} 和 U_{w} 分别为

$$U_{\mathrm{c}} = R_1U_{\mathrm{s}} + R_2U_{\mathrm{f}}$$

$$U_t=(1-R_2)U_f$$
$$U_w=(1-R_1)U_s$$

式中，U_s 为单位时间的剪切能；U_f 为单位时间的摩擦能。

高速切削镍基高温合金的主要变形特点是大应变与大应变速率的集中剪切滑移。切削速度提高，则剪切区平均温度也会提高，切屑在前刀面上流过的速度也会提高，前刀面上的摩擦能也会增加，前刀面上的平均温度也会增加。在高速切削镍基高温合金等难加工材料时，各部分的切削温度极不均衡，集中剪切滑移带温度很高，前刀面温度也较高，但工件的温升将较小。这种切削温度场的特点，对刀具性能的要求更严格，但对改善工件加工表面质量有利。高速切削在主轴转速高、进给量大和切削深度小等加工参数方面有着明显特点。高速加工的切削热的产生与传导和低速加工的规律有所不同，其切削热、切削温度特点如下。

① 刀具表面温度的变化与主轴转速的变化呈二次方变化关系。主轴转速持续增高，超过一个临界转速区域后，刀具表面温度会缓慢降低。所以，在临界主轴转速区域，刀具表面温度会达到一个峰值。

② 切削热流入工件的速率随着主轴转速的提高而加快。但当主轴转速高于一个特定值的时候，切削热流入工件的速度会减慢。

③ 工件壁厚不同时，以相同的加工参数模拟计算所得的切削热的值大致相同。但薄壁零件随着其厚度的减小，表面温度会相应变大。

④ 在刀具切削移动方向上，刀具/工件接触面的最高温度与工件表面的最高温度之间有一定的延迟。

(2) 高速切削温度的变化规律

高速切削的温度变化受到切削速度、刀具材料、工件材料、刀具几何参数等因素影响。所以，高速切削的温度变化规律也是关于各种影响因素的函数。萨洛蒙曲线揭示了高速切削的概念。下面分别阐述切削速度、进给量、切削深度等工艺参数对切削温度的影响。

端面高速车削时，经热电偶测温表明，不同的切削速度对应的切削温度不同，切削温度 T 随切削速度的增加而升高。使用超细晶粒硬质合金 YM052 刀具车削时，当切削速度低于 22m/min 时，切削温度只有 400～600℃，变化不大。但当切削速度继续升高时，切削温度急剧上升，接近 900℃，这个温度制约了硬质合金刀具切削速度的提高。硬质合金刀具在干切削条件下，切削速度不宜超过 30m/min，陶瓷刀具的平均切削温度通常只有 400～500℃，即使在高速条件下，也应保持与硬质合金刀具在正常速度范围的切削温度相当。

刀具几何参数即前角、主偏角、刃倾角、倒棱等对切削温度有重要影响。对外圆车削的切削温度有影响的参数主要是主偏角和刃倾角。在相同的刃倾角（$\lambda_s=-8°$）情况下，主偏角较大时（75°），切削温度也较高。在相同的主偏角条件下，正、负刃倾角都要比 $\lambda_s=0°$ 的切削温度低。因为不为零的刃倾角都会增大实际的法向前角，使刀具更锋利。正刃倾角的切削温度比负刃倾角的切削温度低。

使用陶瓷刀具高速切削镍基高温合金的切削温度比硬质合金刀具的切削温度低。其原因与陶瓷刀具高速切削镍基高温合金变形特点有很大关系。陶瓷刀具高速切削镍基高温合金时的变形特点是集中剪切滑移，在滑移带产生巨大的变形；而其余部分变形相对很小，切削热绝大部分产生于集中剪切滑移带。因高温合金的热导率较低，切削高温区也局限于集中剪切滑移带，形成绝热剪切。滑移带热源相对刀具不再像常规的带状切削那样固定在刀刃端，而是在刀/屑分离点之间进行周期性单向移动，则切削热不易传向工件和刀具，而被高速移动的切屑带走。

切削温度随着径向切深的增加而缓慢增加，特别是在径向切宽增加到1.0mm后，切削温度急剧上升。这是因为径向切深增加后，所使用的圆形刀片与切屑接触面积很大，去除的材料也大幅度增加，使得切削温度急剧升高。切削温度随着每齿进给量的增加变化平缓。每齿进给量增加，切削力上升幅度较小。每齿进给量变大以后，金属去除率增加，刀/屑接触长度增大，就使切除单位体积的切削力做功减小，并且切屑带走的热量将增多。因此，每齿进给量对切削温度的影响很小。

3.2 刀具材料、刀具磨损和失效

3.2.1 高速切削刀具材料

(1) 硬质合金刀具材料

硬质合金是由难熔金属碳（氮）化物如WC、TiC(N)等和金属黏结剂用粉末冶金方法制成。硬质合金的硬度、耐磨性、耐热性、化学稳定性都高于高速钢，是常用刀具材料之一。硬质合金主要有以下几种。

① 碳化钨（WC）基硬质合金。刀具主要成分是WC，按代号分为YG、YT、YW三类。

a. YG类硬质合金刀具主要用于加工铸铁、有色金属和非金属材料。与YT类硬质合金相比，YG类硬质合金有较高的抗弯强度和较好的冲击韧性，同时导热性较好。

b. YT类硬质合金刀具适合加工塑性材料如钢材等。YT类硬质合金具有较高的硬度、较好的耐热性，高温时的硬度和抗压强度比YG类硬质合金还高，抗氧化性能好。另外，加工钢材时，YT类硬质合金有很好的耐磨性。但YT类硬质合金刀具不宜加工钛合金及Si、铝合金等。

c. YW类硬质合金兼有YG类、YT类硬质合金的大部分最佳性能，它既可用于加工钢材，又可用于加工铸铁和有色金属，常被称为通用硬质合金。这类硬质合金刀具通常用于加工各种高合金钢、耐热合金和各种合金铸铁、特硬铸铁等难加工材料。如适当提高含钴量，这类硬质合金则具有了更高的强度和更好的韧性，可用于各种难加工材料的粗加工和断续切削。

② 碳（氮）化钛［TiC(N)］基硬质合金。TiC(N)基硬质合金是以TiC或TiN为主要硬质相，以Ni-Mo或Ni-Co-Mo等为黏结相的硬质合金，代号为YN。该合金硬度高（一般可达91～93.5HRA，个别的为94～95HRA，达到了陶瓷刀具的硬度水平）、耐磨性好，并具有理想的抗月牙洼磨损能力，高速切削钢材时有较低的磨损率。此外，它还有抗氧化能力较强、耐热性好（1100～1300℃高温下尚能进行切削）、化学稳定性好等优点。TiC(N)基硬质合金具有接近陶瓷的硬度和耐热性，但抗弯强度却比陶瓷高得多，填补了WC基硬质合金与陶瓷材料之间的空白，因此又称金属陶瓷。TiC(N)基硬质合金按其成分和性能不同，主要分类如下：

a. 高耐磨性TiC基硬质合金，成分为TiC-Ni (-Mo)；

b. 高韧性TiC基硬质合金，主要添加了其他碳化物（如WC、TaC等）；

c. 增强型 TiC(N) 基硬质合金，主要添加了 TiN 或 NbC 等；

d. 以 TiN 为主要成分的 TiN 基硬质合金等。

各种 TiC(N) 基硬质合金的力学性能对比见表 3.1。虽然 TiC(N) 基硬质合金因具有较多优点而在刀具材料中获得了广泛应用，但是 TiC(N) 基硬质合金强度低、韧性差（如抗塑性变形性能低于 WC 基硬质合金），不宜在有强烈冲击和振动的情况下使用。目前，TiC(N) 基硬质合金的强度得到不断提高，其韧性也不断得到改善，且可转位刀片又克服了焊接的困难，因此，它不仅用于精加工，而且也扩大到半精加工、粗加工和断续切削。在日本的金属切削领域中，TiC(N) 基硬质合金刀片已占可转位刀片总数的 30%。

表 3.1 不同 TiC(N) 基硬质合金的力学性能对比

分类	密度/(g/cm^3)	硬度(HRA)	抗弯强度/MPa	弹性模量/GPa
高耐磨性 TiC 基	5.2	93	1400	410
高韧性 TiC 基	6.3	92	1500	450
增强型 TiC(N)基	7.2	92.5	1500	480
TiN 基	5.6	91	1600	510

TiC(N) 基硬质合金的发展方向是超细晶粒化和表面涂层。超细晶粒金属陶瓷可以提高切削速度，可用来制造小尺寸刀具。以纳米 TiN 改性的 TiC 或 TiN 基金属陶瓷刀具，硬度高，耐磨性好，热稳定性、导热性、耐腐蚀性、抗氧化性及高温硬度、高温强度等都有明显优势，与硬质合金刀具相比，该刀具的寿命提高了 1.5 倍，切削速度提高了 1.53 倍，成本与其相当或略高，而金属切削加工费用下降 20%～40%。与普通 Ti(CN) 基金属陶瓷刀具相比，该刀具可靠性更高。

③ 超细晶粒硬质合金。超细晶粒硬质合金是一种高硬度、高强度兼备的硬质合金，具有硬质合金的高硬度和高速钢的高强度。由于超细晶粒硬质合金所用原料 WC 粉末粒度很细，具有很高的烧结活性，易团聚，不利于 WC-Co 的球磨混合均匀，在烧结过程中易出现 WC 晶粒不均匀长大等诸多问题，因此，其对原料要求高，生产难度较大。

近些年超细晶粒硬质合金一直是国际硬质合金学术界和产业界研究的热点。目前，超细晶粒硬质合金中 WC 的粒度一般在 0.1～1μm 之间，远小于普通硬质合金晶粒尺寸，其含 Co 量为 9%～15%，硬度达到 90～93HRA，抗弯强度达 2000～3500MPa，有的可达 5000MPa。如国产晶粒尺寸为 0.4μm 级的 GU15UF 超细晶粒硬质合金，其硬度和强度分别达到 93.8HRA 和 4200MPa；瑞典 Sandvik（山特维克）推出的 PN9（0.2μm 级）超细晶粒硬质合金，硬度和强度分别达到 93.9HRA 和 4300MPa。国内外常用的几种超细晶粒硬质合金的性能见表 3.2。

表 3.2 国内外常用的几种超细晶粒硬质合金的性能

牌号	国家	成分	晶粒尺寸/μm	抗弯强度/MPa	硬度(HRA)
YD05	中国	$WC+TiC+Co+TaC+Cr_3C_2$	<0.5	1200	94～94.5
YS2	中国	$WC+Co+Cr_3C_2$	<0.5	2200	91.5
YM051	中国	WC+TiC+TaC+Co	0.4～0.5	1650	92.5
YG643	中国	$WC+TiC+Co+TaC+Cr_3C_2$	<1	1500	92.5
K602	美国	WC+Co+TiC+TaC	<1	1500	93
RIP	瑞典	WC+Co+TaC	<0.5	1950	92
F	日本	WC+Co+TaC	<1	2000	93

超细晶粒硬质合金刀具适合在高速钢刀具耐磨性不够及由于振动引起传统的硬质合金磨

损或因切削速度过低而不宜使用传统硬质合金刀具的情况下使用。对于一些涂层刀片不能发挥优越性的情况，这种材料更能显示其独特的性能，如用于加工铁基、镍基和钴基高温合金，钛基合金和耐热不锈钢以及各种喷涂焊、堆焊材料等难加工材料。由于该种硬质合金刀具晶粒极细，可以将刀具磨得非常锋利、光洁，故多用于精密刀具制作。超细晶粒硬质合金强度高、韧性和抗热冲击性能好，适于制造尺寸较小的整体复杂硬质合金刀具，可大幅度提高切削速度，如超细晶粒硬质合金已开始在 PCB（印制电路板）微型钻上得到广泛应用。而在模具行业，切削刀片方面也正在取代普通的 WC-Co 硬质合金产品，其产量出现高速增长趋势。

④ 涂层硬质合金。涂层硬质合金刀具指在普通硬质合金刀片表面上，采用化学气相沉积（CVD）或物理气相沉积（PVD）工艺方法涂覆一薄层（4～12μm）高硬度难熔金属化合物（TiCN、TiAlN、TiAlCN、CBN、Al_2O_3、CN_x 等），使刀片既保持了普通硬质合金基体的强度和韧性，又使其表面有了更高的硬度、更好的耐磨性和耐热性。

（2）陶瓷刀具

陶瓷刀具广泛应用于高速切削、干切削、硬切削等加工过程，可以高效加工传统刀具根本不能加工的高硬材料，实现“以车代磨”。与硬质合金刀具相比，陶瓷刀具具有硬度高（93.5～95.5HRA）、耐高温（在 1200℃以上的高温下仍能进行切削，此时陶瓷的硬度与 200～600℃时硬质合金的硬度相当）、化学稳定性好等优点。其最佳切削速度可以比硬质合金刀具高 2～10 倍，刀具寿命比硬质合金刀具高几倍甚至十几倍，从而大幅提高了切削加工生产效率。陶瓷刀具的推广与应用对提高生产率、降低加工成本、节省战略性贵金属具有十分重要的意义。陶瓷刀具主要分为氧化铝陶瓷刀具、氮化硅陶瓷刀具和复合陶瓷刀具等。

① 氧化铝陶瓷刀具。氧化铝陶瓷是以 Al_2O_3 为主要成分，添加少量金属氧化物，如 MgO_2、SiO_2、TiO_2、Cr_2O_3 等，经冷压烧结而成。和硬质合金相比，其具有硬度高、耐磨性好（是一般硬质合金的 5 倍）、耐高温和抗黏结性能好以及摩擦系数低等优点，因此，适用于高速切削。氧化铝陶瓷刀具更适用于高速切削硬而脆的金属材料，如冷硬铸铁或淬硬钢，也可用于大型机械零部件的切削及用于高精度零件的切削加工。

② 氮化硅陶瓷刀具。氮化硅陶瓷刀具的硬度仅次于金刚石，是新一代的陶瓷刀具材料，有较高的硬度、强度和断裂韧性，硬度为 91～93HRA，抗弯强度为 0.7～0.85GPa，耐热性可达 1300～1400℃，具有良好的抗氧化性；同时，其有较小的热膨胀系数（3×10^{-6}/℃），所以有较好的抗机械冲击性和抗热冲击性。氮化硅陶瓷刀具适用于铸铁、高温合金的粗精加工、高速切削和重切削，其寿命比硬质合金刀具高几倍甚至十几倍。此外，Si_3N_4 陶瓷有自润滑性能，摩擦系数较小，抗黏结能力强，不易产生积屑瘤，且切削刃可磨得很锋利。特别是由于其具有高的抗热震性及优良的高温性能，更适合高速切削及断续切削。另外，氮化硅陶瓷刀具还可以切削可锻铸铁、耐热合金等难加工材料。

③ Si_3N_4-Al_2O_3 复合陶瓷刀具（Sialon 陶瓷刀具）。Si_3N_4-Al_2O_3 复合陶瓷以 Si_3N_4 为硬质相，Al_2O_3 为耐磨相，是氮化铝、氧化铝和氮化硅的混合物在 1800℃进行热压烧结而成的一种单相陶瓷材料。其具有很高的强度，抗弯强度达到 1050～1450MPa，比 Al_2O_3 陶瓷刀具都高，其断裂韧性也是几种陶瓷刀具中最高的，其抗冲击强度远胜于一般陶瓷刀具，接近涂层硬质合金刀具。Si_3N_4-Al_2O_3 复合陶瓷刀具具有良好的抗热冲击性能。与 Si_3N_4 刀具相比，该类刀具的抗氧化能力、化学稳定性、抗蠕变能力与耐磨性能更高，耐热温度高达 1300℃以上，具有较好的抗塑性变形能力，其抗冲击强度接近涂层硬质合金刀具。Si_3N_4-Al_2O_3 复合陶瓷可成功地用于铸铁、镍基合金、钛基合金和高硅铝合金的高速切削、强力

切削、断续切削加工，是高速切削铸铁和镍基合金的理想刀具材料。

④ 晶须增韧陶瓷刀具。晶须增韧陶瓷是在 Si_3N_4 基体中加入一定量的碳化物晶须而成的，可增加陶瓷材料的抗弯强度，使得陶瓷材料获得高硬度和高韧性。晶须增韧的作用是通过相变换实现的。相变换的作用是抑制刀具的破裂。由于材料结构的改变，在刀尖上引起破裂的能量被吸收和扩散，使刀具材料得到强化，提高了抗弯强度和韧性。晶须增韧陶瓷刀具是一种特殊材料的刀具，由于它具有抗冲击韧性好、抗热冲击性能强的特点，可以高速加工淬硬钢（65HRC）和中等硬度的钢，而且可以在有切削液的条件下进行切削，这是其他陶瓷刀具所不具备的。

陶瓷刀具材料所固有的脆性限制了其实际应用范围。降低陶瓷刀具材料的脆性，提高其强度，增大其在实际应用中的可靠性已成为其得到广泛应用的关键。当前，陶瓷刀具材料的进展主要集中在提高传统陶瓷刀具材料的性能、细化晶粒、组分复合化、采用涂层、改进烧结工艺和开发新产品等方面，以期获得耐高温、耐磨损及抗崩刃特性，且能适应高速精密切削的要求。

(3) 金刚石刀具

金刚石是石墨的同素异构体，它是自然界已经发现的最硬的材料。金刚石刀具具有高硬度、高耐磨性和高导热性能，在有色金属和非金属材料加工中得到广泛应用。尤其在铝和高硅铝合金高速切削中，如轿车发动机缸体、缸盖、变速器和各种活塞的切削中，金刚石刀具均获得良好的应用。随着数控机床的普遍应用和数控加工技术的迅速发展，可实现高效率、高稳定性、长寿命加工的金刚石刀具的应用越来越多，金刚石刀具逐渐成为现代数控加工中不可缺少的重要工具。金刚石刀具具有如下特点。

① 极高的硬度和耐磨性。金刚石的显微硬度达 10000HV，是自然界已经发现的最硬的物质。金刚石具有极高的耐磨性，天然金刚石的耐磨性为硬质合金的 80～120 倍，人造金刚石的耐磨性为硬质合金的 60～80 倍。加工高硬度材料时，金刚石刀具的寿命为硬质合金刀具的 10～100 倍，甚至高达几百倍。

② 各向异性。单晶金刚石晶体不同晶面及晶向的硬度、耐磨性能、微观强度、研磨加工的难易程度以及与工件材料之间的摩擦系数等相差很大，因此，设计和制造单晶金刚石刀具时，必须正确选择晶体方向，对金刚石原料必须进行晶体定向。金刚石刀具的前、后刀面的选择是设计单晶金刚石刀具的一个重要问题。

③ 具有很低的摩擦系数。金刚石与一些有色金属之间的摩擦系数比其他刀具都低，约为硬质合金刀具的一半，通常在 0.1～0.3 之间。如金刚石与黄铜、铝和紫铜之间的摩擦系数分别为 0.1、0.3 和 0.25。摩擦系数低可使加工时变形小，可减小切削力。

④ 刀刃非常锋利。金刚石刀具的切削刃可以磨得非常锋利，刀刃钝圆半径一般可达 0.1～0.5μm，天然金刚石刀具可达 0.005～0.008μm。因此，天然金刚石刀具能进行超薄切削和超精密加工。

⑤ 具有很好的导热性能。金刚石的热导率为硬质合金的 1.5～9 倍，为铜的 2～6 倍。由于热导率及热扩散率高，切削热量容易散出，故刀具切削部分温度低。

⑥ 具有较低的热膨胀系数。金刚石的热膨胀系数比硬质合金小许多，约为高速钢的 1/10，因此金刚石刀具不会产生很大的热变形，即由切削热引起的刀具尺寸的变化很小。这对尺寸精度要求很高的精密加工刀具来说尤为重要。

金刚石刀具可分为单晶金刚石刀具和多晶金刚石刀具两种。其中，单晶金刚石可分为天然单晶金刚石和人工合成单晶金刚石。天然单晶金刚石刀具是将经研磨加工成一定几何形状和尺寸的单颗粒大型金刚石，用焊接式、黏结式、机夹式或粉末冶金方法固定在刀杆或刀体上，然后装在精密机床上使用。天然单晶金刚石刀具经过精细研磨，刃口能磨得极其锋利，刃口圆弧半径可达 0.002μm，能实现超薄切削。再加上它具有与被加工材料之间的摩擦系数小、抗黏结性好、与非铁金属无亲和力、热膨胀系数小及热导率高等特点，可以加工出极高的工件精度和极低的表面粗糙度。因此，天然单晶金刚石刀具切削也称镜面切削。天然单晶金刚石刀具是公认的、理想的超精密加工刀具，主要用于铜及铜合金、铝及铝合金以及金、银等贵重金属特殊工件的超精密加工。用于制作切削刀具的单晶金刚石必须是大颗粒，由于人工合成大颗粒单晶金刚石制造技术复杂，故其生产率低，制造成本高。目前，单晶金刚石刀具绝大部分由天然单晶金刚石制成。设计和制造单晶金刚石刀具时，必须正确选择晶体方向，对金刚石原料必须进行晶体定向。金刚石刀具的前、后刀面的选择是设计单晶金刚石刀具的一个重要问题。

多晶金刚石刀具包括聚晶金刚石（PCD）刀具和化学气相沉积（CVD）金刚石刀具。20 世纪 70 年代初，美国 GE 公司研制成功聚晶金刚石刀片以后，在很多场合中天然金刚石刀具已经被人造聚晶金刚石刀具所代替。虽然 PCD 的硬度低于单晶金刚石，但 PCD 属各向同性材料，使得刀具制造中不需择优定向。PCD 结合剂具有导电性，使得 PCD 便于切割成型，且成本远低于天然金刚石。PCD 原料来源丰富，其价格只有天然金刚石的几十分之一至十几分之一。因此，PCD 刀具应用远比天然金刚石刀具广泛。高速铣削主要采用聚晶金刚石刀具，其具有非常高的硬度、导热性，低的热膨胀系数，通常用于高速加工有色金属和非金属材料。晶粒越细越好，高速切削含 Si 量小于 12%的铝合金可采用晶粒尺寸 10～25μm 的聚晶金刚石刀具，高速切削含 Si 量大于 12%的铝合金和非金属材料可采用晶粒尺寸 8～9μm 的聚晶金刚石刀具。然而，PCD 刀具无法磨出极其锋利的刃口，刃口圆弧半径很难达到 1μm 以下，加工的工件表面质量也不如天然金刚石刀具，现在工业中还不能方便地制造带有断屑槽的 PCD 刀片。因此，PCD 刀具只能用于有色金属和非金属的精切，很难达到超精密镜面切削要求。

CVD 金刚石是指用化学气相沉积（CVD）工艺在异质基体（如硬质合金、陶瓷等）上合成金刚石膜。CVD 金刚石具有与天然金刚石完全相同的结构和特性。CVD 金刚石不含任何金属或非金属添加剂。因此，CVD 金刚石的性能与天然金刚石十分接近，兼具单晶金刚石和 PCD 的优点，在一定程度上又克服了它们的不足。根据不同的应用要求，可选择不同的化学气相沉积工艺以合成出晶粒尺寸和表面形貌不同的 PCD。大量实践表明，CVD 金刚石产品的使用性能在许多方面超过聚晶金刚石的同类产品，而且其低表面粗糙度接近单晶金刚石，抗冲击性超过单晶金刚石。CVD 金刚石刀具的超硬耐磨性和良好的韧性使之可加工大多数非金属材料和多种有色金属材料，如铝、硅铝合金、铜、铜合金、石墨、陶瓷以及各种玻璃增强纤维和碳纤维结构材料等。CVD 金刚石还可用于制作高效和高精密加工刀具，其成本远远低于价格昂贵的天然金刚石刀具。目前，CVD 金刚石刀具除用于发动机活塞硅铝合金材料的加工外，还用于缸体、缸盖、高压油泵、汽油泵、水泵、发电机转子、启动机以及汽车车体中玻璃钢部件的车、铣、钻、镗等加工。CVD 金刚石刀具被认为是汽车发动机制造业中有广泛应用前景的新一代刀具。

CVD 金刚石厚膜因其硬度高、耐磨性好、不导电，通常需要在空气、氩气或氧气环境中通过激光将纯金刚石厚膜切割成所需要的形状。不仅能将金刚石厚膜切割成所需的形状和尺寸，还能直接切出刀具的后角并修整厚膜表面。再利用铜焊技术将切割出的小片焊接到硬质合金基体上。金刚石厚膜一般与金属及其合金之间有很高的界面能，致使金刚石不能被一般低熔点合金所浸润，焊接性较差。目前，金刚石厚膜刀具的焊接工艺主要采用活性金属化方法。焊料是含钛的银铜合金，不加助熔剂，在惰性气体或真空中采用高频感应加热焊接。

此外，CVD金刚石厚膜也可在真空炉内进行大批量快速焊接，最后将焊接好的CVD金刚石厚膜刀具研磨开刃。刃磨方法有机械磨削抛光、热金属盘研磨、激光束加工、电子束加工和等离子体刻蚀等。目前，传统的方法仍是机械磨削抛光法。

(4) 立方氮化硼（CBN）刀具

CBN刀具具有高硬度、高耐热性、高化学稳定性和导热性，但强度稍低。按质量比的不同，低含量CBN（50%～65%）刀具可用于淬硬钢的精加工；高含量CBN（80%～90%）刀具可用于高速铣削铸铁，淬硬钢的粗加工和半精加工。CBN在硬度和热导率方面仅次于金刚石，热稳定性极好，在大气中加热至1000℃也不发生氧化。CBN对于黑色金属具有极为稳定的化学性能，可以广泛用于钢铁制品的加工。CBN由于具有超硬特性、高热稳定性、高化学稳定性而引起广泛关注。

CBN刀具既能胜任淬硬钢（45～65HRC）、轴承钢（60～62HRC）、高速钢（大于62HRC）、工具钢（57～60HRC）、冷硬铸铁的粗车和精车，又能胜任高温合金、热喷涂材料、硬质合金及其他难加工材料的切削加工，可大幅度提高加工效率。被加工材料的硬度越高，越能体现CBN刀具的优越性。由于CBN与金刚石在晶体结构上的相似性，决定了它与金刚石有相近的硬度，又具有高于金刚石的热稳定性和对铁元素的高化学稳定性。由于受CBN制造技术的限制，目前制造直接用于切削刀具的大颗粒CBN单晶仍很困难且成本高。因此，CBN单晶主要用于制作磨料和磨具。

PCBN是在高温高压下将微细的CBN材料通过结合相（TiC、TiN、Al、Ti等）烧结在一起的多晶材料，是目前利用人工合成的、硬度仅次于金刚石的刀具材料，与金刚石统称为超硬刀具材料。PCBN属于CBN的聚集体，除具有CBN的特点之外，PCBN特点还与CBN的含量、结合剂和粒度的种类等因素有关。PCBN克服了CBN单晶易解离和各向异性等不足，因此，刀具材料主要采用PCBN。由于其独特的结构和特性，广泛用于黑色金属的加工，尤其适合淬硬钢、高硬铸铁、高硬热喷涂合金等难加工材料的切削。此外，不含黏结剂立方氮化硼（BCBN）刀具，在难加工材料的高速切削中，也显示了较好的切削性能。

3.2.2 高速切削刀具涂层

刀具表面涂层技术是应市场需求发展起来的一种优质表面改性技术，可使切削刀具获得优良的综合力学性能，从而大幅度提高机加工效率及刀具寿命，已成为满足现代机加工高效率、高精度、高可靠性要求的关键技术之一。

涂层刀具是利用气相沉积方法在高强度的硬质合金或高速钢基体表面涂覆几个微米的高硬度、高耐磨性的难熔金属或非金属化合物涂层而获得的，具有表面硬度高、耐磨性好、化学性能稳定、耐热耐氧化、摩擦系数和热导率低等特性，主要用于精加工。涂层材料作为化学屏障和热屏障，减少了刀具与工件材料间的热量扩散和化学反应，从而减少了月牙洼磨损，切削时可比无涂层刀具提高刀具寿命2～5倍以上，提高切削速度20%～70%，提高加工精度0.5～1级，降低刀具消耗费用20%～50%。近10年来，刀具涂层技术取得了飞速发展，涂层工艺越来越成熟。资料显示，有些发达国家80%的高速切削刀具经过涂层处理，在日本的硬质合金和陶瓷刀片总产量中，涂层刀片占41%左右。

涂层刀具根据基体材料不同，可分为涂层硬质合金刀具和涂层高速钢刀具。其中涂层硬质合金刀具一般采用CVD，沉积温度在1000℃左右，应用较为广泛；而涂层高速钢刀具一般采用PVD，沉积温度在500℃左右。目前常见的PVD新型涂层参数见表3.3。

⊡ 表 3.3 PVD 新型涂层参数

涂层	颜色	硬度/GPa	厚度/μm	摩擦系数	最高使用温度/℃	说明
TiAlN 单层	紫黑	35	1～4	0.5	800	通用高性能涂层
TiAlN 多层	紫黑	28	1～4	0.6	700	适用断续切削
TCN-MP	红铜	32	1～4	0.2	400	高韧性通用涂层
MOVIC	绿-灰	—	0.5～1.5	0.15	400	MoS_2 基涂层
CrN	银亮	18	1～4	0.3	700	适用加工铜、钛
TiAlCN	红-紫	28	1～4	0.25	500	高性能通用涂层
CBC(DLC)	灰	20	0.5～4	0.15	400	润滑涂层
GRADVIC	灰	28	1.5～6	0.15	400	TiAlCN+CBC
AlTiN	黑	38	1～4	0.7	800	属高性能涂层
μ-AlTiN	黑	38	1～2	0.3	800	涂层表面质量好
AlTiN/SiN	紫	45	1～4	0.45	1100	纳米结构

根据刀具涂层的性质，涂层刀具可分为“硬”涂层刀具与“软”涂层刀具两大类。通常意义上的涂层刀具一般指“硬”涂层刀具，如 TiC、TiN、Al_2O_3 涂层刀具，具有硬度高、耐磨性好等优点。“软”涂层刀具主要是在刀具表面镀 MoS_2、WS_2 等软涂层材料，在特殊使用条件下，刀具表面固体润滑膜会转移到工件材料表面，形成转移膜，使切削过程中的摩擦发生在转移膜与润滑膜之间，因而具有优良的摩擦学特性。因此，这种涂层刀具也称为自润滑刀具，其表面摩擦系数小，可以减小摩擦和切削力，降低切削温度。

涂层刀具的常用涂层材料主要包括碳化物（如 TiC、HfC、SiC、ZrC、WC、NbC、VC、B_4C 等）、氮化物（如 TiN、VN、TaN、ZrN、BN、AlN、HfN 等）、氧化物（如 Al_2O_3、SiO_2、Cr_2O_3、TiO_2、HfO_2 等）、硼化物（如 TiB_2、ZrB_2、NbB_2、HfB、WB_2 等）、硫化物（如 MoS_2、WS、TaS_2 等），以及金刚石、类金刚石（DLC）、CBN 等超硬材料。其中，应用最为广泛的是 TiC、TiN、TiCN、Al_2O_3 等。

涂层刀具的典型涂层结构有单涂层、多元涂层、多层涂层、纳米涂层、金刚石与类金刚石涂层、CBN 涂层等。具体叙述如下。

（1）单涂层

TiC 和 TiN 是最早出现的刀具涂层材料，也是目前国内外应用较多的涂层。TiC 涂层硬度高（2500～4200HV），具有高的抗机械磨损和抗磨料磨损性能，与无涂层刀具相比，有较低的摩擦系数、较小的切削力和较低的切削温度，具有良好的抗后刀面磨损和抗月牙洼磨损能力，应用温度 500℃，但其性脆，不耐冲击。TiN 涂层则是工艺成熟和应用广泛的硬涂层材料，其突出优点是摩擦系数小，应用温度达到 600℃，适于加工钢材或切削易于粘接在前刀面上的材料。目前国内外的刀具公司基本上都有这两种涂层的产品。

CVD 工艺制备的 Al_2O_3 涂层刀具的切削性能高于 TiN 和 TiC 涂层刀具，且切削速度愈高，刀具耐用度提高的幅度也愈大。在高速范围切削钢件时，Al_2O_3 涂层在高温下硬度降低较 TiC 涂层小，具有更好的化学稳定性和高温抗氧化能力，因此，具有更好的抗月牙洼磨损、抗后刀面磨损和抗刃口热塑性变形的能力，在高温下有较高的耐用度。Al_2O_3 涂层的绝缘特性使 PVD 工艺难以控制，且沉积速率很低，如何通过 PVD 工艺制备 Al_2O_3 涂层一直是刀具涂层业所关心的问题。日本 CemeCon 公司的高电离溅射技术（HIPTM）使优异的 AlO_x 涂层成为可能：其开发的建立在磁控溅射 TiAlN 涂层基础上的 Al_2O_3 涂层，涂覆温度低于 450℃，在切削铸铁和高性能合金材料实验中取得了满意结果。

HfN 热膨胀系数非常接近硬质合金基体，涂镀后产生的热应力很小，刀片抗弯强度降低少，因热膨胀系数不同而引起崩刃的危险性降低，且 HfN 热稳定性和化学稳定性高于很多高熔点材料，在温度高达817～1204℃时仍有很高的硬度（30GPa），耐磨性好。目前市场上，美国Teledyne公司的牌号为HN+及HN+4的刀片和德国Walter公司的牌号为WHN的刀片都是HfN涂层刀片。

TiC、TiN涂层与钛合金和铝合金材料之间的亲和力会使摩擦力和黏结力增大，产生黏屑，而CrC、CrN和新开发的Mo_2N、Cr_2O_3等涂层化学稳定性好，不易产生黏屑，适于切削钛、铜、铝及其合金材料。此外，常见的单涂层材料还有NbC、HfC、ZrC、ZrN、BN、VN等。

（2）多元涂层

单涂层刀具由于基材与涂层二者的硬度、弹性模量及热膨胀系数相差较远，晶格类型也不尽相同，导致残余应力增加，结合力较弱。在单涂层中加入新的元素（如加入Cr和Y提高抗氧化性，加入Zr、V、B和Hf提高抗磨损性能，加入Si提高硬度和抗扩散性）制造出多元的刀具涂层材料，大幅度提高了刀具的综合性能。

最常用的多元涂层是TiCN、TiAlN涂层。TiCN涂层兼有TiC和TiN涂层的良好韧性和硬度，它在涂覆过程中可通过连续改变C和N的成分来控制TiCN的性质，并且可形成不同成分的梯度结构，降低涂层的内应力，提高韧性，增加涂层厚度，阻止裂纹扩展，减少崩刃。

TiCN涂层技术仍在不断发展，20世纪90年代中期，中温化学气相沉积（MT-CVD）工艺的出现，使CVD工艺发生了革命性变革。MT-CVD工艺是以有机化合物乙腈（CH_3CN）作为主要反应气体，在700℃以下生成TiCN涂层。这种TiCN涂层有效控制了很脆的η相（Co_3W_3C）生成，提高了涂层的耐磨性、抗热震性及韧性。相关研究表明：在用PVD制备TiCN涂层时适当增加离子束轰击也可明显提高涂层的硬度及耐磨性。近年来，以TiCN为基材的四元成分新涂层材料（如TiZrCN、TiAlCN、TiSiCN等）也纷纷出现。

TiAlN涂层是目前应用最广泛的高速硬质合金刀具涂层之一。TiAlN有很高的高温硬度和优良的抗氧化能力，涂层组成由原来的$Ti_{0.75}Al_{0.25}N$转化为优先使用的$Ti_{0.5}Al_{0.5}N$。$Ti_{0.5}Al_{0.5}N$涂层抗氧化温度为800℃，在高速切削中表面会产生一层非晶态Al_2O_3薄膜，对涂层起保护作用。目前人们将研究重点放在对TiAlN涂层的改进上，以满足应用领域对诸如抗氧化性能、热稳定性能及热硬度等需求的不断提高。日本CemeCon公司采用高电离溅射技术获得了先进的TiAlN涂层，涂层与基体有极好的结合力，避免了采用多弧离子镀技术时蒸发材料在熔融状态以液滴的形式沉积于工作表面的现象，从而获得表面非常光滑平整的涂层。Balzers公司开发的X. CEED涂层也是一种单层TiAlN涂层，具有优异的红硬性和抗氧化性，即使在恶劣的条件下，涂层与基体仍具有良好的结合强度。三菱公司的MIRACLE涂层是含Al丰富的（Al，Ti）N涂层，通过大幅提高膜硬度和抗氧化性而实现了对淬火钢的直接加工。

TiBN涂层是基于TiN和TiB_2发展起来的多元涂层，它既增强了TiN涂层的硬度，又保持了良好的韧性，避免了BN涂层和TiB_2涂层的脆性，涂覆刀具的耐磨性及耐腐蚀能力显著提高，且摩擦系数较小。C. Heau等通过溅射TiB靶材使沉积出的TiBN涂层结合力得以改善，且达到了44GPa的显微硬度。CemeCon公司开发的TiAlBN涂层，通过B含量的变化，在加工过程中产生所谓“实时”现象，即通过硼扩散，形成BN、B_2N_3，从而得到有利于切削加工的润滑膜层。此外，还有日立公司开发的高温下具有低摩擦系数的TiBON涂层。

在TiN中加入Si元素形成TiSiN多元涂层，其抗高温氧化性较TiN单涂层明显提高。日立公司开发的适用于硬切削的TiSiN涂层具有36GPa的硬度和1100℃的起始氧化温度。

此外，日立公司还以 Cr 代替 Ti 元素，开发出具有润滑性，更适合用于铝、不锈钢等黏附性强的材料加工的 CrSiN 涂层以及四元的具有超强耐氧化性的 AlCrSiN 涂层。

Balzers 公司另一具有代表性的多元涂层是以 Cr 元素替代 Ti 元素的 AlCrN 涂层，称为 G6。该涂层具有 3200HV 的显微硬度，使用温度可达到 1000℃，它的韧性超过钛基涂层（如 TiAlN、TiCN），更适合断续切削和难加工材料的加工。

成都工具研究所开发了我国首创的 Ti-C-N-O-A 和 Ti-C-N-B 两个系列共三种高性能多元复合涂层，具有优异的复合力学性能和优良的切削性能，主要用于汽车刀具及 Hertel 系列螺纹梳刀片上。

此外，其他的多元涂层材料还有 TiMoN、TiCrN、NbCrN、NbZrN 等。

（3）多层涂层

随着涂层技术的发展，单层多元涂层逐渐被多层的复合涂层所取代。根据不同涂层材料的性能和切削条件，可涂覆不同的涂层组合，以发挥各种涂层的优越性能。研究较多且有较好应用的是双层涂层和层数为 3～7 的多层复合涂层。

TiC/TiN 双层涂层有 TiC 涂层的高硬度和高耐磨性，并有 TiN 涂层良好的化学稳定性和高的抗月牙洼磨损性能。因为 TiC 的热膨胀系数比 TiN 更接近基体，涂层的残余应力较小，与基体结合牢固，并有较高的抗裂纹扩展能，所以常用于多层涂层的底层。Al_2O_3 涂层有很多优良的性能，但 Al_2O_3 与基体的结合强度较差，在基体上先沉积一层 TiC 或 TiN（如 TiC/Al_2O_3，TiN/Al_2O_3），可以改善 Al_2O_3 涂层的结合强度。其他的双层涂层有 TiN/CBN、Al_2O_3/CBN、TiC/TiBN 及 Al_2O_3/Ti_2O_3 等涂层结构。

三层涂层的组合方式很多，如 TiC/TiCN/TiN、TiC/TiCN/Al_2O_3、TiC/TiN/Al_2O_3、TiC/Al_2O_3/TiN、TaC/TiC/TiN、TiN/TiC/TiN 和 TiCN/TiC/TiCN 等，都是利用各个单涂层的优点根据不同的切削条件组合而成。最常见的是 TiC/TiCN/TiN 涂层。该涂层与 TiC/TiN 涂层类似，切削性能优于单层 TiC 和 TiN 涂层。大多数刀具涂层厂家都有这种组合方式的涂层，如美国 Carmet 公司的 CA9443、CA9721，美国 Kennametal 公司的 KC210、KC250 等。

在 TiC/TiCN/TiN 涂层组合中再加入 Al_2O_3 涂层可形成更现代化的涂层。如瑞典 Sandvik Coromant 公司的 GC2015 刀具是具有 TiCN-TiN/Al_2O_3-TiN 结构的复合涂层刀具。其底层的 TiCN 与基体的结合强度高，并有良好的耐磨性。TiN/Al_2O_3 的多层结构既耐磨又能抑制裂缝的扩展，表面的 TiN 具有较好的化学稳定性，又易于用户观察刀具的磨损。日本不二越公司开发出一种称为 SG 的新型涂层，其结构为 TiN/TiCN/Ti，涂层与基体结合强度高，表层为 Ti 系特殊膜层，具有极好的耐热性。瑞典 Seco 刀具公司应用新的 MT-CVD 工艺生产的 TP300 刀片涂层，其内层的 TiCN 与基体有较强的结合力和强度，中间的 Al_2O_3 作为一种有效的热屏障可允许有更高的切削速度，外层的 TiCN 则保证了前刀面和后刀面抗磨损能力，最外一薄层金黄色的 TiN 使用户容易辨别刀片的磨损状态。

其他多层涂层组合有：德国 Widia 公司的 Ti/TiCN/TiN/Al(O，N)/TiN 涂层，日本三菱公司生产的牌号为 U66 的 TiC/特殊陶瓷/Al_2O_3 涂层，美国 VR/Wesson 公司生产的 680 刀片的 TaC/TiC/Al_2O_3/TiN 组合涂层，奥地利 Plansee Tizit 公司生产的 Seamaster Srl7 刀片的 TiC/TiCN/TiN/陶瓷组合涂层等。

（4）纳米涂层

随着纳米技术的发展和涂镀技术的进步，纳米涂层材料也引起广大研究者的关注。纳米涂层主要有两种：纳米多层涂层和纳米复合涂层。纳米多层涂层一般由高层数的同种结构材料、化学键和原子半径及点阵相近的各单层材料组成，可得到与组成它的各单层涂层性能差异显著的全新涂层。这是一种人为可控的一维周期结构，交替沉积单层涂层不超过 5～15nm。Chu 和 Barnett 认为纳米多层涂层的高硬度主要是由于层内或层间位错运动困难所致。当涂层非常薄时，两层间的剪切模量不同，如果层间位错能量有较大差异，则层间位错运动困难，即位错运动的能量决定了超点阵涂层的硬度。纳米多层涂层的结构主要有以下三种方式：

① 金属氮化物纳米层与金属 AlN 纳米层交替涂覆；

② 金属 AlN 纳米层与金属 AlCN 纳米层交替涂覆；

③ 金属氮化物纳米层与金属 AlN 纳米层及金属 AlCN 纳米层交替涂覆。

涂覆过程中可添加其他金属元素（如钛、铌、铪、钒、钽、锆或铬等），以进一步提高涂层的硬度、化学稳定性、韧性和抗氧化性能。研究表明，对于 TiN/AlN 纳米多层涂层，当层厚为 2～4nm 时，AlN 呈现立方 NaCl 结构，涂层显微硬度达到 30～40GPa，其抗氧化温度达到 1000℃。采用等离子增强化学气相沉积制得的 AlN/TiAlN 纳米多层涂层具有高硬度、高附着力和高耐磨性。

纳米多层涂层虽然达到了较高的硬度，但研究认为纳米多层涂层的性能与涂层的周期膜厚有很大关系。当在形状复杂的刀具或零件表面沉积纳米多层涂层时，很难控制各层的膜厚，同时在高温工作环境中各层间的元素相互扩散也会导致涂层性能下降，而采用单层的纳米复合涂层能解决这些问题。Veprek 等根据 Koehler 的外延异质结构理论，提出了纳米复合超硬涂层的理论和设计概念，并在由等离子体增强化学气相沉积工艺制备的 Ti-Si-N（nc-TiN/a-Si_3N_4）系统中被证实，同时 nc-W_2N/a-Si_3N_4 和 nc-VN/a-Si_3N_4 也都表现出了良好的力学性能。以 nc-TiN/a-Si_3N_4 为代表的纳米复合超硬材料，以其优异的性能，如超高硬度、高韧性及低的摩擦系数等，引起了人们的极大兴趣。

Zhang 等用离子束沉积了 nc-TiN/a-Si_3N_4 纳米复合涂层，并系统地研究了其微观结构、表面形貌和力学性能。结果显示，在 Si 含量为 11.4%时复合涂层硬度达到最大值 42GPa。KiM 等研究了闭合场非平衡磁控反应溅射 TiAlSiN 涂层，由纳米晶的 TiAlN 和非晶态的 Si_3N_4 组成，显微硬度及弹性模量约为 42GPa 和 490GPa。Nakonechan 等用阴极弧 PVD 制备了（Ti，Si，Al）N 涂层，最大显微硬度为 38～39GPa。Ribeiro 等研究了离子轰击对（Ti，Si，Al）N 涂层的影响，发现系统中存在 TiAlN 和 SiN_x 相，并形成了 nc-TiN/a-Si_3N_4 纳米复合涂层，增加离子轰击可使显微硬度从 30GPa 增大到 45GPa。

日本住友公司开发的 AC105G、AC110G 等牌号的 ZX 涂层是 TiN 与 AlN 交替的纳米多层涂层，层数可达 2000 层，每层厚度约为 1nm。这种新涂层与基体结合强度高，涂层硬度接近 CBN，抗氧化性能好，抗剥离性能强，而且可显著改善刀具表面粗糙度，其寿命是 TiN、TiAlN 涂层的 2～3 倍。

Balzers 公司开发并已被应用的 FUTUNA NANO 和 FUTUNA TOP 是两种 TiAlN 纳米复合涂层，涂层硬度平均为 3300HV，起始氧化温度为 900℃。瑞士 Platit 公司开发的纳米多层涂层，以 AlN 作为主层，TiN-CrN 为中间层，二者相互交替形成多层结构。实验表明，当调制厚度为 7nm 时涂层的硬度达到最高，约 45GPa。该公司利用 LARC(r) 技术开发的新一代 nc-TiAlN/a-Si_3N_4 纳米复合涂层是在强等离子体作用下将 3nm 的 TiAlN 晶体镶嵌在非晶态的 Si_3N_4 体内，在晶粒之间为 1nm 厚的 Si_3N_4。这种结构使涂层硬度可达到 50GPa，且高温时硬度更是十分突出。当温度达到 1200℃时，其硬度值仍可保持在 30GPa。日立公司也开发了采用纳米结晶材料组成的 TH 涂层（TiSiN），实现了耐高温和高硬度。该涂层在从预硬钢到淬火钢的高速切削加工、高效加工中得到广泛应用，具有显著的优越性，加工效率提高 2 倍以上。同时，日立公司还开发了适用于软钢加工领域的纳米结构 CS

涂层（CrSiN）。三菱综合材料公司生产的“IMPACTMIRACLE 立铣刀”采用先进的单相纳米结晶（Al，Ti，Si）N 涂层，氧化温度达到了 1300℃，与基材的结合力达 100N，在加工 60HRC 左右的高硬度材料时，可大幅延长刀具的寿命。

此外，CemeCon 公司新的纳米结构 Supernitrides 涂层中含有可生成不同氧化物的高含量元素。这类涂层将硬涂层卓越的抗磨损性能及传统的氧化涂层所具有的化学稳定性完美地结合起来，在应用中表现出极佳的热稳定性及化学稳定性，涂层的形态及构成（如铝含量、结构、表面粗糙度等）可根据应用的需要进行最佳设计。此外，对多种不同的被加工材料（如 CGI、42CrMo4、铸铁、工具钢等）进行钻、铣、滚和车削加工测试的结果证实了 Supernitrides 涂层的优越性能。

（5）金刚石与类金刚石涂层

金刚石涂层是新型刀具涂层材料之一。它利用低压化学气相沉积工艺在硬质合金基体上生成一层由多晶组成的金刚石膜，可用其加工硅铝合金和铜合金等有色金属、玻璃纤维等工程材料及硬质合金等材料，刀具寿命是普通硬质合金刀具的 50～100 倍。金刚石涂层采用了许多金刚石合成技术，最普遍的是热丝技术、微波等离子技术和直流等离子体喷射技术。

通过改进涂覆方法和涂层的黏结，已生产出金刚石涂层刀具，并在工业上得到了应用。近年来，美国、日本和瑞典等国家都已相继推出了金刚石涂层的丝锥、铰刀、铣刀以及用于加工印制电路板上小孔的金刚石涂层硬质合金钻头及各种可转位刀片，如瑞典 Sandvik 公司的 CD1810 和美国 Kennametal 公司的 KCD25 等产品。美国 Turchan 公司开发了一种激光等离子体沉积金刚石的新工艺，用此法沉积金刚石，由于等离子场包围整个刀具，刀具上的涂层均匀，其沉积速度比常规 CVD 工艺快 1000 倍。用此工艺制成的金刚石涂层与基体之间产生真正的冶金结合，涂层强度高，可防止涂层脱落、龟裂和裂纹等缺陷产生。CemeCon 公司开发的具有特色的 CVD 金刚石涂层技术，使金刚石涂层技术达到工业化生产水平，其技术含量高，可以批量生产金刚石涂层。

类金刚石（DLC）涂层在对某些材料（Al、Ti 及其复合材料）的机械加工方面具有明显优势。通过低压气相沉积的类金刚石涂层，其微观结构与天然金刚石相比仍有较大差异。20 世纪 90 年代，常采用在激活氢存在下低压气相沉积 DLC，涂层中含有大量氢。含氢过多将降低涂层的结合力和硬度，增大内应力。DLC 中的氢在较高温度下会慢慢释放出来，引起涂层工作不稳定。不含氢的 DLC 硬度比含氢的 DLC 高，具有组织均匀、可大面积沉积、成本低、表面平整等优点，已成为近年来 DLC 涂层研究的热点。美国 Voevodin 提出将沉积超硬 DLC 涂层的结构设计为 Ti-TiC-DLC 梯度转变涂层，使硬度由较软的钢基体逐渐提高到表层超硬的 DLC 涂层。这类复合涂层既保持了高硬度和低摩擦系数，又降低了脆性，提高了承载力、结合力及抗磨损力。日本住友公司推出了在硬质合金刀片上涂覆的类金刚石 DL1000 涂层，用于切削铝合金和非铁金属，抗黏结，能有效降低已加工表面的粗糙度。

类金刚石涂层的内应力高、热稳定性差及与黑色金属间的触媒效应使 SP3 结构向 SP2 转变等缺点，决定了它目前只能应用于加工有色金属，因而限制了它在机加工方面的进一步应用。但是近年来的研究表明，以 SP2 结构为主的类金刚石涂层（也称为类石墨涂层）硬度也可达到 20～40GPa，却不存在与黑色金属起触媒效应的问题，其摩擦系数很低又有很好的抗湿性，切削时可以用冷却剂，也可用于干切削。其寿命比无涂层刀具成倍提高，可以加工钢铁材料，因而引起了涂层公司、刀具厂家的极大兴趣。假以时日，这种新型的类金刚石涂层将会在切削领域得到广泛应用。

（6）CBN 涂层

CBN（立方氮化硼）是继人工合成金刚石之后出现的另一种超硬材料，它除了具有许多与金刚石类似的优异物理、化学特性（如超高硬度，仅次于金刚石，高耐磨性、低摩擦系数、低热膨胀系数等）外，同时还具有一些优于金刚石的特性。CBN对于铁、钢和氧化环境具有化学惰性，在氧化时形成一薄层氧化硼，此氧化物为涂层提供了化学稳定性。因此，它在加工硬的铁材如灰铸铁时耐热性也极为优良，在相当高的切削温度下能切削耐热钢、淬火钢、钛合金等，并能切削高硬度的冷硬轧辊、渗碳淬火材料以及对刀具磨损非常严重的硅铝合金等难加工材料。自Inagaw等成功地制备出了纯的CBN涂层以来，在国际上掀起了CBN硬涂层的研究热潮。低压气相合成CBN涂层的工艺主要有CVD和PVD。CVD包括化学输运PCVD、热丝辅助加热PCVD、ECR-CVD等；PVD则有反应离子束镀、活性反应蒸镀、激光蒸镀离子束辅助沉积等。研究结果表明，在合成CBN相、对硬质合金基体的良好黏结和合适的硬度等方面已取得了进展。目前，沉积在硬质合金上的立方氮化硼最厚仅为0.2～0.5μm。若想实现商品化，则必须采用可靠的技术来沉积高纯的、经济的CBN涂层，其厚度应在3～5μm，并需要在实际金属切削加工中证实其效果。

(7) CN涂层

20世纪80年代，美国科学家Liu和Cohen设计了类似$\beta\text{-}Si_3N_4$的新型化合物$\beta\text{-}C_3N_4$，并采用固体物理和量子化学理论计算出它的硬度可能达到金刚石的硬度，引起了世界各国科学家的关注。从此，合成氮化碳成为世界材料科学领域的热门课题。日本冈山大学的Fujimoto采用电子束蒸发离子束辅助沉积工艺获得的氮化碳涂层硬度达到63.7GPa；国内武汉大学合成的氮化碳涂层硬度达到50GPa，并沉积到高速钢麻花钻上，获得了非常好的钻孔性能。目前合成氮化碳的主要工艺有真空和射频反应溅射工艺、激光蒸镀离子束辅助沉积工艺、ECR-CVD工艺、双离子束沉积工艺等。

3.2.3 高速切削刀具磨损与失效

由于刀具、机床、切削用量及材料等切削条件的不同，人们对于高速切削刀具磨损机理的研究结果不尽相同。总体来说，高速切削时，刀具遭受强烈的热冲击与机械冲击，切削刃及其附近存在较高的热应力与机械应力，从而影响刀具的磨损率及刀具寿命。塑性变形、黏结磨损、扩散磨损等是高速切削刀具磨损的主要机理。

① 磨料磨损。磨料磨损主要是工件材料中的一些硬质点在刀具表面的机械作用，使刀具表面材料被磨耗。如在高速铣削钛合金时，刀/屑、刀具/工件接触层中存在许多硬质点，这些硬质点在高温高压下会像磨料一样划破刀具表面的黏结层，破坏WC颗粒周围的钴黏结相，造成WC颗粒的过多外露，使之失去把持力，被后继的切屑带走，并持续擦伤刀具表面直至与刀具分离，如此反复造成刀具的磨料磨损。刀具在发生微崩刃、微剥落时所产生的较大的硬质块在滑过刀具表面时，也会直接破坏刀具的表面，形成较深的刻痕，从而造成刀具的磨料磨损。

造成硬质合金刀具切削钛合金时磨料磨损的因素较多，工件材料中的原始硬质点（较硬的杂质），刀具表面WC颗粒的脱落，刀具的微崩刃、微剥落等产生的硬质块等，均会造成刀具的磨料磨损。另外，切削钛合金时，气体杂质氢、氧、氮都能使钛合金脆化，这些杂质具有磨料性质，能加速刀具的磨损。此外，钛合金材料易与包括硬质合金在内的大多数刀具材料发生化学反应，生成的一些硬质颗粒也会造成刀具的磨料磨损。

从实验结果来看，刀具前刀面磨料磨损所产生的磨痕多且深，清晰可见，而刀具后刀面的磨料磨损痕迹少而浅，不易观测。磨痕在刀具磨损初期容易观测，而当刀具磨损到一定程度，特别是发生黏结剥落和黏结撕裂以后，磨损区磨痕会受到钛合金黏结层和刀具剥落的影响而不易观测。但是，作为影响刀具磨损的因素之一，磨料磨损在整个切削过程中都会存在，只是刀具磨钝后刀具的主要磨损区的磨痕观测较为困难。

② 黏结磨损。在一定的温度和压力下，刀具与切屑以及工件加工表面接触区的分子和原子引力大到使彼此黏结在一起，随着工件和切屑的运动，黏结界面发生塑性流动与剪断，有时会将刀具的材料黏结到工件上造成磨损。如当陶瓷刀具高速切削镍基高温合金时，黏结是非常普遍的现象，不论在前刀面、后刀面以及沟槽处，都能看到刀具上黏结的工件材料。

刀具黏结磨损往往并不是独立作用，工件与刀具发生黏结后，往往是工件材料被撕掉一块附在刀具材料表面。在比较平稳的切削过程中，陶瓷刀具的硬度显著高于工件材料，因此，发生刀具材料被黏结界面撕下的概率较小，但在受到冲击载荷情况下，由于陶瓷的韧性较低，抗热震性的能力较差，很容易在刀具表层产生裂纹。当表面发生黏结时，由于工件材料在黏结物上运动，如果接触发生断续，正压力减小，而黏结造成的剪切仍存在，就可能使黏结界面产生拉应力，很容易使刀具裂纹扩展，并最终破断，刀具材料随工件或切屑被带走。因此，发生黏结并不是黏结磨损的充分因素，而是通过机械摩擦或冲击的结合加剧刀具的磨损。

切削钛合金时黏结倾向非常严重。因此，钛合金黏结对硬质合金刀具的磨损具有重要影响。刀具材料的结构并不均匀，存在很多缺陷和裂纹。内应力分布及化学成分分布不均匀以及其他种种原因，使得刀具材料局部具有各向异性，刀具各个部位的显微硬度也有很大的差异。这样，在刀具材料的薄弱环节处，由于黏结会产生磨损。从实验的结果来看，硬质合金刀具高速切削钛合金时的黏结磨损主要表现为发生黏结撕裂与黏结剥落等现象。在前刀面靠近切削刃口的区域，切削温度较高，钴黏结相在高温条件下易发生热软化，失去对 WC 颗粒的把持力，WC 易被黏结的钛合金材料带走，从而发生硬质合金刀具的黏结撕裂磨损。此外，在微裂纹及磨痕的边缘，新暴露的硬质合金颗粒也易被黏结的钛合金材料带走，造成微裂纹和磨痕的加宽、加深，加剧刀具的磨损。

在温度相对较低的黏结区，如刀具后刀面磨损区与微磨损区的交界处，刀具中的钴黏结相不会软化，不易发生黏结撕裂磨损。但由于钛合金材料黏结层厚度的增加，在物理、化学及机械冲击作用下，黏结材料脱落时会带走部分刀具材料，造成刀具的黏结剥落，如图 3.4 所示（×号表示放大倍数）即为刀具后刀面磨损区与未磨损区交界处的鳞片状黏结剥落磨损形貌。剥落区很快被黏结的钛合金材料覆盖，在后继加工中重复着黏结与剥落这一过程，从而延伸了刀具的后刀面磨损带宽度，加剧刀具的磨损。

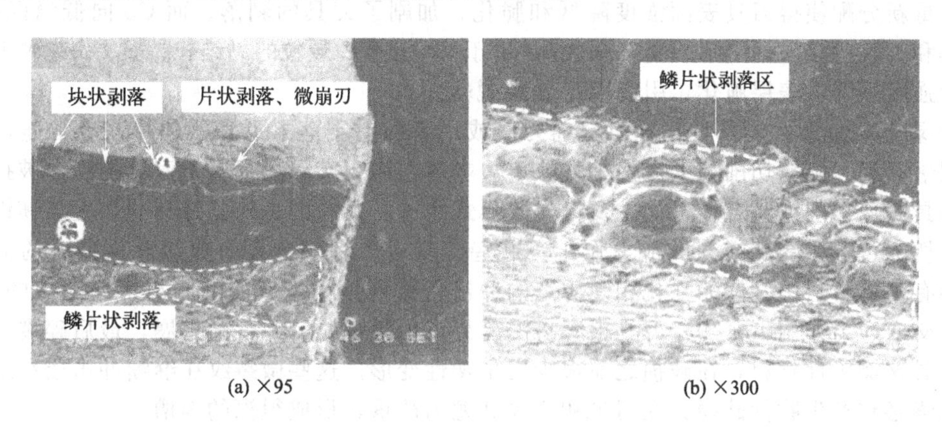

(a) ×95　　(b) ×300

图 3.4 刀具的黏结剥落磨损（$v=300\text{m/min}$）

当然，伴随着刀具黏结磨损这一过程，同时还会发生扩散溶解、化学反应裂纹的萌生与扩展以及塑性变形等现象。黏结现象与上述诸多现象综合作用，互相促进，共同加剧了刀具的磨损。

③ 扩散磨损。在高速切削金属材料的过程中，刀具和被加工材料组分的浓度差较大，刀具/工件接触区中的高温、大塑性变形和咬合（黏结）等作用，极大地促进了刀具和被加工材料的相互扩散溶解。切屑和已加工表面连续高速地滑过刀具表面，接触点和刀具的接触时间极短（如 $v=200\text{m/min}$，$a_p=0.5\text{mm}$ 时，接触时间为 $0.2\times10^{-3}\text{s}$ 左右），在接触区连续不断地出现刀具和工件的洁净表面。因此，刀具接触面上的溶解速率非常高，正好处于扩散过程的初始阶段，所以对刀具的磨损影响很大。

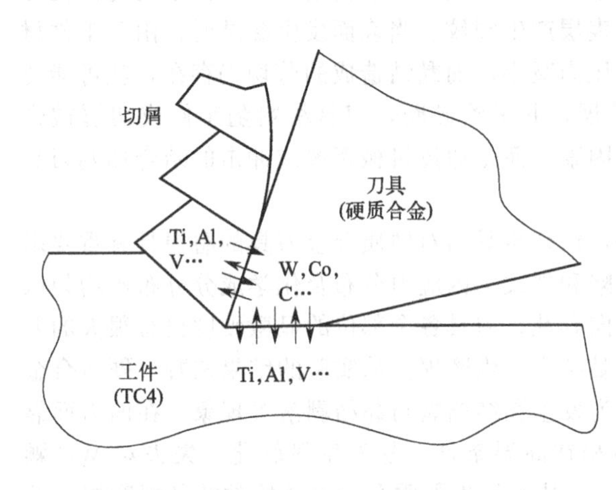

图 3.5　刀具/工件接触区元素扩散示意图

利用非涂层 WC-Co 硬质合金刀具（YG类）高速铣削钛合金时，由于工件与刀具接触表面的温度很高，而且温度梯度很大，刀具材料中的 W、C、Co 等元素以及工件材料中的 Ti、Al、V 等元素会各自迅速向对方扩散，如图 3.5 所示。当钛合金中的 Ti、Al、V 等元素向刀具中扩散时，由于 Ti 的化学活性很高，很容易与刀具中的 C 反应，形成黏结的 TiC 层。若形成稳定的 TiC 黏结层，则钛合金会成为刀具材料中扩散最快的成分（钛元素）的饱和状态，消除了这种元素在工件材料中的浓度梯度，从而降低了刀具成分向切屑或工件已加工表面中扩散的速率。如果不能形成稳定的黏结层，即在刀具与工件之间的摩擦力作用下，TiC 黏结层被磨掉，又会产生新的扩散，此时刀具磨损因扩散的加快而加剧。显然在铣削这种断续切削方式下，铣削过程中的高频冲击力、剪切及摩擦等作用使得很难形成稳定的 TiC 黏结层，故这种扩散只会加剧硬质合金刀具的磨损。

在工件材料中的元素向刀具中扩散的同时，刀具中的 C、W、Co 等也会向工件材料快速扩散。由于 C 元素向高温区扩散在界面处形成富碳层，而在刀具的次表面产生贫碳层，C 元素的重新分配使得刀具表面强度降低和脆化，加剧了刀具的剥落。而 Co 向低温区扩散，在刀具和工件的接触面上形成富 C 贫 Co。由于 Co 是 WC 颗粒的黏结相，贫 Co 造成 WC 颗粒间的强度下降，表层脆化，引起 WC 颗粒脱落。

④ 剥落与崩刃。剥落是指在刀具前刀面或后刀面上剥落下贝壳状碎片，经常连切削刃一起剥落；崩刃则指切削刃上产生小的缺口。剥落与崩刃实际上都属于刀具的脆性破损，在陶瓷刀具高速切削镍基合金时是主要的失效形式之一。其原因是陶瓷刀具的强度与韧性相对较低，切削过程中受到交变的应力作用，这些交变应力有来自集中剪切滑移造成的应力变化，还有工件材料中弥散的强化相硬质点的冲击，特别是锯齿形的毛刺与切屑毛边的冲击。在这些交变应力作用下，陶瓷刀具很容易沿晶界产生微裂纹，并逐渐扩展，最后碎裂。对于陶瓷刀具这类脆性材料，在破损之前很少发生塑性变形。这些微裂纹在继续冲击或黏结情况下，最终必将产生脆性破损，在刀尖和边界处尤为严重，形成很深的沟槽。

3.3 高速切削已加工表面完整性

高速切削加工表面质量是高速切削技术应用中必须考虑的重要因素，表面完整性包括表面微观几何形状（如表面粗糙度等）、表面物理力学性能（如加工硬化、表面残余应力和金相组织变化）等。

3.3.1 已加工表面完整性概念

加工表面完整性的定义：由于受控的加工方法，致使成品的表面状态或性能没有任何损伤，甚至有所增强，提出几何特性和物理、力学、化学性能等方面的评价指标体系，以及用三个（基础、标准、广义）数据组进行评价。该概念中大部分具体指标综合在一起称为“完整性”。加工表面完整性是从加工表面的几何纹理状态和表面受扰材料区的物理、化学、力学性能变化等方面来评价和控制表面质量。具体评价指标如下。

① 表面纹理形貌包括表面粗糙度、表面波纹度、表面纹理方向。

② 表面缺陷包括加工毛刺、飞边、宏观裂纹、表面撕裂和褶皱等缺陷。

③ 微观组织和表面冶金学、化学特性，包括金相组织、微观裂纹和表面层化学性能。

④ 表面力学性能包括加工硬化程度和深度，残余应力的大小、方向和分布情况。

⑤ 表面其他工程技术特性包括电子性能变化（电导率、磁性及电阻）、光学性能变化（对光的反射性能，如光亮度）。

表面完整性评价可采用三个数据组，针对零件具体要求选取部分内容评价。

① 基础数据组。其主要内容如下。

a. 表面粗糙度和表面纹理组织。

b. 宏观组织，10 倍或以下放大后能观察到的加工毛刺、飞边、宏观裂纹和宏观腐蚀迹象。

c. 微观组织、微观裂纹、塑性变形、相变、晶向腐蚀、麻点、撕裂、褶皱、积屑瘤熔化和再沉积层、选择性腐蚀。

d. 显微硬度。

② 标准数据组。其主要内容如下。

a. 基础数据组。

b. 疲劳强度实验。

c. 应力腐蚀实验要求。

d. 残余应力和畸变分析。

③ 广义数据组。其主要内容如下。

a. 标准数据组。

b. 扩大的疲劳强度实验，用于得出设计需要的信息。

c. 附加的力学性能实验，拉伸、应力断裂、蠕变实验。

d. 其他特殊性能，如摩擦特性、锈蚀特性、光学特性、电子学特性等。

三个数据组中基础数据组为最低极限数据组；标准数据组则用于工业中更为关键性的零件。广义数据组是在标准数据组基础上扩大了力学性能实验和其他技术特性要求的检测内容，以满足设计对表面质量的特殊要求。后一个数据组是前一个数据组的发展。

3.3.2 表面完整性对使用性能的影响

表面完整性是描述、鉴定和控制加工过程在零件表面层内可能产生的各种变化及其对零件使用性能影响的技术指标。从广义上说，表面完整性包括两个组成部分。

① 与零件表面纹理变化有关的部分，即外部效应。其中，包括表面粗糙度、表面波纹度、刀纹方向和宏观缺陷（例如裂纹、压痕、划伤、发纹和杂质等）。表面粗糙度算术平均值是表面纹理构型要素中最主要的表征参数。

② 与零件表面层冶金物理特性变化有关的部分，即内部效应。其中，包括显微结构变化、再结晶、晶间腐蚀、热影响区、显微裂纹、硬度变化、塑性变形、残余应力、材料非同质性和合金贫化等。

(1) 表面粗糙度对零件使用性能的影响

表面粗糙度反映已加工表面的微观不平度。已加工表面粗糙度按其在加工过程中的形成方向分为纵向和横向粗糙度，一般将沿切削速度方向的粗糙度称为纵向粗糙度，垂直于切削速度方向（沿进给运动方向）的粗糙度称为横向粗糙度。一般纵向粗糙度主要决定于切削过程中产生的积屑瘤、鳞刺、刀具的边界磨损及加工过程中的变形与振动；横向粗糙度的产生除上述原因外，更重要的是受残留面积高度及副刀刃对已加工表面的挤压而产生的材料隆起等因素支配。一般横向粗糙度比纵向粗糙度大得多。

当两个互相摩擦的零件配合时，由于零件表面粗糙不平，只有零件表面一些凸峰相互接触，而不是全部表面配合接触。由于实际接触面积小，因此单位面积上压力很大。当零件相互摩擦时，表面凸峰很快被压扁压平，产生剧烈磨损，从而影响零件的配合性质。同时，粗糙表面的耐腐蚀性比光滑表面差，因为腐蚀性物质容易聚集在粗糙表面的凹谷里和裂缝处，并逐渐扩大其腐蚀作用。

(2) 冷作硬化对零件使用性能的影响

表面冷作硬化通常对常温下工作的零件较为有利，有时能提高其疲劳强度，但对高温下工作的零件则不利。由于零件表面层硬度在高温作用下发生改变，零件表面层会发生残余应力松弛，塑性变形层内的原子扩散迁移率就会增加，从而导致合金元素加速氧化和晶界层软化。冷作硬化层越深、冷作硬化程度越大、温度越高、时间越长，塑性变形层内上述变化过程就越剧烈，进而导致零件沿冷作硬化层晶界形成表面起始裂纹。起始裂纹进一步扩展就会成为疲劳裂纹，从而使零件疲劳强度下降。切削加工后表面层的硬化程度取决于金属在切削过程中强化、弱化和相变作用的综合结果。当切削过程中强烈变形起主导作用时，已加工表面就产生加工硬化；而当切削温度起主导作用时，往往引起工件表层硬度降低和相变。因此，在加工中增大变形和摩擦都将加剧加工硬化现象，而较高的温度、较低的工件材料熔点则会减轻冷作硬化作用。

(3) 残余应力对零件使用性能的影响

残余应力是指在没有外力作用情况下零件内部为保持平衡而存留的应力。残余应力的产生原因：一是在切削过程中由于塑性变形而产生的机械应力；二是由于切削加工中切削温度的变化而产生的热应力；三是由于相变引起体积变化而产生的应力。其中，切削表层由于塑性变形，表面被拉长，基体的弹性变形易恢复，而表层的塑性变形不能恢复。因此，表层受压，基体受拉，在表层产生残余压应力。切削温度的升高导致工件温度升高，但工件表层温度高于基体温度。待工件全部冷却后，表层冷却收缩受到基体的牵制，表面产生残余拉应力。影响残余应力的因素多而复杂，实验表明凡能减小塑性变形和降低工件温度的因素都能使已加工表面的残余应力减小。

残余应力对零件的使用性能有很大影响。一般来说，如果适当的残余压应力在表层内合理分布，会提高零件的疲劳强度；而残余拉应力则会引起裂纹，使零件产生疲劳断裂和应力腐蚀。

3.3.3 高速切削条件下的已加工表面粗糙度

关于表面粗糙度与切削速度之间的关系，以往的研究并无统一的结论。一些研究结论指出，随着切削速度的提高，表面粗糙度呈现下降的趋势；而另一些研究结论则表明，表面粗糙度会随着切削速度的提高而略有增加；还有一些研究结论则认为，高速切削的表面粗糙度要优于普通切削。但在高速范围内，表面粗糙度随着切削速度并无单调增加或减小的规律，切削速度对表面粗糙度没有显著影响。

对 TC21 钛合金的高速铣削实验研究表明，随着铣削速度 v 的增加，表面粗糙度 Ra 测量值并没有明显上升或下降的趋势，而是保持在一定的范围内变化。在铣削速度高于 100m/min 的情况下能够获得较小的表面粗糙度值，但是这种表面质量的提高却不是很明显，并且在铣削速度为 30～300m/min 的范围内，表面粗糙度 Ra 的值小于 0.5μm。这在实际零件的设计加工中都是被允许的。在铣削速度为 100m/min 时，采用小的铣削宽度能够获得较小的表面粗糙度。

3.3.4 高速切削条件下的已加工表层加工硬化

采用顺铣方式铣削钛合金 TC4，油雾冷却，钛合金 TC4 基体硬度为 477～527HV，测试刀具在不同磨损状态下侧铣钛合金 TC4 在各铣削速度时对应的加工表层硬度变化情况。实验表明，无论是常规速度还是高速铣削钛合金 TC4，所产生的加工硬化均不严重，铣削速度的提高，并不会造成显著的加工硬化，即铣削速度不是影响加工硬化的显著因素。但当刀具磨损严重时，加工硬化现象相对明显一些，刀具磨损到一定程度后若继续使用，刀具磨损会加快。

3.3.5 高速切削条件下的已加工表面金相组织

高速铣削钛合金 TC21 时，采用锋利的刀具进行铣削，已加工表面金相组织没有发现晶粒拉伸的现象，但加工表面平整度略有下降。而当采用后刀面磨损 $VB\approx0.8$mm 的刀具进行铣削时，没有观察到晶粒被拉伸的现象，但却发现在某些部位上有再结晶现象。这种再结晶现象可能是由于切削过程中过高的切削温度所引起的，这种现象在铣削速度高于 100m/min 时都可以观察到。然而这种现象仅在距表面不到 15μm 的范围内出现，并且仅在横向的小范围内出现。

3.3.6 高速切削条件下的已加工表层残余应力

（1）高速铣削钛合金的已加工表层残余应力

对于工件已加工表层残余应力的测量，一般采用 X 射线衍射法，即通过对不同取向的晶面距离的测定，计算出工件表层的残余应力。表 3.4 所示为采用日本岛津公司的 XD-3A 型 X 射线衍射仪测得的一定铣削条件和刀具磨损状态下的加工表层残余应力情况。该表中仅对已加工表面的 x 向和 y 向的应力状况进行了测量，其中 x 向为进给方向，y 向为切深方向。

⊡ 表 3.4　各种铣削条件和刀具磨损状态下的加工表层残余应力情况

刀具状态		铣削用量				冷却方式	残余应力/MPa	
材料	VB/mm	v/(m/min)	f_z/(mm/z)	a_p/(mm/z)	a_w/mm		x 向	y 向
高速钢	0.16	35	0.08	10	3	油冷	−217	−297
	0.69	40	0.05	12	1.6		−244	−200
	0.11	60	0.04	18	2		−89	−143
硬质合金	0.21	100	0.05	10	3	干切	−62	−140
	0.21	120	0.05	10	1		−27	−122
	0.20	120	0.03	10	3		−52	−129

对残余应力分析的结果表明，在实验所用各种切削条件和刀具磨损状态下，已加工表面的残余应力均为压应力，压应力的大小约为－300～－30MPa。随着切削速度的提高，残余压应力的绝对值有所降低；径向切深和每齿进给量增加时，残余压应力的绝对值略有升高，但可能导致刀具磨损加快、加工表面粗糙度和加工硬化升高，所以，必须将其控制在适当的范围内。无论刀具后刀面磨损状态如何，均产生残余压应力。工件表面残余压应力可以抑制裂纹的产生和扩展，对提高零件疲劳寿命是有益的。

通过对 50～300m/min 各切削速度下铣削加工钛合金 TA15 的表面粗糙度、加工表面金相组织变化、加工硬化以及表面残余应力的分析，可以认为对钛合金采用高速铣削不会对其加工表面完整性产生不利影响。高速切削相对于常规切削具有提高生产效率、节约加工成本和提高加工精度等优势。因此，在钛合金铣削加工中采用高速切削是可行且有利的。

(2) 高速铣削铝合金的已加工表层残余应力

① 高速铣削实验方案：

a. 机床参数。铣削加工中心 Heller MC16，主轴最高转速 24000r/min，机床功率为 25kW，最大进给速度为 40m/min。

b. 刀具参数：

- a 刀：直径 20mm，前角 14°，后角 12°，细晶硬质合金立铣刀，用来观测切削用量对残余应力的影响。
- b 刀：机夹式刀片，刃口圆弧半径经过特殊设计，用来观测刀具几何参数对残余应力的影响，直径 40mm，装在刀柄 HSK63 上。

c. 工件材料：锻造铝合金 Al7449 T7651。切削参数：当改变其中一个参数时，其余不变参数采用 v_c=1250m/min，f_z=0.20mm/z，a_p=4mm。

d. 测试方法：

- 测力：Kistler 9255B 测力仪，采样频率达 25000Hz。
- 测残余应力：X 射线衍射应力测定仪，X 射线管靶材为铬 (Cr)，X 射线发生器管电压为 30kV，管电流为 35mA。

② 切削用量对残余应力的影响。如图 3.6 所示，左侧图显示切削速度由 250m/min 增大到 750m/min，表面残余应力有增大的趋势，最大残余应力 σ_{max} 基本保持不变，超过这个速度范围，表面残余应力没有明显的变化。右侧图显示切削速度对残余应力在深度方向上的影响没有规律性。

增加每齿进给量，表面的残余应力变小，最终趋于零。然而，残余应力的最大值却是随着每齿进给量的增加而增大，并且最大残余应力在深度方向趋于更深的位置，每齿进给量增加，切削力增加。根据赫兹压力准则，可推测出最大残余应力在更深的位置出现。

当切削深度由 1mm 增大到 3mm 时，表层与亚表层的残余应力都持续增大；当切削深

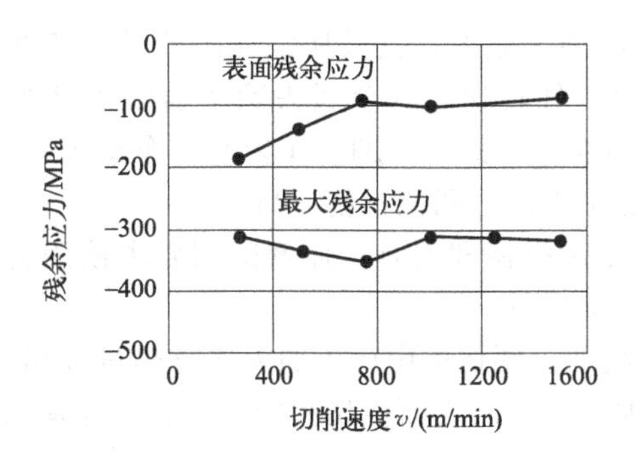

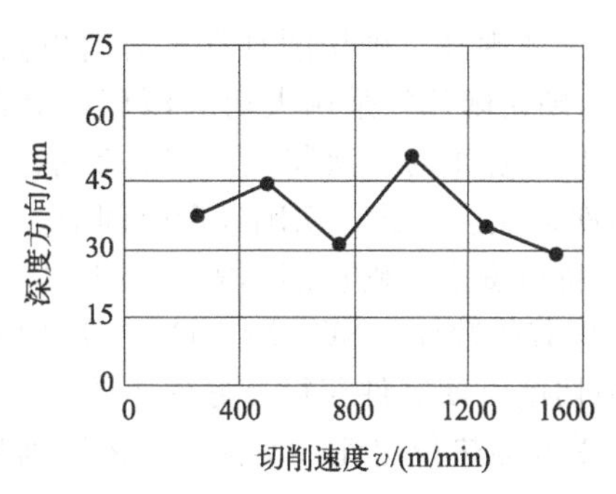

图 3.6　切削速度对残余应力的影响

度继续增大时，残余应力反而保持不变，则切削深度对最大残余应力的深度没有影响。

当切削宽度较小时，会在表层以下产生较大的残余应力；而表层的残余应力较小，切削宽度对最大残余应力在深度方向上的位置没有影响。

③ 刀具几何参数对残余应力的影响。刀具刃口圆弧半径增大，表层下的残余应力增加，刀具刃口圆弧半径在300μm表层下出现最大残余应力；反之，最小刃口圆弧半径20μm产生最小残余应力。随着刃口圆弧半径的增大，表层残余应力由残余压应力状态过渡到残余拉应力状态，而残余应力最大值也在增加。

经检测，新刀具在深度20μm产生高达180MPa的残余应力，而一把磨损的刀具表层产生90MPa的残余应力。新刀具在一开始切削时，刀具磨损带加宽，在深度方向上对残余应力的影响较大。在刀具磨损量达到70～90μm时，残余应力的深度达120μm，刀具磨损继续增加，残余应力的影响深度反而减小，在磨损量为125μm时，残余应力在深度方向上的分布仅有25μm。刀具磨损对表层残余应力几乎没有影响，对于亚表层的影响也不明显，残余应力的最大值变化比较平稳。

3.4 高速切削加工技术实例

高速切削（HSC）技术的宗旨是缩短产品从设计到进入市场的时间，降低生产成本，保证产品的质量来扩大产品的市场占有率，提高产品的竞争能力。高速切削技术已广泛用于工业各部门。本节主要对高速切削技术，高速切削加工钛合金、耐热高温合金，高速切削加工陶瓷以及高速切削加工复合材料、高速大进给切削技术进行介绍。

3.4.1 淬火钢高速硬切削技术

（1）硬切削技术特点

淬火钢、钛合金、镍/铁基高温合金是高硬度（45～65HRC）、高强度、耐腐蚀的结构材料，是典型的难加工材料，传统切削工艺很难加工，使用磨削工艺时存在效率低、成本高等问题。高速切削技术为高硬度材料加工提供了高效的工艺方法。硬切削是指对高硬度材料直接进行切削加工，是“以切代磨”的新工艺，也是高速切削技术的一个新的应用领域。硬切削工艺在许多工业部门被采用，与传统磨削工艺相比，硬切削工艺有如下优点。

① 加工效率高。硬切削具有比磨削更高的加工效率，且其所消耗的能量是普通磨削加工的1/5。硬切削往往采用大切削深度、高的工件转速，其金属去除率通常为磨削加工的3～4倍。切削加工时一次装夹可完成多种表面加工（如车外圆、车内孔、车槽等），而磨削则需要多次装夹。因此，切削辅助时间短、加工表面之间位置精度高。

② 设备投资少。硬切削不需专用刀具、专用机械和夹具，而磨削则要求使用磨床，硬切削可在现有的数控（NC或CNC）车削中心上进行。

③ 硬切削可使零件获得良好的整体加工精度。硬切削中产生的大部分热量被切屑带走，从而保持零件的热稳定性，不会产生像磨削加工那样的表面烧伤和裂纹，且有优良的加工表面质量。

④ 硬切削是洁净加工工艺。在大多数情况下，硬切削不需要冷却液。事实上，使用冷却液会给刀具寿命和表面质量带来不利影响。因为硬切削是通过使剪切部分的材料退火变软而形成切削的，若冷却率过高，就会降低这种效果，从而加大机械磨损、缩短刀具寿命；同时，硬切削可省去与冷却液有关的装置，降低生产成本，简化生产系统。硬切削形成的切屑干净清洁，回收处理容易，而磨削会产生磨屑和冷却液的混合物，属于不能再利用的废物，会污染环境。硬切削产生的废屑则可再利用，这对重视环境保护的今天来讲特别重要。

此外，硬切削加工还要注意以下问题：

① 保证机床的刚性；

② 选择合适的刀具材料与几何结构；

③ 杜绝白化层的产生；

④ 加工时产生的切屑和随切屑所带走的热量必须尽快排出；

⑤ 最大限度地减小切削负载。

（2）高速硬切削对刀具的要求

超硬刀具材料的出现与迅速发展是高速硬切削技术发展的基础。高速硬切削时，不但要求刀具可靠性高，切削性能好，能稳定地断屑和卷屑，还要求能达到高精度等。因此，对刀具材料以及刀具几何结构提出了更高要求。

① 对刀具材料的要求。高速硬切削对刀具材料的要求主要如下。

a. 较高的硬度和好的耐磨性。如金刚石显微硬度可达10000HV；CBN由于晶体结构与金刚石相似，化学键类型相同，晶格常数相近，其显微硬度也可达8000～9000HV；陶瓷刀具硬度可达92～96HRA。

b. 良好的热稳定性。金刚石的耐热性为700～800℃，PCBN的耐热性可达1200～1500℃，陶瓷刀具的耐热性一般为1100～1200℃。

c. 优良的化学稳定性。PCBN的化学惰性特别大，在1200～1300℃时也不与铁系材料发生化学反应，其与碳在2000℃时才发生反应，在中性、还原性的气体中，对酸碱都是稳定的；金刚石与钛合金的黏结作用比较小；陶瓷刀具的化学稳定性则取决于其成分。

d. 良好的导热性。各类刀具材料中金刚石的导热性最好，PCBN仅次于金刚石，而且随温度升高热导率是增加的，而陶瓷刀具的导热性较差。

另外，金刚石、PCBN及陶瓷刀具与各种工件材料间的摩擦系数也远远低于硬质合金，而且随着切削速度的提高，摩擦系数相应降低；金刚石与PCBN的热膨胀系数也远远低于硬质合金。由于金刚石价格很高，且只适于加工非铁族金属材料和非金属材料，所以高速硬切削铁族金属材料中应用最多的是PCBN刀具和陶瓷刀具。

对于PCBN刀具材料，根据CBN含量、粒径和结合剂的不同，PCBN刀具的加工性能和用途也不同。表3.5所示为不同CBN含量PCBN刀具的加工用途。

表 3.5 不同 CBN 含量 PCBN 刀具的加工用途

CBN 含量	PCBN 刀具用途
50%	连续切削淬硬钢(45～64HRC)
65%	断续切削淬硬钢(45～65HRC)
80%	加工镍铬铸铁
90%	连续重载切削淬硬钢(45～65HRC)
80%～90%	高速切削铸铁(v=500～1300m/min) 淬硬钢的半精加工和精加工

② 对刀具几何结构的要求。刀具/工件材料组配不同，高速硬切削对刀具几何结构的要求也不尽相同。从现有高速硬切削技术的应用来看，高速硬切削对刀具几何结构的要求至少体现在以下两个方面。

a. 高速硬切削比普通切削时的刀具前角要稍大一些，以降低切削区温度，并在刃口上作出负倒棱。为防止刀尖处热磨损，主副切削刃连接处应采用修圆刀尖或倒角刀尖，以增大刀尖角，加大刀尖附近刃区切削刃的长度和刀头材料的体积，以提高刀具刚性和减小切削刃破损的概率。如美国 Carboloy 公司推出的一种适于干切削的 ME13 新型硬质合金刀片，具有大前角（达 34°）、加强刃，并有一个带筋的前刀面，显著减少了切屑与刀片前刀面之间的接触面积，使产生的热量被切屑带走。据称，这种刀片工作时的温度比传统刀片要低 400℃，能显著减小切削力并使刀具寿命提高一倍以上。该公司用大前角的涂层硬质合金齿冠立铣刀高速铣削硬度高达 55HRC 的淬硬钢时，切削速度为 120m/min，进给速度为 7.6m/min，轴向切深（轴向切削深度）为 0.51mm，径向切深为 0.25mm。采用干式切削时，刀具使用寿命则长达 1.5h。

b. 为能稳定地断屑和卷屑，刀片上应作出合适的断屑槽型。目前，可转位刀片上三维曲面断屑槽型的设计和制造技术已较为成熟，针对不同的工件材料和不同的切削用量，市场上已开发出相应的通用断屑槽型系列。如瑞典 Sandvik Coromant 公司推出的 R、M 和 F 等槽型系列（钢材粗加工、半精加工和精加工相应采用 PR、PM 和 PF 槽型，切不锈钢时用 MR、MM 和 MF 槽型，切铸件和有色金属用 KR、KM 和 KF 槽型）以及以色列 Iscar 公司以“霸王刀”为典型的槽型都独树一帜。

（3）高速硬切削实验

硬切削技术可以减小切削力，获得良好的尺寸精度，已加工表面为残余压应力且金相变化小，但硬切削的刀具寿命非常短。以高速硬切削淬硬钢（硬度＞54HRC）为例，对高速硬切削的各影响参数进行实验分析。

① 平头立铣刀高速硬切削实验。采用 K30 硬质合金 ϕ8mm 平头立铣刀高速切削淬硬钢（AISI4340 和 AISID2 钢），重点考察的参数如下：

a. 刀具有无涂层（无涂层和有 TiAlN 涂层）；

b. 刀具螺旋角（12°、15°、55°）；

c. 刀具前角 γ_0(0°、－5°、－10°)；

d. 工件材料及其硬度（AISI4340，47HRC；AISID2，56HRC）；

e. 切削速度（150m/min、300m/min）；

f. 每齿进给量 f_z(0.08mm/z、0.1mm/z)。

实验中以下列参数来衡量加工性能。

a. 刀具寿命，用刀具寿命周期内材料的去除面积（mm^2）来衡量；

b. 侧面的表面粗糙度 Ra(μm)；

c. 切削力的各个分量，如 F_x、F_y、F_z。

实验条件为径向切深 a_e=0.3mm，轴向切深 a_p=5mm，刀具悬长 28mm，切削方式为顺铣。实验不用冷却液，刀具失效标准为后刀面磨损最大宽度 VB_{max}=0.2mm，或刀具崩刃严重或剥落，或刀具出现塑性变形。实验在日本 UCP710 机床上完成。用测力仪测量切削力，用扫描电镜进行刀具磨损分析。实验表明，与用涂层刀具切削 AISI4340 钢相比，刀具寿命显著降低，AISID2 的加工性较差是由于材料成分中含有更多的碳和铬，以致在热处理时形成高硬度的铬碳化合物。

在实验中看到具有较大的负前角的刀具寿命更长，原因是负前角的增加使切削刃的强度更好，因而能承受更大的力而不崩刃。经实验对比可知，螺旋角的增加有助于提升刀具寿命。经对 TiAlN 涂层刀具和无涂层刀具的实验结果比较可知，刀具的陶瓷涂层有效地提高了刀具寿命。实验中考察的参数，按照对刀具寿命的影响大小降序排列为：刀具涂层及工件材料特性（硬度+显微结构）；切削参数和螺旋角；刀具前角。

刀具未经涂层保护时，刀具磨损倾向于扩散磨损，刀具切削刃附近的黏结磨损及扩散磨损严重破坏了刀具材料，因而在断续切削的冲击载荷作用下，最终发生黏结剥落。通过对 TiAlN 涂层刀具铣削 AISID2 材料时切削刃的磨损情况观察发现，出现了相当明显的崩刃，已经检测到含量很高的铁和氧元素，并发生黏结磨损、氧化磨损及扩散磨损。铣削 AISID2 时，较 AISI4340 更容易发生刀具崩刃。

在实验中，工件侧面粗糙度算术平均值都落在 0.29～1.03μm 范围内，表明所设参数的变化对侧面粗糙度的影响并不大。刀具磨损的增加导致切削力的增加，在其他条件相同时将涂层刀具和无涂层刀具的切削力进行比较，涂层刀具的切削力更小。其原因是涂层刀具的引入改变了摩擦性能，使得切屑与前刀面的接触长度变小，从而有效地抑制了刀具磨损，也就抑制了切削力的增加。

刀具的前角从正值变为负值时切削力增加。螺旋角增大，有利于降低切削力，把 12°螺旋角、0°前角时的切削力和 45°螺旋角、−5°前角时的切削力作比较，发现螺旋角增大使切削力减小的作用要大于前角的减小使切削力增加的作用。

基于上述实验研究，进一步考察影响高速硬铣削性能的 4 个主要参数指标：工件材料硬度、刀具螺旋角、铣削方式及冷却润滑状况。

a. 工件材料硬度（52HRC 和 62HRC）；

b. 刀具螺旋角（30°、50°）；

c. 铣削方式（顺铣或逆铣）；

d. 冷却润滑状况（平铣或微量润滑）。

在高速硬铣削中使用微量润滑可降低加工成本，改善刀具寿命和工件表面质量，实验中反映切削性能指标的参数如下。

a. 刀具寿命，用刀具寿命周期内材料去除面积（mm^2）来衡量。

b. 已加工表面侧面粗糙度（Ra）。

c. 已加工表面底面的粗糙度（Ra）。

d. 切削力各正交分量的峰值，F_x、F_y、F_z。

② 球头立铣刀高速硬切削实验。平头端铣一般用于粗加工或半精加工。此时，刀具寿命和材料去除率是首要考虑的因素。而球头端铣主要用于精加工，这时工件表面粗糙度和刀具寿命同样重要。

针对 AISID2 和 X210Cr12 工具钢材料，热处理使其硬度达到最大，然后进行高速硬切削实验。实验中主要考虑刀具寿命和工件表面粗糙度。除了工件材料和工件倾斜角之外，参数变量还有主轴转速（n）、径向切深。反映切削性能的三个指标如下。

a. 刀具寿命，用刀具寿命周期内的去除面积（mm^2）来衡量。

b. 沿进给方向的工件表面粗糙度在刀具寿命周期内的算术平均值（Ra）。

c. 垂直进给方向的工件表面粗糙度在刀具寿命周期内的算术平均值（Ra）。

实验切削刀具为 K30 球头硬质合金铣刀。PVDTiAlN 涂层刀具直径 $D=8mm$，轴向前角 30°，径向前角 −5°，后角 $\alpha_0 \approx 6°$（主刀面），4 齿，工件材料为 AISID2，硬度为 63HRC，X210Cr12 硬度为 60HRC，微量润滑——流量 25mL/h，由两个喷嘴直接对刀具进行冷却润滑；轴向切深 a_p 保持在 0.3mm，进给量保持在 $f_z=0.08mm/z$（顺铣），刀具失效标准为磨损带最大宽度达到 0.2mm 或刀具出现严重崩刃。

在采用球头端铣刀加工的过程中，在已加工表面上出现尖峰，其高度取决于径向切深 a_e，尖峰高度越大，加工表面越粗糙。尖峰的高度取决于刀具直径、轴向切深和径向切深。经对比实验分析对球头端铣刀硬切削有如下认识。

a. 工件材料的微结构以及硬度对刀具寿命影响最大。

b. 在刀具参数中，刀具涂层是最重要的影响因素，TiAlN 涂层将显著改善刀具寿命。相对前角而言，刀具螺旋角对刀具寿命影响更大。

c. 铣削方式是影响刀具寿命极为重要的因素，顺铣相比于逆铣更有助于延长刀具寿命。应用微量润滑有利于延长刀具寿命，但不像铣削方式对刀具寿命的影响那样显著。

d. 在切削参数中，铣削速度、进给量和径向切深对刀具寿命的影响依次减小。低的铣削速度和进给量有利于延长刀具寿命，但也使材料去除率降低。

e. 在硬切削中，硬质合金刀具的主要磨损形式有崩刃、黏结磨损、扩散磨损及氧化磨损。最严重的磨损发生在刃口处及后刀面附近，相对于顺铣，逆铣更容易发生黏结磨损。相对于微量润滑切削，干切削加速了刀具崩刃。

f. 切削速度的提高加剧了黏结磨损，并导致了氧化磨损；进给量的提高使得刀具磨损的形式由黏结磨损变为崩刃。

g. 铣削方式是影响表面粗糙度极其重要的因素。顺铣时工件侧面表面粗糙度值低于逆铣。微量润滑的应用，能轻微降低侧表面粗糙度。径向切深和切削速度是影响底面粗糙度的主要因素，而进给量对底面粗糙度的影响很小。

h. 在球头端铣刀加工中，工件倾斜角是极其重要的影响因素，倾斜角度大，则加工表面质量好，因为可避免刀具利用其中心部分切削。在球头端铣刀加工中，大的径向切深降低了表面质量。

3.4.2 高速插铣技术

（1）插铣技术加工特点与应用

插铣技术又称为 z 轴铣削技术。插铣加工时，刀具连续地上下运动，利用底部的切削刃进行钻铣联合切削，快速、大量地去除材料，是实现金属切削高去除率最有效的加工方法之一。插铣技术主要用于半精加工或粗加工，在重复插铣达到预定深度时，刀具不断地缩回和复位以便下一次插铣时可迅速地从重叠走刀处去除大量金属。插铣示意及实物见图 3.7。

由于插铣加工方式的特殊性，其具有以下优点。

① 加工效率高，能快速切除大量金属，节省加工工时。

② 刀具悬深长度比较长，对于工件凹槽或表面铣削十分有利。

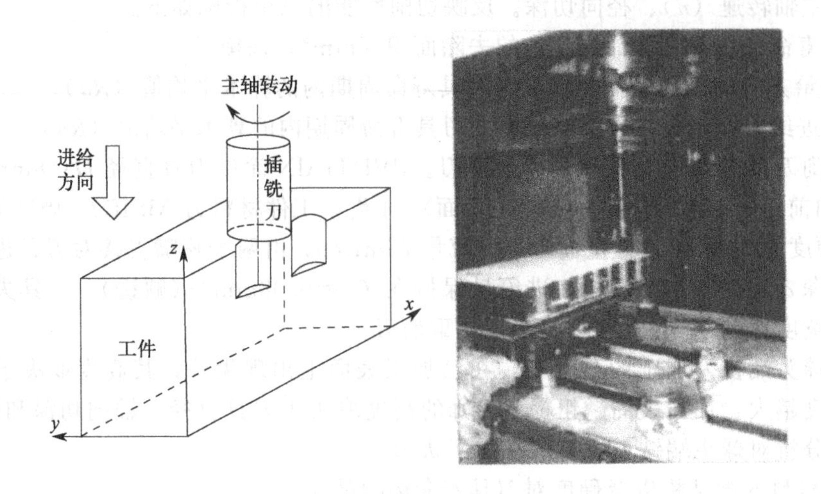

图 3.7 插铣示意及实物

③ 可以对高温合金材料或钛合金等难加工材料进行曲面加工及切槽加工。

④ 加工时主要受力方向为轴向，而受径向力较小，因此，对机床的功率或主轴精度要求不高。

⑤ 可以减小工件变形。

⑥ 利用各种加工环境，可采用单件小批量的一次性零件加工，也适合大批量零件制造。

⑦ 插铣加工能够以较低的进给速度（一般为 50r/min）切削大量的加工材料。使用常规机床，金属的切削速度就可以达到高速要求。

插铣的一个特殊用途就是进行涡轮叶片的加工，一般是在三轴或四轴数控机床上进行。插铣涡轮叶片不是从工件顶部向下一直铣削到工件根部，而是通过 x-y 平面的简单平移运动，即可加工出复杂的表面几何形状。插铣加工时，铣刀切削刃由各廓形刀片搭接而成，插铣深度可达 250mm，工件会产生颤振或扭曲变形，刀具相对于工件既可向下也可向上做切削运动，但向下更为常见。插铣斜面时，插铣刀沿 x 轴与 y 轴方向做复合运动，在某些加工场合，也可使用球形铣刀、面铣刀或其他铣刀进行铣槽、铣型腔、铣斜面、铣凹槽等各种加工。专用插铣刀主要用于粗加工和半精加工。它可切入工件凹部或沿着工件边缘切割，也可铣削复杂的几何形状。为保证切削温度恒定，所有带柄插铣刀都采用内冷却方式。在插铣大凹槽或深槽时，插铣刀具轴向长度较长。进行插铣加工可有效减小径向切削力，增加加工稳定性。

无论对大去除量切削加工（模具加工常用）还是对具有复杂几何形状的航空零件的加工，插铣技术都是优先考虑的加工方法，它是一种极具发展前景的加工工艺。

(2) 钛合金插铣切削加工

切削速度、每齿进给量、切削宽度切削三要素影响切削力变化。选取切削速度为 30～150m/min，每齿进给量 f_z＝0.01～0.2mm/z，切削宽度 a_z＝2～10mm，加工对象为钛合金 TC4，进行插铣切削加工实验。实验结果表明：y 方向的铣削力与加工表面质量和机床稳定性有很大关系。y 方向铣削力最大，所以主要对 y 方向的铣削力进行分析。y 方向铣削力在所给定的铣削速度和进给量的范围内，铣削力大小变化的趋势基本一样。在切削速度为 30～150m/min 的条件下，y 方向铣削力随着切削速度的增大而减小，但减小的幅度不大；在每齿进给量为 0.01～0.2mm/z 的范围内，铣削力随进给量的增大而增大，但增加得很快；在径向切深为2～10mm的情况下，铣削力也是随着径向切深的增大而增大，但增加的速率小于进给量的影响。可见，影响 y 方向铣削力大小的主要因素是进给量和径向切深。因此，对于 y 方向主轴刚性不好的机床来说，插铣钛合金的加工过程中采用比较大的切削速度和比较小的进给量与径向切深是一个比较好的选择。在固定进给量和径向切深的情况下，随着切削速度的逐渐提高，铣削力逐渐增大，但在切削速度为100m/min时，达到铣削力的最高点；随着速度进一步提高，y 方向铣削力则有明显的下降趋势。在固定切削速度和径向切深时，随着每齿进给量的提高，铣削力也随之提高，到每齿进给量为0.1mm左右时达到最大；随着每齿进给量的进一步提高，铣削力也同样出现减小的趋势。

（3）高速插铣钛合金的表面粗糙度

采用切削用量 $v=45\text{m/min}$，$f_z=0.04\text{mm/z}$，$a_e=8\text{mm}$ 进行切削实验，测得表面粗糙度 $Ra=0.25\mu\text{m}$。切削速度和每齿进给量对粗糙度的影响情况是：在较小进给量的情况下，粗糙度随切削速度的增加有先减小后增大的趋势；在较大进给量的情况下，粗糙度随速度增加一直增大；在较低速度范围内，表面粗糙度随进给量变化很大，几乎处于直线上升状态。造成这一影响的主要原因如下。

表面粗糙度由两个方面因素形成：一是刀具的几何参数和切削进给量；二是切削过程的不确定性。一般来说表面粗糙度是这两个方面因素综合作用的结果。

① 小进给量情况。在低速段，随切削速度的增加，y 方向切削力逐渐变小，铣削变得轻快，而此时切削产生的振动变化并不很大，主要是四齿铣刀切削引起的强迫振动，这时切削速度是影响粗糙度的主要因素。所以在低速阶段，随着切削速度的增加，表面粗糙度呈减小的趋势。但当切削速度增大到某一程度时，切削振动变成了影响表面粗糙度的主要因素。切削速度越大，振动越剧烈。当铣削切入切出的频率逐渐接近加工系统产生颤振的频率时，系统产生的剧烈振动不利于加工的进行。切削速度增加2倍左右，振动以几十倍的幅度增加。低速切削振动的主要频率为刀具切削时强迫振动的频率；而高速切削时，振动主要是加工系统的自激振动。

② 大进给量情况。每齿进给量增大，切削力也随之增大，切削过程相对于小进给量切割容易发生不稳定情况。伴随着切削速度的提高，振动也越来越大，加工表面质量也越来越差。

③ 在高速范围内，可以得知每齿进给量的大小是影响粗糙度大小的一个重要因素，但在低速范围内这个因素影响不明显。粗糙度在很小的切削速度范围内随着每齿进给量的增加，几乎没有起伏。

④ 在高速范围内，在由每齿进给量和切削速度引起振动的共同作用下，粗糙度明显增大。

（4）高速插铣钛合金的切削速度

随每齿进给量的增加，切削温度呈下降趋势。对于钛合金等加工材料，当温度升高时，材料的热硬性增加且热导率降低，温度不容易散发出去。当每齿进给量增加时，流入工件的热量增加量趋缓，大量热量被切屑带走，温度呈下降趋势。

当切削速度从30m/min增加到50m/min时，切削温度随切削速度增加而上升。当切削速度从50m/min增加到70m/min时，切削温度反而随速度上升而下降。当每齿进给量不变，增加切削速度到一定值后，热源运动加快，向工件传热时间减少，切削温度反而下降。

切削宽度增加，切削温度明显呈上升趋势。在其他条件不变的情况下，金属的单位时间去除率明显增加，切削过程中产生的热源流向工件，切削温度也就相应增加。

3.4.3 高速大进给切削技术

（1）大进给切削技术特点

大进给切削主要指大进给铣削，其正在成为在最短时间内去除尽可能多的工件材料的一种可选的工艺方法。大进给铣削主要是为提高金属去除率，以提高生产率和缩短加工时间而开发的一种粗加工工艺方法。大进给铣削的原理是采用较小的切削深度（通常不超过2mm），产生较薄的切屑。这些切屑能从切削刃上带走大量的切削热。大进给铣削的每齿进给量可高达常规铣削的5倍。这种铣削方式可减小产生的切削热，从而延长刀具寿命，并提供更高的金属去除率。大进给铣削没有在切削时采用更大的切深，而是把浅的切削深度和高的每齿进给量成对使用，不仅保护了刀具，还获得了更高的金属加工去除率，每分钟可以去除超过$1000cm^3/min$的工件材料。在实际应用中，有时将进给速度提高到常规值的10倍。

采用小切深的大进给加工可以生成一个接近最终要求的外形。采用大进给切削技术可以进行半精加工。数控编程还可以被简化为实现大进给铣削加工，其对加工系统有以下要求。

首先，要求机床具有高速CNC加工控制功能、很高的主轴精度和防止主轴膨胀的热稳定性。要求能实现路径平滑的处理，如转角圆整和采用螺旋切削路径，通过小吃刀量加工使刀具平缓地对工件进行分压切削，而刀具的螺旋进给运动可以减小切削冲击、能源消耗和切削力。

其次，大进给铣削的切削刀片至关重要。切削刀片的切削部位较厚，刃口圆弧半径较大，几何结构强度较高，这就要求采用很高的切削速度，以保证加工可靠性与安全性。对于大进给铣削而言，应首选三角形刀片而不是圆刀片。三角形刀片的主切削力位于切削刃的底部。

大进给铣削采用大进给铣刀，采用较小的进刀角度（主偏角＜45°），以减薄切屑厚度的方法来实现大进给铣削。一把主偏角为90°的铣刀，在整个径向刀/屑接触面上进给量为0.254mm/z时，对应的实际切屑厚度为0.254mm；而对一把主偏角为45°的铣刀，在整个径向的刀/屑接触面上进给量为0.254mm/z时对应的切屑厚度仅为0.0168mm。

大进给铣刀是以1～2.5mm的切削深度重复走刀来实现铣削加工时。它主要用于断面铣削及大批量加工，可为后续加工或最终精加工奠定良好基础，常能达到非常高的尺寸精度，加工后只需进行最终精加工即可。

（2）减薄切屑的大进给粗细加工技术

粗细加工的目标是以最短的时间从工件上切除尽可能多的金属材料。但通过采用减薄切屑厚度的方法，仍然可以实现生产率的最大化和满足加工要求的切削条件。

进行切削减薄时铣削所采用的径向切深a_e小于铣刀直径的25%是产生的一种效应。随着径向切深的减小，瞬时切屑厚度也将随之变小，从而导致实际每齿进给量f_z减小，会使刀具与工件表面发生刮擦而无法切入工件。因此，当径向切深减小时，需要增大每齿进给量f_z。采用减薄径向切屑厚度的大进给铣削方式可以缩短加工时间、延长刀具寿命。

刀具的主偏角是实现切屑减薄最重要的因素。当采用较平的刀具主偏角时，刀具以90°主偏角开始切入，随着切削的进行，主偏角逐渐减小，切屑厚度也随之减小，无论刀具主偏角为90°、60°、45°、30°或更小，切屑厚度将始终保持不变。在粗铣加工中，采用90°主偏角的铣刀对于提高加工生产率最为不利，但90°主偏角铣刀适合加工90°的台肩。

切屑厚度随切削深度的变浅而减薄。为了提高加工生产率需要通过提高进给量来补偿较小的切削深度。因此，无论是使用圆刀片还是较小的主偏角铣刀，均可利用减薄切屑厚度来实现高进给铣削。这是因为随着圆刀片对切削深度变浅，主偏角也随之变平。

对于以最大的去除率为目标的粗铣加工，通过减小刀具主偏角和采用较小的切削深度，可以实现切屑减薄效应，大幅度提高刀具进给率，从而显著提升粗铣加工效率。

(3) 高速大进给切削技术铣削钛合金

某型号飞机典型框体结构零件，材料为TC4钛合金，毛坯为自由锻造，结构相对复杂，具有封闭的槽腔、锐角加工窄槽、理论外形型面、交点孔及其鼓包型面、典型转角R等复杂结构，零件筋条、缘条及腹板的厚度均为2mm，是典型的难加工材料和复杂结构零件。

经多次反复实验，采用大进给刀具进行高速小余量的切削方式，可尽可能提高生产率。采用ϕ25mm的3齿刀具，每齿进给量为1mm/z，线速度为100m/min。正常切削转速为1274r/min。粗加工参数优化结果如下：铣刀直径ϕ25mm的3齿刀具，刀具转速1274r/min，进给速度3522mm/min，切削宽度12mm，切削深度0.7mm，线速度100m/min，每齿进给量为1mm/z，去除率为32.10cm^3/min。

在精加工中，采用ϕ29mm的4齿刀具，每齿进给量为0.15mm/z，线速度为125.6m/min，切削转速为2000r/min，进给速度为1200mm/min，切宽为1mm，切深为2.1mm，金属去除率为25.28cm^3/min。

3.4.4 薄壁结构高速切削技术

(1) 薄壁结构加工特点

整体薄壁结构零件由于刚性好，比强度高，相对重量较轻，已成为现代飞机广泛采用的主要承力构件，对结构材料最关键的要求就是轻质、高强度、耐高温、耐腐蚀。航空薄壁件的结构特点决定了其加工工艺特点。

① 薄壁结构零件的整体尺寸较大，结构比较复杂且壁厚，在加工过程中极易产生加工变形，零件的变形控制及矫正工作是加工工程中的重要内容。

② 薄壁零件的截面积较小，而外廓尺寸相对于截面尺寸较大。在加工过程中，随着零件刚性的降低，容易发生切削振动，严重影响零件的加工质量。

③ 薄壁件加工余量大，材料利用率低，如波音公司的中央翼梁腹板加工原材料质量为3084kg，一块75μm厚的铝合金板材在加工后质量只有174kg，成品重量仅为原材料的5.64%。

④ CAD(计算机辅助设计)/CAM(计算机辅助制造)/CNC技术是加工航空薄壁结构零件的主要技术。

⑤ 薄壁结构零件的切削加工以铣削为主，铣削加工量占全部加工量的60%以上。

⑥ 对薄壁结构零件要求较高的加工尺寸精度，零件的协调精度要求较高。如槽口、结合孔、缘条内套结合面及接头等部位，其未知精度要求高。这些部位必须达到对装配表面的要求，同时符合协调精度，以保证装配使用要求。

⑦ 薄壁结构零件选材多为高强度铝合金。铝合金材料便于控制加工变形，较易保证加工精度。薄壁结构零件加工工艺采用高速切削技术，应对薄壁件典型特征的侧壁、腹板、圆角等加工，从工件刀具切削参数不同等方面进行优化分析。

(2) 薄壁结构的加工工艺研究

① 薄壁零件侧壁加工的刀具偏摆数控补偿方案。刀具偏摆数控补偿，即在有限元分析基础上，根据模拟分析加工变形的大小，在数控编程时让刀具在原有走刀轨迹中按变形程度附加连续偏摆，补偿因变形而产生的让刀量。通过刀具偏摆数控补偿，切除让刀残余量，一

次走刀即可保证薄壁件壁厚精度，从而达到高效、经济、优质加工薄壁零件的目的。

通过加工变形模拟分析得到工件在加工过程中的变形分布状况和趋势。由于加工变形产生让刀误差，其结果必然产生一定的加工误差，如图 3.8(a) 所示。为了有效补偿这种因工件刚性不足而产生的加工变形，可以根据模拟计算的加工变形的大小，让刀具偏摆一定的角度，如图 3.8(b) 所示。对于不同的工件，可通过有限元模拟加工变形值的大小，实施刀具的连续数控偏摆补偿，则可以补偿因变形而产生的让刀误差。一次走刀即可保证薄壁件的加工精度，避免了多次空走刀和人工修整，从而达到高效、经济、优质加工薄壁零件的目的。

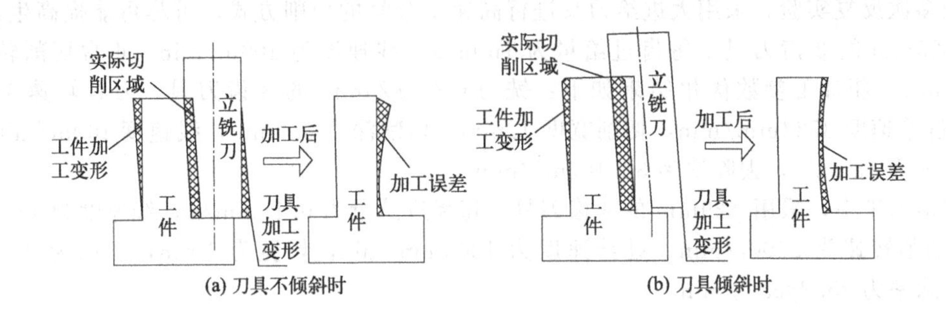

图 3.8　刀具偏摆数控加工示意图

② 充分利用零件整体刚性的刀具路径优化方案。应用高速切削技术加工薄壁零件的关键在于切削过程的稳定性。大量实验研究表明，随着零件壁厚的降低，零件的刚性降低，加工变形增大，随着零件刚性的降低，容易发生切削颤振。充分利用零件整体刚性的刀具路径优化方案的思路在于在切削过程中，尽可能地应用零件的未加工部分作为正在切削部分的支撑，使切削过程处在刚性较佳的状态。

图 3.9 为充分利用零件整体刚性的框体侧壁铣削加工示意。为了充分利用零件的整体刚性，对于侧壁的铣削加工，在切削用量允许范围内，宜采用大径向切深、小轴向切深分层铣削加工，充分利用零件整体刚性。为防止刀具对侧壁已加工部分的干涉，可以选用或设计特殊形状的立铣刀（刀具头部直径略大于刀杆直径），以降低刀具对工件的变形影响和干扰。而对于薄壁腹板加工，只是改变了轴向切深和径向切深的比例，即在加工过程中主要采用大的轴向切深、小的径向切深（图 3.10）。

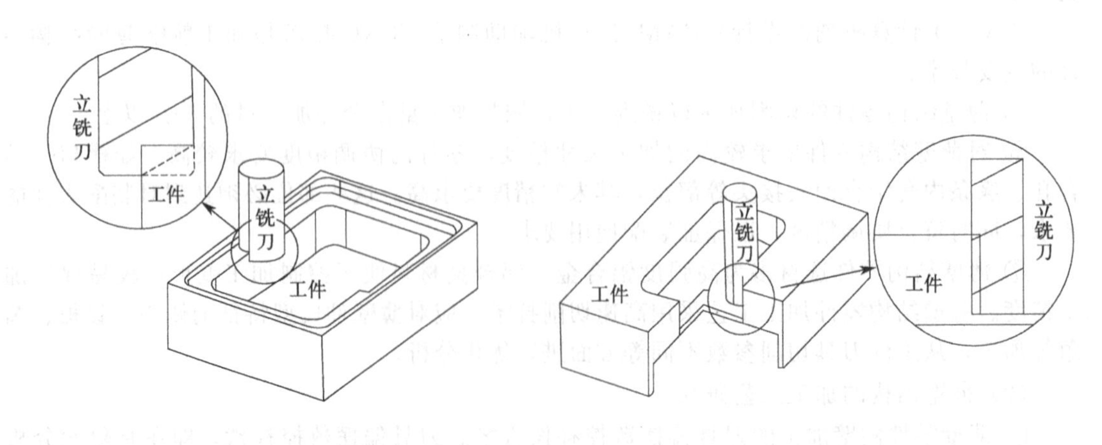

图 3.9　框体侧壁铣削加工示意

图 3.10　薄壁腹板加工示意

对于薄壁腹板加工，还可以采用分步环切加工法。如图 3.11 所示，将整个型腔分为 A、B、C 三部分进行加工。对 A 型腔，首先加工 A1 部分，然后半精加工 A2 部分，最后精加工 A3 部分。依此类推，再加工 B、C 部分。其优点在于加工型腔 A 最后一刀时，B、C 部分仍未加工，零件的整体刚性保持较好；同理，在加工 B 型腔时，仍有 C 型腔未加工。这样，在最后一刀精加工腹板时，薄壁腹板的刚性较常规工艺好，变形得到较好控制。此外，对于腹板的铣削加工，还需要注意以下几个方面：

a. 刀具轨迹避免重复，以免刀具碰伤暂时变形的切削面；

b. 粗加工分层铣削，让应力均匀释放；

c. 采用重复斜下刀方式以减小垂直分力对腹板的压力；

d. 可采用螺旋进刀方式，使得实际径向切深基本保持不变，故切削力波动较小，有利于实现切削过程的稳定性；

e. 优先采用由内向外的环切方式，遵循先切最薄弱环节的原则，可以充分利用薄壁结构零件的自身刚性，有利于控制加工变形；

f. 保证刀具处于良好的切削状态等。

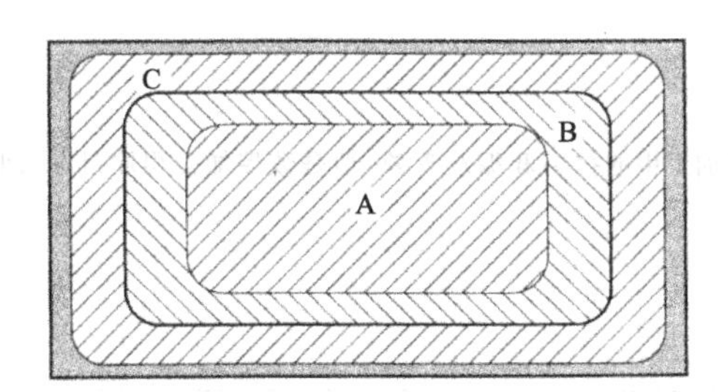

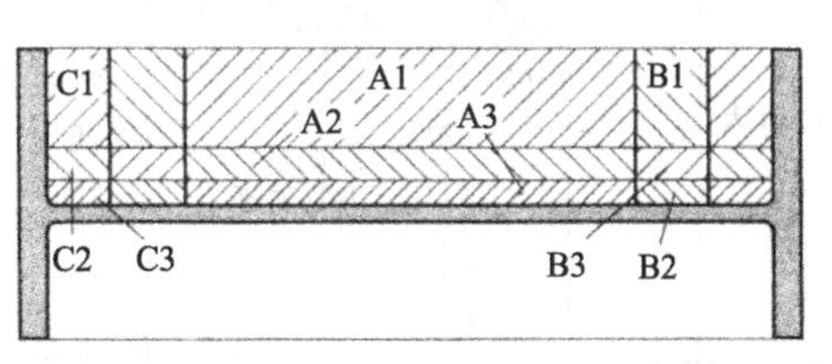

图 3.11 分步环切加工示意

③ 圆角的铣削加工。在薄壁零件的铣削加工中，圆角加工的质量控制一直是不易解决的难题，在高速铣削加工薄壁结构零件时，问题仍然十分严重。当刀具走至圆角处时，常常发生拉刀现象，并伴有明显的振纹，且对刀具的寿命有较大影响。一般通过手工打磨来消除切痕迹或振纹，不仅严重影响了工件的加工精度和加工效率，而且增加了生产成本。经研究发现，造成上述现象的主要因素就是刀具从直边切入圆角以后，在圆角处存在明显的切削力突变现象（图 3-12）。切削力的超值突变不仅造成了刀具和工件的加工变形增大，零件的尺寸误差加大，而且容易发生拉刀现象。伴随着拉刀现象的发生，还会在圆角处产生切削振动，留下明显的振纹，影响零件的加工质量，增加刀具磨损和降低刀具寿命。因此，有必要探索和研究针对圆角加工工艺的新方法，以解决航空薄壁结构零件的圆角加工问题。

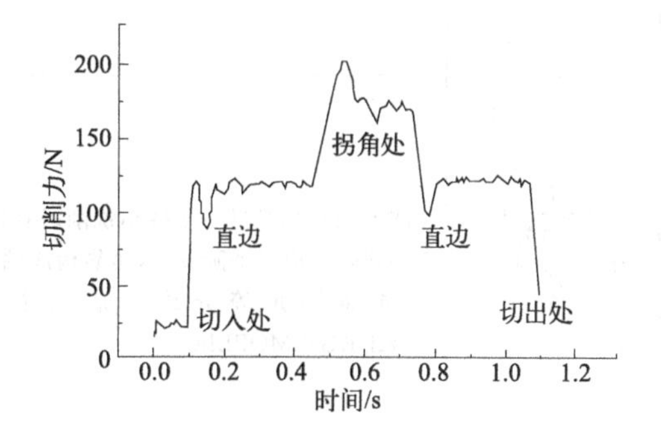

图 3.12 切削力变化曲线

根据现有的技术水平和生产条件，除了选用刚性较高的刀具以及提高工艺系统的刚性以外，从刀具加工路径方面进行优化，是目前提高圆角处加工质量的有效可行的方法。常见圆角加工优化策略如表 3.6 所示。这些圆角加工优化方法在一定程度上提高了圆角加工的质量和效率，但要求操作者有一定的理论知识，应用到工程实际中时有一定难度。

⊡ 表 3.6 常见圆角加工优化策略

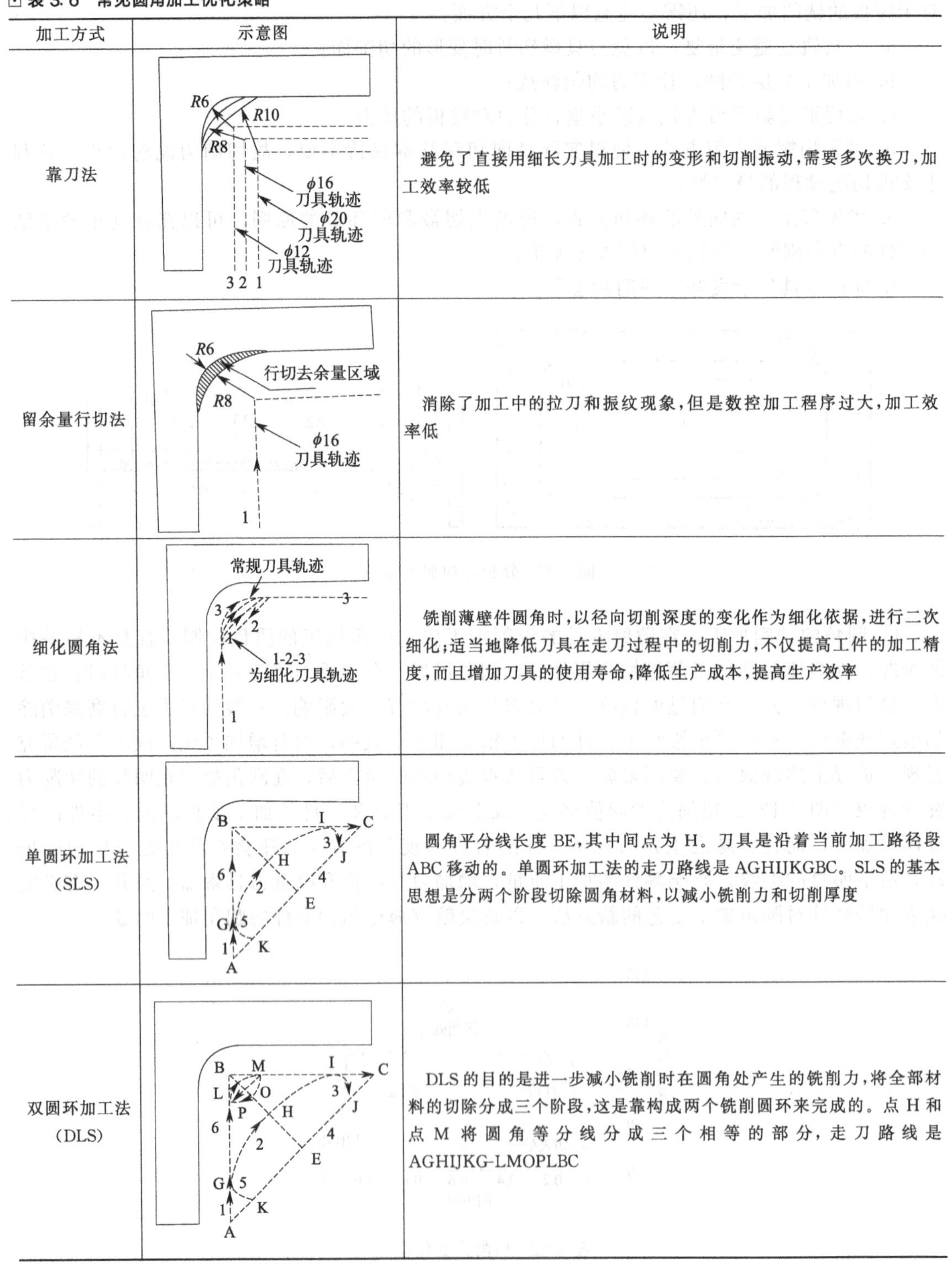

加工方式	示意图	说明
靠刀法	R6 R10 R8 ϕ16 刀具轨迹 ϕ20 刀具轨迹 ϕ12 刀具轨迹 3 2 1	避免了直接用细长刀具加工时的变形和切削振动，需要多次换刀，加工效率较低
留余量行切法	R6 行切去余量区域 R8 ϕ16 刀具轨迹 1	消除了加工中的拉刀和振纹现象，但是数控加工程序过大，加工效率低
细化圆角法	常规刀具轨迹 3 2 1 1-2-3 为细化刀具轨迹 1	铣削薄壁件圆角时，以径向切削深度的变化作为细化依据，进行二次细化；适当地降低刀具在走刀过程中的切削力，不仅提高工件的加工精度，而且增加刀具的使用寿命，降低生产成本，提高生产效率
单圆环加工法（SLS）	B I C 3 J H 6 4 2 E G 5 1 K A	圆角平分线长度 BE，其中间点为 H。刀具是沿着当前加工路径段 ABC 移动的。单圆环加工法的走刀路线是 AGHIJKGBC。SLS 的基本思想是分两个阶段切除圆角材料，以减小铣削力和切削厚度
双圆环加工法（DLS）	B M I C L O 3 J P H 6 4 2 E G 5 1 K A	DLS 的目的是进一步减小铣削时在圆角处产生的铣削力，将全部材料的切除分成三个阶段，这是靠构成两个铣削圆环来完成的。点 H 和点 M 将圆角等分线分成三个相等的部分，走刀路线是 AGHIJKG-LMOPLBC

圆角加工的另一种有效方法是用插铣加工的方式。插铣加工是一种加工刀具沿刀具轴向做进给运动的加工方式。因为这种加工方式的刀具主要受到轴向力的作用，所以不会在加工深圆角时，由于刀具过长而引起较大的弯曲，发生弹刀现象。这样就有可能使用更细长的刀具，而且保持高的材料切削速度。另外，可以通过前一次加工所用的刀具半径来计算圆角残余区域，并且插铣加工时走刀方式简单，从而可以保证加工时尽可能少走空刀，大幅度提高加工效率。

(3) 航空薄壁零件的铣削加工工艺参数优化选择

目前对于航空薄壁结构零件的加工，主要以数控铣削为主。数控工艺优化与改进的可行途径有很多方面，可对 NC（数控）程序、刀具、夹具、毛坯、零件及机床等诸多方面进行改进，但策略不同，工艺改进的代价也不同。应优先选择成本低的优化方法，即对 NC 程序进行优化，如果优化后的数控程序仍无法保证加工质量，再选择成本较高的优化或改进方法。而对于 NC 程序的优化又有很多种方法，如刀具路径的优选、进给量的优化、切削深度与切削速度的优化等。

① 切削参数的优化选择：

a. 切削速度的优化选择。对于金属切削加工来说，提高切削速度是提高加工效率的有效手段。但是，对于薄壁结构零件的加工，切削速度在一定程度上影响切削力的大小，从而影响加工变形的大小。因此，需要对切削速度进行优化选择。国外对于航空薄壁零件的加工，已经基本上采用了高速/超高速切削技术。应用高速切削技术加工航空薄壁零件具有以下若干优点。

- 单位时间内的材料切除量可增加 3～6 倍，进给速度提高 5～10 倍，较大地提高了生产率。因此，对于金属去除率较大的航空薄壁结构零件的加工特别有效。
- 切削力可以减小到 30%左右，尤其是径向切削力的大幅减小，使产品的尺寸形状精度较高，有利于提高薄壁件的加工精度。
- 绝大部分切削热被切屑带走，传入零件的切削热较少，降低了切削热对于薄壁零件加工变形的影响。

如图 3.13 所示为采用 ϕ25mm 镶片式硬质合金立铣刀（两齿，R0.8）高速铣削铝合金 2024T351 时的峰值切削力的测量结果。可以看出切削力随切削速度的变化趋势，在切削速度达到 628m/min（8000r/min）前，随着切削速度的增加，冲击力频率的增高，切削力逐渐增大。当切削速度超过 628m/min 以后，此时切削温度的影响占主导地位，切削温度的升高使摩擦系数降低，变形系数减小，比切削力减小，所以切削力有减小的趋势。但是，当切削速度超过 1117.55m/min 以后，随着切削速度的进一步提高，力的高频冲击影响占主导地位，总的切削力则又会呈上升趋势。结合工厂实际应用现状，在切削铝合金时，切削速度选择在 700～1200m/min 较合适。

b. 切削深度的优化选择。切削深度包括轴向切深 a_p 和径向切深 a_e。图 3.14 为 ϕ12mm 硬质合金立铣刀（两齿，R1.5，刀具螺旋角 30°）高速铣削铝合金 2024T351 时轴向切深 a_p 对峰值切削力的影响。图 3.14(a) 所示为大的径向切深（a_e=6mm）情况下的变 a_p 单因素实验测量结果，a_p(mm)=0.1、0.5、0.75、1、1.5、2、3、4、5。图 3.14(b) 所示为小的径向切深（a_e=0.24mm）情况下的变 a_p 单因素实验测量结果，a_p(mm)=2、3、5、7。主轴转速均为 n=18000r/min。

由图 3.14 可以看出，在 a_e 较大时，峰值切削力随着 a_p 的增大基本呈线性增大，这与理论分析一致。由于径向切深较大，相应的 L_{cw} 值（刀齿与工件接触线在 z 向的投影）也

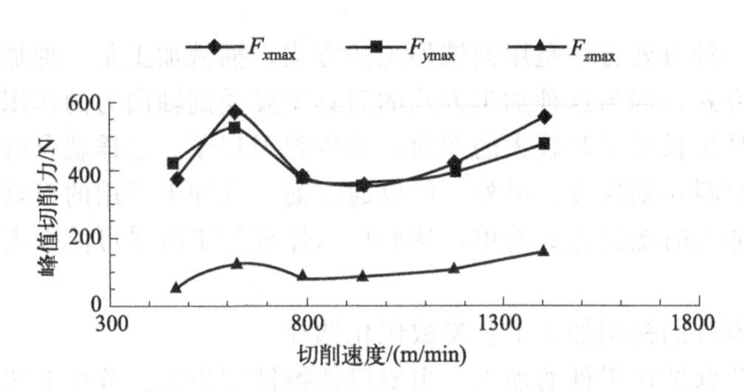

图 3.13 切削速度对峰值切削力的影响

(a_p=6mm，a_e=3mm，f_z=0.1m/z)

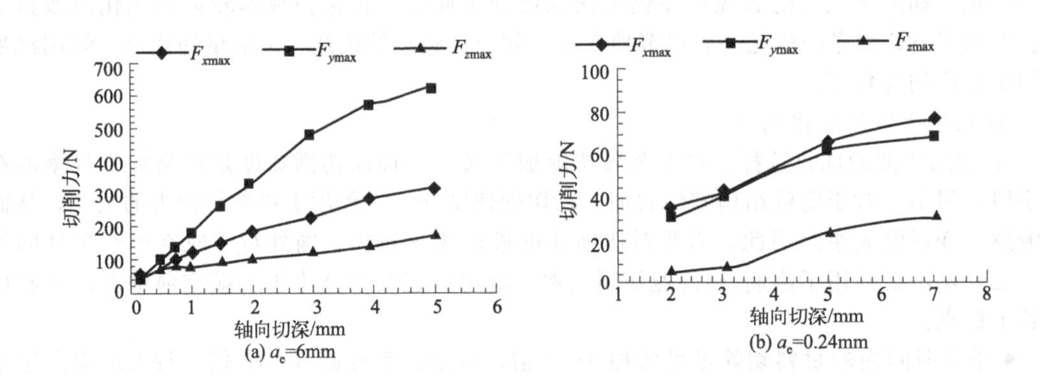

图 3.14 轴向切深 a_p 对峰值切削力的影响

较大。所以，随着 a_p 的增加，最大切削面积一直在增大，则峰值切削力一直都保持增大趋势。可见，当 a_e 取值较大时，随 a_p 的增加，峰值切削力也会不断增加。对于 a_e 较小的情况，从图 3.14(b) 中可以看出，当 a_p 较小时，峰值切削力随着 a_p 增大而增大。当 a_p 大于 5mm 后，峰值切削力有逐渐变缓的趋势。这是因为 a_e 较小，所以 L_{cw} 值也相应较小（经过计算为 5.1mm），故在 a_p>5.1mm 的一段区间，最大的切削面积保持不变，峰值切削力也相应地保持不变。可见，当 a_p 相对于 a_e 较大时，在铣削过程中有一段区间切削力会基本保持不变。

图 3.15 为 ϕ12mm 硬质合金立铣刀（两齿，R1.5，刀具螺旋角 30°）高速铣削铝合金 2024T351 时径向切深 a_e 对峰值切削力的影响。图 3.15(a) 所示为小的轴向切深（a_p=0.75mm）情况下的变 a_e 单因素实验测量结果。图 3.15(b) 所示为大的轴向切深（a_p=3mm）情况下的变 a_e 单因素实验测量结果。n=18000r/min，f_z=0.1mm/z，a_e(mm)=2、4、6、8、10。

由图 3.15 可见，当 a_e<6mm 时，F_{ymax}、F_{zmax} 随着 a_e 增大而增大；当 a_e>6mm 以后，F_{ymax}、F_{zmax} 随着 a_e 增大而减小。从理论分析可知，当 a_e>6mm 时，最大切削面积基本保持不变，所以最大切削力相应变化平缓。至于峰值切削力的减小，主要是当 a_e>6mm 时，刀齿切入时的瞬时切削厚度减小，从而切入时的冲击力减小。因此，适当地选择大的 a_e 是可取的，这对提高生产率也有所帮助。至于 F_{xmax} 分量，无明显变化规律；又由于其对工件的变形影响甚小，可不作考虑。

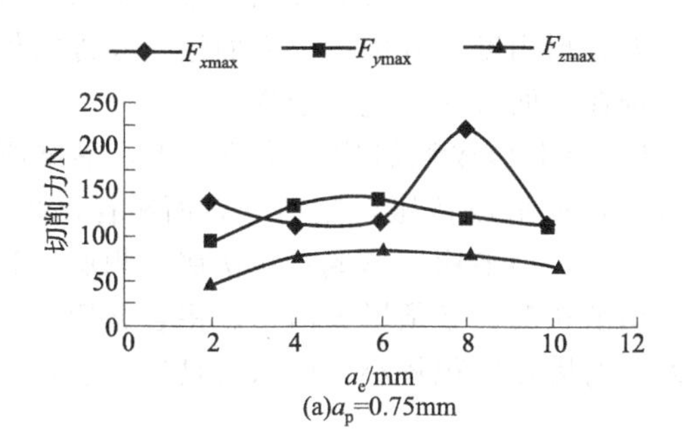

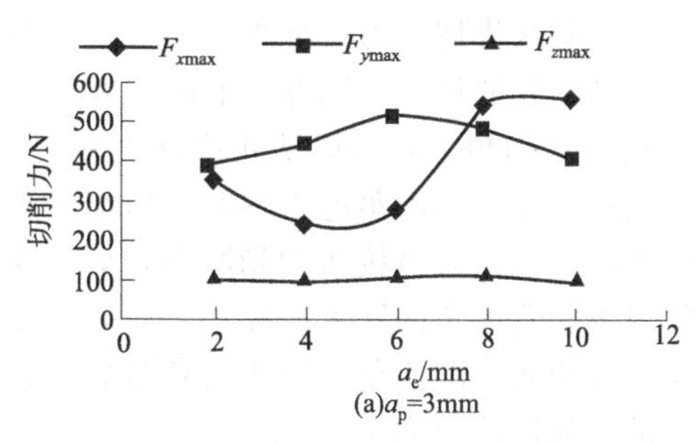

图 3.15 径向切深 a_e 对峰值切削力的影响

c. 进给量的优化选择。由切削力公式可知，进给量是影响切削力大小的重要因素之一。图 3.16 为 ϕ12mm 硬质合金立铣刀（两齿，R1.5，刀具螺旋角 30°）高速铣削铝合金 2024T351 时每齿进给量 f_z 对峰值切削力的影响。切削参数：$n=18000$r/min，$a_p=3$mm，$a_e=6$mm，f_z（mm/z）＝0.05、0.1、0.15、0.2，实验中采用顺铣、油雾润滑方式。

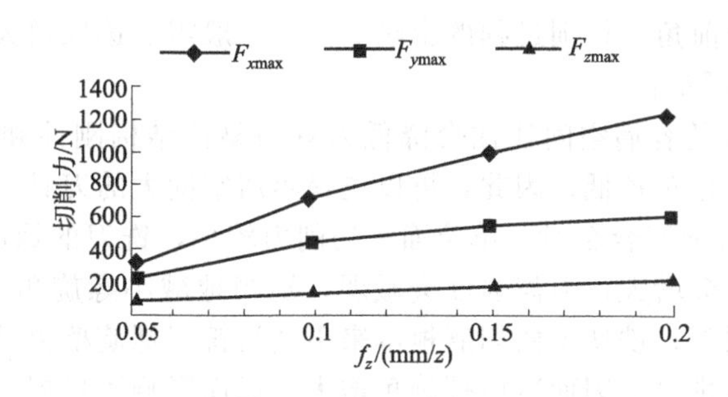

图 3.16 每齿进给量 f_z 对峰值切削力的影响

由图 3.16 可知，随着进给量的增大，切削力总体呈增大趋势，其中影响最明显的是 $F_{x\max}$ 的变化。但是，在进给方向工件刚性较高，加工变形可忽略不计。对于加工变形影响较大的 $F_{y\max}$ 和 $F_{z\max}$ 来说，$F_{y\max}$、$F_{z\max}$ 并不随进给量的增加而成比例增加。这是因为随着进给量的增大，切削厚度增大，所以切削面积增大，力会随之增大。但切削厚度增大的同时使变形系数减小，摩擦系数也降低，所以会产生如图 3.16 所示的测量结果。

② 走刀方式与刀具路径的优化选择。走刀方式与刀具路径的优化选择，是提高航空薄壁结构零件加工质量的又一重要途径。对于薄壁框体零件的加工来说，逆铣时切屑厚度是由薄到厚。由于刃口尺寸效应，在刀刃刚接触工件时，后刀面与工件之间的摩擦较大，易引起振动，圆角处会出现严重的斜向振纹。顺铣则刚好相反，虽然顺铣的切削力稍大于逆铣时的切削力，但是在切削圆角时，不会产生明显的振纹。不过顺铣时切屑厚度是由厚到薄，对工件和刀具的冲击力较大，在加工时应尽可能减小刀具的悬伸长度和增加工件的刚性。刀具路径的不同，如环切与行切、优化分层与一刀切、刀具轨迹的局部细化等，将会带来明显不同的加工质量。

③ 刀具的选择。对于普通铝合金材料的切削加工，对刀具的要求并不严格。但是，考虑到航空薄壁结构零件的结构特点和工艺特点，刀具的选择至关重要。在工厂里面的调研结果显示，国产刀具在刚性、寿命以及工件的加工质量等性能方面比进口刀具差；而进口刀具

种类却较繁杂。目前工厂对于进口刀具的性能掌握并不全面，在刀具方面的应用和归纳有些片面，往往只从排屑、刀具刚性、刀具动平衡、刀具耐用度等其中一个方面结合零件的加工质量来判别刀具的优劣。因此，有必要在刀具的选择方面进一步优化选择。

a. 前角。前角大，可以防止或延迟在刀具前刀面上形成积屑瘤，前角越大，黏结积屑瘤的可能性越小。当前角趋于零时，剪切变形大，切屑形成挤压，被加工表面粗糙度增大。随着前角的增大，刀屑接触面积减小，剪切变形小，切削平稳，形成带状切屑。积屑瘤和刀尖黏附现象随着前角的增大而减小。所以欲改善切削状况，必须增大前角。铝合金切削力较小，允许采用较大的前角。但当前角过大时，刀具的散热体积较小，所以刀具较易磨损。为此一般推荐使用前角为12°左右。

b. 后角。后角的主要作用是减小刀具在切削过程中后刀面与加工表面的摩擦。在进给运动中，后角过小或后刀面过宽，均会与被加工表面产生亲和、干涉现象，使大量铝屑黏附在刀具后刀面上。尤其在铣刀端齿上，刀具与被加工表面将产生较大的轴向压力，使加工表面粗糙度增大，切削温度升高，严重时会使较薄的铝合金零件产生塑性变形而报废。所以铣刀端面后角要大，避免工件材料回弹所产生的较大轴向力；第一后角刃带宽度要小，避免与切屑产生亲和作用。由于高速切削时的进给速度很高，刀具后刀面和已加工工件表面之间的第三变形区就成为不可忽视的一个发热源。为了减少刀具和工件之间的摩擦，后角一定要选得大一些。但是，由于前角对切削过程的影响更大，一般需要选取较大的前角。为此，综合考虑可以将后角选为10°左右。

c. 容屑空间。过大的容屑空间往往会降低刀具的整体结构刚性和强度，但是高速切削铝合金材料时的切削力相对较低。因此，可以选择容屑空间大的刀具，以使得排屑流畅。

d. 铣刀螺旋角。铣削铝合金时，单位面积切削力较小，铣刀的螺旋角可以采用较大值。而螺旋角大，轴向拉力会增大，刀齿强度会减弱。适当地减小螺旋角，则可提高刀齿强度。另外，在数控高速铣削下，铣切下的切屑根本来不及沿铣刀螺旋槽上升排出，切屑基本上是沿刀齿切削点的稍上方排出，因而造成螺旋角增大，反而影响了排屑。故适当减小螺旋角是有利的。所以，综合考虑应选取螺旋角在30°～40°之间。

e. 刃口圆弧半径。采用尖角刀具可以减小轴向力。但尖角容易磨损，在实际生产中使用较少，刃口圆弧半径一般不小于2mm。

3.4.5 高速铣削工艺参数选择

高速切削（铣削）参数与机床、刀具、走刀方式、冷却润滑以及工件材料与结构特征等密切相关，高速切削用量的选择需要具体问题具体分析。除了高速插铣、高速大进给铣削、薄壁结构高速铣削等特殊加工工艺以外，一般的选择原则是中等的每齿进给量 f_z，较小的轴向切深 a_p，适当大的径向切深 a_e，高的切削速度 v。表3.7列出了相关参数的符号、名称与单位。以整体硬质合金刀具高速铣削为例，表3.8～表3.30列出几种典型材料高速铣削的加工工艺参数供参考。

表3.7 高速铣削参数的符号、名称与单位

符号	名称	单位
D	刀具直径	mm
v	切削速度	m/min
z	刀具齿数	—
β	加工表面斜度	(°)

续表

符号	名称	单位
f_z	每齿进给量	mm/z
a_p	轴向切削深度(轴向切深)	mm
a_e	径向切削深度(径向切深)	mm
D_{eff}	刀具有效直径	mm
n	主轴转速	r/min
v_f	进给速度	mm/min
Q	材料去除率	mm^3/min(cm^3/min)

(1) 钢的高速铣削参数

① 低硬度淬硬钢材料粗加工。工件材料：淬硬工具钢、弹簧钢。材料硬度：48～52HRC。刀具材料：90%WC/TiC/TaC+10%Co或88%WC/TiC/TaC+12%Co。高速铣削相关参数见表3.8和表3.9。

表3.8 低硬度淬硬钢粗加工高速铣削参数（一）

D	v	f_z	a_p	a_e	D_{eff}	n	v_f	Q
mm	m/min	mm/z	mm	mm	mm	r/min	mm/min	mm^3/min
2	113	0.07	0.05	0.10	0.6	60000	8400	42
3	151	0.08	0.05	0.20	0.8	60000	9600	96
4	210	0.08	0.10	0.25	1.2	55710	8915	223
5	210	0.10	0.10	0.30	1.4	47750	9550	287
6	210	0.11	0.10	0.35	1.5	44560	9805	343
8	210	0.13	0.15	0.45	2.2	30390	7900	533
10	210	0.17	0.15	0.60	2.4	27850	9470	852
12	210	0.20	0.20	0.70	3.1	21560	8625	1208
16	210	0.25	0.25	0.95	4.0	16710	8355	1984
20	210	0.28	0.30	1.15	4.9	13640	7640	2636

表3.9 低硬度淬硬钢粗加工高速铣削参数（二）

D	z	v	f_z	a_p	a_e	n	v_f	Q
mm	—	m/min	mm/z	mm	mm	r/min	mm/min	mm^3/min
6	4	150	0.10	0.60	0.80	7960	3185	1529
8	4	150	0.10	0.60	0.90	5970	2390	1721
10	4	150	0.10	1.00	1.00	4770	1910	1910
12	4	150	0.12	1.20	1.10	3980	1910	2521
16	4	150	0.14	1.50	1.20	2980	1670	3006

② 高硬度淬硬钢材料粗加工。工件材料：淬硬工具钢、弹簧钢。材料硬度52～56HRC。高硬度材料高速铣削相关参数见表3.10和表3.11。

表3.10 高硬度淬硬钢粗加工高速铣削参数（一）

D	v	f_z	a_p	a_e	D_{eff}	n	v_f	Q
mm	m/min	mm/z	mm	mm	mm	r/min	mm/min	mm^3/min
2	113	0.07	0.05	0.10	0.6	60000	8400	42
3	151	0.08	0.05	0.20	0.8	60000	9600	96
4	180	0.08	0.10	0.25	1.2	47750	7640	191
5	180	0.10	0.10	0.30	1.4	40930	8185	246

续表

D	v	f_z	a_p	a_e	D_{eff}	n	v_f	Q
mm	m/min	mm/z	mm	mm	mm	r/min	mm/min	mm^3/min
6	180	0.11	0.10	0.35	1.5	38200	8405	294
8	180	0.13	0.15	0.45	2.2	26040	6770	457
10	180	0.17	0.15	0.60	2.4	23870	8115	730
12	180	0.20	0.20	0.70	3.1	18480	7390	1035
16	180	0.25	0.25	0.95	4.0	14320	7160	1701
20	180	0.28	0.30	1.15	4.9	11690	6545	2258

⊡ 表 3.11　高硬度淬硬钢粗加工高速铣削参数（二）

D	z	v	f_z	a_p	a_e	n	v_f	Q
mm	—	m/min	mm/z	mm	mm	r/min	mm/min	mm^3/min
6	4	120	0.10	0.60	0.80	6370	2550	1224
8	4	120	0.10	0.80	0.90	4770	1910	1375
10	4	120	0.10	1.00	1.00	3820	1530	1530
12	4	120	0.12	1.20	1.10	3180	1525	2013
16	4	120	0.14	1.50	1.20	2390	1340	2412

③ 低硬度淬硬钢材料精加工。工件材料：淬硬工具钢、弹簧钢。材料硬度：48～52HRC。刀具材料：90%WC/TiC/TaC+10%Co 或 88%WC/TiC/TaC+12%Co。高速铣削相关参数见表 3.12～表 3.15。

⊡ 表 3.12　低硬度淬硬钢精加工高速铣削参数（一）

D	β	v	f_z	a_p	a_e	D_{eff}	n	v_f
mm	(°)	m/min	mm/z	mm	mm	mm	r/min	mm/min
2	0	132	0.04	0.06	0.04	0.7	60000	4800
3	0	188	0.05	0.08	0.05	1.0	60000	6000
4	0	226	0.05	0.10	0.05	1.2	60000	6000
5	0	283	0.05	0.12	0.05	1.5	60000	6000
6	0	339	0.06	0.14	0.06	1.8	60000	7200
8	0	380	0.07	0.16	0.07	2.2	54000	7560
10	0	380	0.08	0.18	0.08	2.7	45490	7278
12	0	380	0.09	0.20	0.09	3.1	39370	7087
16	0	380	0.10	0.25	0.10	4.0	30480	6096
20	0	380	0.10	0.30	0.10	4.9	24880	4976

⊡ 表 3.13　低硬度淬硬钢精加工高速铣削参数（二）

D	β	v	f_z	a_p	a_e	D_{eff}	n	v_f
mm	(°)	m/min	mm/z	mm	mm	mm	r/min	mm/min
2	60	377	0.04	0.06	0.04	2.0	60000	4800
3	60	380	0.05	0.08	0.05	2.9	41100	4110
4	60	380	0.05	0.10	0.05	3.9	30890	3089
5	60	380	0.05	0.12	0.05	4.9	24750	2475
6	60	380	0.06	0.14	0.06	5.9	20640	2477
8	60	380	0.07	0.16	0.07	7.8	15570	2180
10	60	380	0.08	0.18	0.08	9.7	12500	2000
12	60	380	0.09	0.20	0.09	11.6	10440	1879
16	60	380	0.10	0.25	0.10	15.4	7850	1570
20	60	380	0.10	0.30	0.10	19.2	6290	1258

⊡ 表 3.14　低硬度淬硬钢精加工高速铣削参数（三）

D	z	β	v	f_z	a_p	a_e	n	v_f
mm	—	(°)	m/min	mm/z	mm	mm	r/min	mm/min
3	4	0	170	0.08	0.10	0.65	18040	5775
4	4	0	170	0.09	0.10	0.70	13530	4870
5	4	0	170	0.10	0.15	0.75	10820	4330
6	6	0	170	0.11	0.15	0.80	9020	5955
8	6	0	170	0.11	0.20	0.90	6760	4460
10	6	0	170	0.12	0.20	1.00	5410	3895
12	6	0	170	0.13	0.20	1.05	4510	3520

⊡ 表 3.15　低硬度淬硬钢精加工高速铣削参数（四）

D	z	β	v	f_z	a_p	a_e	n	v_f
mm	—	(°)	m/min	mm/z	mm	mm	r/min	mm/min
3	4	≠0	380	0.08	0.10	0.10	40320	12900
4	4	≠0	380	0.09	0.10	0.10	30240	10885
5	4	≠0	380	0.10	0.15	0.15	24190	9675
6	6	≠0	380	0.11	0.15	0.15	20160	13305
8	6	≠0	380	0.11	0.20	0.20	15120	9980
10	6	≠0	380	0.12	0.20	0.20	12100	8710
12	6	≠0	380	0.13	0.20	0.20	10080	7860

④ 高硬度淬硬钢材料精加工。工件材料：淬硬工具钢、弹簧钢。材料硬度：52～56HRC。刀具材料：90%WC/TiC/TaC+10%Co 或 88%WC/TiC/TaC+12%Co。高速铣削相关参数见表 3.16～表 3.19。

⊡ 表 3.16　高硬度淬硬钢精加工高速铣削参数（一）

D	β	v	f_z	a_p	a_e	D_{eff}	n	v_f
mm	(°)	m/min	mm/z	mm	mm	mm	r/min	mm/min
2	0	132	0.04	0.06	0.04	0.7	60000	4800
3	0	188	0.05	0.08	0.05	1.0	60000	6000
4	0	226	0.05	0.10	0.05	1.2	60000	6000
5	0	283	0.05	0.12	0.05	1.5	60000	6000
6	0	300	0.06	0.14	0.06	1.8	52720	6326
8	0	300	0.07	0.16	0.07	2.2	42630	5968
10	0	300	0.08	0.18	0.08	2.7	35910	5746
12	0	300	0.09	0.20	0.09	3.1	31080	5594
16	0	300	0.10	0.25	0.10	4.0	24060	4812
20	0	300	0.10	0.30	0.10	4.9	19640	3928

⊡ 表 3.17　高硬度淬硬钢精加工高速铣削参数（二）

D	β	v	f_z	a_p	a_e	D_{eff}	n	v_f
mm	(°)	m/min	mm/z	mm	mm	mm	r/min	mm/min
2	60	300	0.04	0.06	0.04	2.0	48490	3879
3	60	300	0.05	0.08	0.05	2.9	32450	3245
4	60	300	0.05	0.10	0.05	3.9	24390	2439
5	60	300	0.05	0.12	0.05	4.9	19540	1954
6	60	300	0.06	0.14	0.06	5.9	16300	1956
8	60	300	0.07	0.16	0.07	7.8	12290	1721

续表

D	β	v	f_z	a_p	a_e	D_{eff}	n	v_f
mm	(°)	m/min	mm/z	mm	mm	mm	r/min	mm/min
10	60	300	0.08	0.18	0.08	9.7	9870	1579
12	60	300	0.09	0.20	0.09	11.6	8250	1485
16	60	300	0.10	0.25	0.10	15.4	6200	1240
20	60	300	0.10	0.30	0.10	19.2	4970	994

⊡ **表 3.18　高硬度淬硬钢精加工高速铣削参数（三）**

D	β	v	f_z	a_p	a_e	D_{eff}	n	v_f
mm	(°)	m/min	mm/z	mm	mm	mm	r/min	mm/min
3	4	0	150	0.08	0.10	0.65	15920	5095
4	4	0	150	0.09	0.10	0.70	11940	4300
5	4	0	150	0.10	0.15	0.75	9550	3820
6	6	0	150	0.11	0.15	0.80	7960	5255
8	6	0	150	0.11	0.20	0.90	5970	3940
10	6	0	150	0.12	0.20	1.00	4770	3435
12	6	0	150	0.13	0.20	1.05	3980	3105

⊡ **表 3.19　高硬度淬硬钢精加工高速铣削参数（四）**

D	β	v	f_z	a_p	a_e	D_{eff}	n	v_f
mm	(°)	m/min	mm/z	mm	mm	mm	r/min	mm/min
3	4	≠0	300	0.08	0.10	0.10	31830	10185
4	4	≠0	300	0.09	0.10	0.10	23870	8595
5	4	≠0	300	0.10	0.15	0.15	19100	7640
6	6	≠0	300	0.11	0.15	0.15	15920	10505
8	6	≠0	300	0.11	0.20	0.20	11940	7880
10	6	≠0	300	0.12	0.20	0.20	9550	6875
12	6	≠0	300	0.13	0.20	0.20	7960	6210

（2）铸铁的高速铣削参数

工件材料：铸铁。材料硬度：>180HB。高速铣削相关参数见表 3.20 和表 3.21。

⊡ **表 3.20　铸铁高速铣削参数（一）**

D	v	f_z	a_p	a_e	D_{eff}	n	v_f	Q
mm	m/min	mm/z	mm	mm	mm	r/min	mm/min	mm^3/min
1	75	0.06	0.05	0.05	0.4	60000	7200	18
2	170	0.07	0.10	0.15	0.9	60000	8400	126
3	207	0.10	0.10	0.20	1.1	60000	12000	240
4	226	0.11	0.10	0.25	1.2	60000	13200	330
5	310	0.12	0.15	0.35	1.7	58050	13930	731
6	310	0.14	0.15	0.40	1.9	51940	14545	873
8	310	0.18	0.25	0.50	2.8	35240	12685	1586
10	310	0.20	0.20	0.65	2.8	35240	14095	1832
12	310	0.24	0.25	0.80	3.4	29020	13930	2786
16	310	0.30	0.30	1.05	4.3	22950	13770	4338

□ 表 3.21 铸铁高速铣削参数（二）

D	z	v	f_z	a_p	a_e	n	v_f	Q
mm	—	m/min	mm/z	mm	mm	r/min	mm/min	mm^3/min
6	4	250	0.13	0.40	2.00	13260	6895	5516
8	4	250	0.17	0.55	2.65	9950	6765	9860
10	4	250	0.15	0.65	3.35	7960	4775	10398
12	4	250	0.19	0.80	4.00	6630	5040	16128
16	4	250	0.23	1.00	5.35	4970	4570	24450

（3）轻合金的高速铣削参数

① 粗加工锻造铝合金、铝合金（6%Si）、镁合金高速铣削参数见表 3.22。

□ 表 3.22 粗加工锻造铝合金、铝合金（6%Si）、镁合金高速铣削参数

D	z	v	f_z	a_p	a_e	n	v_f	Q
mm	—	m/min	mm/z	mm	mm	r/min	mm/min	mm^3/min
3	2	450	0.10	0.75	1.50	60000	12000	14
4	2	600	0.12	1.00	2.00	60000	14400	29
5	2	750	0.15	1.25	2.50	60000	18000	56
6	2	900	0.18	1.50	3.00	60000	21600	97
8	2	1200	0.20	2.00	4.00	47750	19100	153
10	2	1200	0.22	2.50	5.00	38200	16810	210
12	2	1200	0.25	3.00	6.00	31830	15915	286
16	2	1200	0.28	4.00	8.00	23870	13365	428
20	2	1200	0.30	5.00	10.0	19100	11460	573

② 精加工锻造铝合金、铝合金（6%Si）、镁合金高速铣削参数见表 3.23～表 3.26。

□ 表 3.23 精加工锻造铝合金、铝合金（6%Si）、镁合金高速铣削参数（一）

D	β	v	f_z	a_p	a_e	D_{eff}	n	v_f
mm	(°)	m/min	mm/z	mm	mm	mm	r/min	mm/min
2	0	132	0.04	0.06	0.30	0.7	60000	4800
3	0	188	0.05	0.08	0.40	1.0	60000	6000
4	0	226	0.05	0.10	0.50	1.2	60000	6000
5	0	283	0.05	0.12	0.60	1.5	60000	6000
6	0	339	0.06	0.14	0.80	1.8	60000	7200
8	0	415	0.07	0.16	1.00	2.2	60000	8400
10	0	509	0.08	0.18	1.20	2.7	60000	9600
12	0	584	0.09	0.20	1.60	3.1	60000	10800
16	0	754	0.10	0.25	1.80	4.0	60000	12000
20	0	924	0.10	0.30	2.00	4.9	60000	12000

□ 表 3.24 精加工锻造铝合金、铝合金（6%Si）、镁合金高速铣削参数（二）

D	β	v	f_z	a_p	a_e	D_{eff}	n	v_f
mm	(°)	m/min	mm/z	mm	mm	mm	r/min	mm/min
2	60	377	0.04	0.06	0.04	2.0	60000	4800
3	60	547	0.05	0.08	0.05	2.9	60000	6000
4	60	735	0.05	0.10	0.05	3.9	60000	6000
5	60	924	0.05	0.12	0.05	4.9	60000	6000
6	60	1112	0.06	0.14	0.06	5.9	60000	7200
8	60	1470	0.07	0.16	0.07	7.8	60000	8400

续表

D	β	v	f_z	a_p	a_e	D_{eff}	n	v_f
mm	(°)	m/min	mm/z	mm	mm	mm	r/min	mm/min
10	60	1500	0.08	0.18	0.08	9.7	49340	7894
12	60	1500	0.09	0.20	0.09	11.6	41230	7421
16	60	1500	0.10	0.25	0.10	15.4	30990	6198
20	60	1500	0.10	0.30	0.10	19.2	24830	4966

⊡ **表 3.25 精加工锻造铝合金、铝合金（6%Si）、镁合金高速铣削参数（三）**

D	z	β	v	f_z	a_p	a_e	n	v_f
mm	—	(°)	m/min	mm/z	mm	mm	r/min	mm/min
3	2	0	565	0.05	0.30	2.00	60000	6300
4	2	0	754	0.06	0.40	3.00	60000	7200
5	2	0	942	0.08	0.50	4.00	60000	9000
6	2	0	1131	0.09	0.60	4.00	60000	10800
8	2	0	1200	0.10	0.80	6.00	47750	9310
10	2	0	1200	0.11	1.00	7.00	38200	8595
12	2	0	1200	0.13	1.20	9.00	31830	8115
16	2	0	1200	0.14	1.60	12.00	23870	6805
20	2	0	1200	0.15	2.00	16.00	19100	5730

⊡ **表 3.26 精加工锻造铝合金、铝合金（6%Si）、镁合金高速铣削参数（四）**

D	z	β	v	f_z	a_p	a_e	n	v_f
mm	—	(°)	m/min	mm/z	mm	mm	r/min	mm/min
3	2	≠0	565	0.05	0.10	0.10	60000	6300
4	2	≠0	754	0.06	0.10	0.10	60000	7200
5	2	≠0	942	0.08	0.15	0.15	60000	9000
6	2	≠0	1131	0.09	0.15	0.15	60000	10800
8	2	≠0	1500	0.10	0.20	0.20	59680	11640
10	2	≠0	1500	0.11	0.20	0.20	47750	10745
12	2	≠0	1500	0.13	0.20	0.20	39790	10145
16	2	≠0	1500	0.14	0.25	0.25	29840	8505
20	2	≠0	1500	0.15	0.25	0.25	23870	7160

（4）不锈钢、钛合金的高速铣削参数

不锈钢、钛合金的高速铣削参数见表 3.27～表 3.30。

⊡ **表 3.27 不锈钢、钛合金的高速铣削参数（一）**

D	β	v	f_z	a_p	a_e	D_{eff}	n	v_f
mm	(°)	m/min	mm/z	mm	mm	mm	r/min	mm/min
2	0	132	0.04	0.06	0.04	0.7	60000	4800
3	0	188	0.05	0.08	0.05	1.0	60000	6000
4	0	226	0.05	0.10	0.05	1.2	60000	6000
5	0	240	0.05	0.12	0.05	1.5	49200	4992
6	0	240	0.06	0.14	0.06	1.8	42170	5060
8	0	240	0.07	0.16	0.07	2.2	34110	4775
10	0	240	0.08	0.18	0.08	2.7	28730	4597
12	0	240	0.09	0.20	0.09	3.1	24860	4475
16	0	240	0.10	0.25	0.10	4.0	19250	3850
20	0	240	0.10	0.30	0.10	4.9	15710	3142

⊡ 表 3.28　不锈钢、钛合金的高速铣削参数（二）

D	β	v	f_z	a_p	a_e	D_{eff}	n	v_f
mm	(°)	m/min	mm/z	mm	mm	mm	r/min	mm/min
2	60	240	0.04	0.06	0.04	2.0	38790	3103
3	60	240	0.05	0.08	0.05	2.9	25960	2596
4	60	240	0.05	0.10	0.05	3.9	19510	1951
5	60	240	0.05	0.12	0.05	4.9	15630	1363
6	60	240	0.06	0.14	0.06	5.9	13040	1565
8	60	240	0.07	0.16	0.07	7.8	9830	1376
10	60	240	0.08	0.18	0.08	9.7	7890	1262
12	60	240	0.09	0.20	0.09	11.6	6600	1188
16	60	240	0.10	0.25	0.10	15.4	4960	992
20	60	240	0.10	0.30	0.10	19.2	3970	794

⊡ 表 3.29　不锈钢、钛合金的高速铣削参数（三）

D	z	β	v	f_z	a_p	a_e	n	v_f
mm	—	(°)	m/min	mm/z	mm	mm	r/min	mm/min
3	4	0	120	0.08	0.10	0.65	12730	4075
4	4	0	120	0.09	0.10	0.70	9550	3440
5	4	0	120	0.10	0.15	0.75	7640	3055
6	6	0	120	0.11	0.15	0.80	6370	4205
8	6	0	120	0.11	0.20	0.90	4770	3150
10	6	0	120	0.12	0.20	1.00	3820	2750
12	6	0	120	0.13	0.20	1.05	3180	2480

⊡ 表 3.30　不锈钢、钛合金的高速铣削参数（四）

D	z	β	v	f_z	a_p	a_e	n	v_f
mm	—	(°)	m/min	mm/z	mm	mm	r/min	mm/min
3	4	≠0	240	0.08	0.10	0.10	25470	8150
4	4	≠0	240	0.09	0.10	0.10	19100	6875
5	4	≠0	240	0.10	0.15	0.15	15280	6110
6	6	≠0	240	0.11	0.15	0.15	12730	8400
8	6	≠0	240	0.11	0.20	0.20	9550	6305
10	6	≠0	240	0.12	0.20	0.20	7640	5500
12	6	≠0	240	0.13	0.20	0.20	6370	4970

难加工材料高效磨削加工技术

难加工材料（如高温合金、钛合金、喷涂耐磨材料、工程陶瓷等）的加工常采用磨削加工技术，以满足加工精度和表面质量的要求。但是在磨削这些材料时，砂轮易堵塞，磨粒容易钝化，加工表面易产生硬化、烧伤、裂纹和残余拉应力，工件易变形，磨削效率低下，给加工带来了困难。

随着磨削基础理论和应用研究的深入发展，新的磨削加工技术和先进磨削工具与装备不断涌现，缓进给磨削、高速磨削、高效深切磨削、砂带磨削等高效磨削加工技术相继出现并获得应用，有效地提高了难加工材料的磨削加工效率及加工表面质量。本章将对应用较为广泛的高效磨削加工技术进行介绍。

4.1 概述

4.1.1 高效磨削加工的概念及分类

为了提高磨削加工的生产率，必须缩短实际磨削循环时间（磨具排出切屑的时间、无火花磨削时间、空磨时间）和非磨削循环时间（装卸、修整等虽不排出切屑但仍消耗必要的时间）。二者各环节的改善均可有效提高磨削加工的效率。因此，高效磨削加工技术本身是一项涉及工具技术、修整技术、装备技术、数控技术、工艺技术等磨削过程各环节的复杂技术。

根据磨屑去除机理，材料去除率（磨削效率）可以表示成磨屑平均断面积、磨屑平均长度和单位时间内参与磨削的磨粒数三者的乘积。因此，提高磨削效率可有以下 3 种有效途径：采用高速和超高速及宽砂轮磨削来增加单位时间作用的磨粒数；采用增加磨削深度以增大磨屑平均长度；采用重负荷等强力磨削方式以增大磨屑平均断面积。

单独或综合采用这些方法可使单位材料去除率较普通磨削有较大提高，有效缩短实际磨削循环时间。该类工艺技术均为高效磨削加工技术。同时，超硬磨料工具、在线修整技术、数控磨削和工件快速装卸装置等工具及技术的采用，有效缩短了非磨削循环时间，也可有效提高磨削加工效率。但一般意义上的高效磨削加工技术往往是只针对缩短实际磨削循环时间所采用的相关技术。目前常见的难加工材料高效磨削加工技术主要有缓进给磨削、高速磨削、高效深切磨削和砂带磨削等。

4.1.2 缓进给磨削

缓进给磨削是通过增大磨削深度降低工件速度的技术，以达到提高生产效率和加工质量的目的。

缓进给磨削也称为强力磨削、重负荷磨削、蠕动磨削、铣磨等，通常简称为缓磨。缓进给磨削可将铸锻件毛坯不经过切削加工，直接磨出所要求的表面形状和尺寸，特别适用于加工各种成型表面和沟槽，能有效地解决一些难加工耐热合金材料成型表面的加工。缓进给磨削的主要特点如下。

① 进给速度低，约是普通磨削的 1/1000～1/100。一次切深大，约是普通磨削的 100～1000 倍，如平磨时极限切深可达 20～30mm。

② 切深大。砂轮和工件的接触弧长增加，单位时间内砂轮表面上同时参加磨削的磨粒数增加，磨削效率提高，一般可比普通磨削高出 3～5 倍。同时，其磨削过程平稳，单颗磨粒的磨削厚度小，表面粗糙度低，型面精度高，是一种高效精密加工技术。

③ 接触弧长增加虽使总磨削力增大，但单颗磨粒承受的磨削力却很小，所以砂轮磨损少，型面保持性好，耐用度提高，特别适合难加工材料的型面、沟槽类零件的加工。其可由铸锻件毛坯一次磨出要求的型面，譬如航空发动机上镍基高温合金、钛合金叶片的榫槽等，能高效地实施难加工材料成型表面加工。

④ 由于工件速度极低，磨削液较易进入接触弧区及时带走磨削热，散热效果好，工件表面温度较低。

⑤ 缓进给磨削常有突发性的烧伤，一直无法有效地控制，阻碍和限制了其推广应用。英国 C. Andrew 通过研究阐明了缓进给磨削烧伤的发生机制，提供了缓进给磨削时砂轮的连续修整方案作为控制烧伤的策略，为缓进给磨削工艺最终能在生产中大面积推广与应用奠定了基础。

4.1.3 高速磨削和超高速磨削

常规的磨削速度为 30～40m/s，磨削速度为 80～120m/s 通常称为高速磨削。随着高速磨削的发展，人们把速度为常规磨削速度 5 倍（150m/s）以上的高速磨削称为超高速磨削。

高速、超高速磨削的机理特点如下：在其他磨削用量不变的条件下，随着砂轮转速加快，即磨削速度提高，单颗磨粒磨削的磨屑厚度将变薄，磨粒切入工件的干涉切入角将变小。与此同时，单位时间内参与磨削的磨粒数将增加，而每一磨粒磨下的磨屑的长度则没有多少变化。这表明，在高速、超高速磨削条件下，如果其他参数保持不变，则会使磨下的磨屑明显变细变薄，其断面面积仅为正常磨屑的几十分之一，这时每颗磨粒所受的磨削力也大幅度变小。若通过调整用量参数使磨屑厚度保持不变，则会因作用磨粒数增加而大幅度提高磨削效率。由于磨削速度很快，磨屑形成时间很短，在这一极短时间内完成的磨屑的高应变率形成过程，将有一些不同于普通磨削的表现：如会使工件表面塑性变形层变浅，磨削沟痕两侧因塑性流动而使形成的隆起高度变小，使磨屑形成中的耕犁和滑擦距离变小，以及使工件表面层硬化及残余应力减小；而且，超高速磨削时磨粒在磨削区上的移动速度快了几倍，工件速度大幅度增加。此外，应变率响应的温度滞后会使工件表面磨削温度有所降低，能够超过容易发生热损伤的区域，因而极大地扩展了磨削工艺参数的应用范围。高速、超高速磨削的优点为：磨削力小；可以大幅度提高磨削效率；砂轮磨损少，使用寿命长；能获得更低粗糙度的磨削表面；减少磨削表面的热损伤，具有好的表面完整性。

高速、超高速磨削的工艺构想起源于德国的著名学者萨洛蒙（Salomon），他在1931年就曾经预言，材料的切磨削加工在高速、超高速领域有可能会变得更加容易和轻松。在20世纪60年代初期，由美国军方资助的、以接近1000m/s的模拟高速进行的一项有关高速、超高速切磨削机理的基础实验研究终于验证了Salomon的预言，关于高速磨削的实用化研究迅即加快了步伐。随着诸如高速电主轴、陶瓷滚子轴承、磁悬浮轴承、快进给系统（包括直线电机驱动的快进给系统）以及可承受高速、超高速的超硬磨料砂轮及其在线动平衡等配套技术的开发成功和不断完善，生产用高速磨床、磨头的速度便逐步提高。20世纪60年代中后期还只在60m/s上下，20世纪80年代就已达到80～120m/s，20世纪90年代又进一步提高到了150～180m/s。实验室用磨床速度增长更快，已达到500m/s，相当于步枪子弹的出口速度。有文献报道，目前正在研制1000m/s的实验用超高速磨床。高速磨削近期在国外的发展势头如此强劲，客观上说明它在生产中的推广与应用确已收到了显著的技术经济效果，而且预计进一步的开发和投入还有望取得更大的回报。

关于高速、超高速磨削机理的后续研究已经揭示，事实上其突出的工艺优势主要是来源于高速下磨削力、磨削比能以及材料临界成屑厚度的下降特性。这三者的下降特性意味着高速下材料可磨削加工性的根本改善，也可以理解为高速下砂轮动态锋利度的显著提高。其结果正如Salomon所预言的，材料的磨削加工在高速、超高速条件下确实可以变得更加容易和轻松。

4.1.4 高效深切磨削

以砂轮超高速（>150m/s）、高进给速度（0.5～10m/min）和大切深（0.1～30mm）为主要特征的高效深切磨削技术是现代磨削理论指导生产实践的最佳例证，是近几年才迅速崛起的一项高新技术。高效深切磨削可以理解为是一种砂轮速度大幅度提高以后的缓进给磨削技术，综合了高速磨削与缓磨两项技术的优势。

正是由于将高速磨削与缓进给磨削技术优势进行了有效结合，使工件速度和砂轮速度同步提高，因而高效深切磨削可以获得极高的材料去除率，由此构成高效深切磨削技术。作为一项被普遍看好的主流技术，其发展一直代表着高效磨削加工技术发展的最高水平。

1979年，德国P. G. Werner博士提出了新的深切磨削热机理学说，预言了高效深磨区存在的合理性，从而否定了所谓砂轮速度提高会导致磨削烧伤的错误观点。在高效深切磨削领域，切深对工件表面温度的作用越来越小，而砂轮速度及工件速度的影响则起着至关重要的作用。在高材料去除率下，随着砂轮（线）速度的提高，磨削力在砂轮线速度100m/s前后的某一区间内出现陡降，使之降低50%，而且随着效率的提高，这种趋势愈加明显。在给定的高效深切磨削条件下，在砂轮达到超高速状态后，工件表面温度出现回落。

提高工件速度是高效深切磨削的另一关键。在高进给速度下，由于磨削热源快速离开已加工表面，使得多数热量进入切屑和冷却液，引起工件表面温度下降。

1982年，德国制造出当时世界上更具威力的60kW强力磨床，转速为10000r/min，砂轮直径为400mm，砂轮速度为100～180m/s。从此，高效深切磨削技术开始实用化。

表4.1列出的是与普通磨削对照的几种主要高效磨削加工技术的用量选择范围和它们各

自可以达到的材料去除率水平。

⊡ 表 4.1　高效磨削用量及效率的对比

各技术参数	普通磨削	缓进给磨削	高速磨削	高效深切磨削
磨削深度/mm	小 0.001～0.05	大 0.1～30	小 0.003～0.05	大 0.1～30
工件速度 v_w/(m/min)	高 1～30	低 0.05～0.5	高 1.0～10	高 0.5～10
砂轮(线)速度 v_s/(m/s)	低 20～60	低 20～60	高 80～200	高 80～200
材料比去除率 Z_w/[mm^3/(mm·s)]	低 0.1～10	低 0.1～10	中 <60	高 50～2000

4.1.5 砂带磨削

砂带磨削可被看成是高效磨削加工技术发展中的一个相对独立的特例，它同时也是至今唯一的借磨料的相对有序合理排布大幅度提高磨具的静态锋利度，实现高效磨削的成功范例。至今仍属专利的静电植砂技术，由于可使有一定长径比的磨料一律锋刃向外以合理的间距直立排布在砂带的工作面上，从而赋予了砂带超常的静态锋利度。以此种静电植砂砂带磨削钢材，磨削比能可被降低到接近切削比能的水平，材料比去除率则高达 700mm^3/(mm·s)。由于磨削比能低，热效应低，因此砂带磨削常可在不加冷却液的条件下实现高效作业。砂带磨削与一般砂轮磨削等其他技术相比具有以下特点。

① 磨削效率高。砂带磨削的磨削效率高主要体现在其材料去除率、磨削比和机床功率利用率都很高等方面。对钢材比去除率已能达 700mm^3/(mm·s)，达到或超过了常规车、铣技术，是一般砂轮磨削的 4 倍以上。砂带磨削比高达 300∶1，而砂轮磨削比仅达 30∶1，机床功率利用率高达 96%。

② 加工工件质量好。通常，砂带磨削加工精度比砂轮磨削略低。但由于砂带自身质量和砂带磨床制造水平的提高，砂带磨削已跨入了精密和超精密加工行列，最高精度已达 0.1μm。在加工表面质量方面，由于砂带磨削具有磨削、研磨和抛光等多重作用，再加上磨削系统振动小，磨削速度稳定，使得加工表面粗糙度值小，残余应力状态好，表面无微裂纹或金相组织的改变。砂带磨削能很容易地使工件表面粗糙度 Ra 达到 0.1μm，Ra 最优可达 0.01μm，即镜面效果。残余应力多呈压应力状态，加工表面发热少，即使干磨也不易烧伤工件，有“冷态磨削”之美誉。

③ 工艺灵活性大，适应性强。砂带磨削可以方便地用于平面、外圆、内圆和异形曲面等加工。除了有各种通用、专用设备外，砂带磨头能方便地装于车床、刨床和铣床等常规现成设备上，不但能使这些机床功能大为扩展，而且能进行一些难加工零件如超长、超大型轴类和平面零件的精密加工。砂带本身是一种弹性磨具，加上接触轮弹性使加工时接触良好。砂带品种繁多，规格各异，选择余地相当大。

④ 综合加工成本低，安全性高。

4.1.6 高效磨削加工协同发展的关键技术

高效磨削加工技术需要多种技术的支撑，不仅包括磨削本身的技术，也集成了多种其他相关技术，是多种技术协同发展的成果。其涉及的关键技术介绍如下。

(1) 磨削机理及磨削工艺的研究

通过对磨削机理和磨削工艺的研究，揭示各种磨削过程、磨削现象的本质，找出其变化规律，例如：磨削力、磨削功率、磨削热及磨削温度的分布、磨屑的形成过程、磨削烧伤、磨削表面完整性等的影响因素和条件；不同工件材料（特别是难加工材料和特殊功能材料）和磨削条件的最佳磨削参数；磨具的磨损、新型磨具材料的磨削性能等。只有通过磨削机理和磨削工艺的研究，才能确定最佳的磨削范围，获取最佳的磨削参数。

对普通磨削而言，在磨削机理和磨削工艺方面已开展了广泛而深入的研究。但在高速高效磨削机理和磨削工艺方面，针对不同的工程材料所开展的研究，还很不全面，尚未形成完整的理论体系，还需进行广泛研究，找出其内在规律。需要进一步研究的重点如下：

① 磨削过程、磨削现象（如磨削力、磨削温度、磨削烧伤及裂纹等）的研究；

② 磨削工艺参数优化的研究；

③ 不同材料（常用材料）磨削机理的研究；

④ 磨削过程的计算机模拟与仿真的研究。

(2) 高速、高精度主轴单元制造技术

主轴单元包括主轴动力源、主轴、轴承和机架几个部分，它影响着加工系统的精度、稳定性及应用范围，其动力学性能及稳定性对高速高效磨削、精密超精密磨削起着关键作用。

提高砂轮速度主要是提高砂轮主轴的转速，特别是在砂轮直径受到限制的场合（如内圆磨削）。因而，适应于高精度、高速及超高速磨床的主轴单元是磨床的关键部件。对于高速、高精度主轴单元系统，应该是刚性好、回转精度高、运转时温升小、稳定性好、可靠、功耗低、寿命长的部件；同时，成本也应适中。要满足这些要求，主轴的制造及动平衡、主轴的支撑（轴承）、主轴系统的润滑和冷却、系统的刚性等是很重要的。

国外主轴单元技术发展得很快。有些公司专门提供各种功能的主轴单元部件，这种主轴单元部件可以方便地配置到加工中心、超高速切削机床上。近年来高速和超高速磨床越来越多地用电主轴作为其主轴单元部件，如美国福特公司和 Ingersoll 公司推出的加工中心，主轴单元就用的是电主轴，其功率为 65kW，最高转速达 15000r/min，电机的响应时间很短。美国 LANDIS 公司的超高速曲轴、凸轮轴磨床的砂轮主轴，也都是电主轴。

目前，国内主轴单元的转速大约在 10000r/min 以下，且其精度、刚性及稳定性有待考验和提高；同时，尚缺乏高速、高精度、大功率的主轴单元（电主轴）。需要进一步研究的重点如下：

① 大功率、高转速和高精度驱动系统的研究与开发；

② 高刚性、高精度、高转速、重负荷的轴承或支承件的研究与开发；

③ 高速、高刚性、高精度的砂轮主轴和工件头架主轴的制造技术。

(3) 精密、高速进给单元制造技术

进给单元包括伺服驱动部件、滚动单元、位置监测单元等。进给单元是使砂轮保持正常工作的必要条件，也是评价高速、高效及超高速磨床性能的重要指标之一。因此，要求进给单元运转灵活，分辨率高，定位精度高，没有爬行，有较大的移动范围（既要适合空行程时的快进给，又要适应加工时的小进给或者微进给）；既要有较大的加速度，又要有足够大的推力，刚性高，动态响应快。

数控机床普遍采用旋转电机（交直流伺服电机）与滚珠丝杠组合的轴向进给方案。但随着高速、高精度加工的发展，国内外都普遍采用了直线伺服电机驱动技术。高动态性能的直线电机结合数字控制技术，可达到较高的调整质量，也可满足前述要求。如德国西门子公司就曾展示过直线电机 120m/min 高速进给；而该公司的直线电机最大进给速度可达 200m/min，其最大推力可达 6600N，最大位移距离为 504mm。又如日本三井精机公司生产的高速工具磨床，采用直线电机后主轴每分钟上下移动（行程 25mm）次数可达 400 次，是原来的 2 倍，加工效率可提高 3～4 倍。我国国产数控进给系统（特别是高速、高精度进给系统）与国外相比还有很大差距，其快速进给的速度一般为 24m/min。可见，为了适应精密、高速及超高速磨床的发展，在以下几个方面应重点研究：

① 高速精密交流伺服系统及电机的研究；

② 直线伺服电机的设计与应用研究；

③ 高速精密滚珠丝杠及大导程滚珠丝杠的研究；

④ 高精度导轨、新型导轨摩擦副的研究；

⑤ 能适应超精密磨削的高灵敏度、超微进给机构和超低摩擦系数的导轨副的研究。

(4) 砂轮制造及其新技术

随着工程材料的发展及应用，CBN 砂轮和人造金刚石砂轮的应用越来越广泛，而砂轮的许用线速度也要求较高，一般在 80m/s 以上。单层电镀 CBN 砂轮的线速度可达 250m/s，发展超高速磨削需要 150m/s 以上的砂轮，但国内 80～120m/s 的 CBN 砂轮仍在研制之中。

此外，砂轮截面形状的优化、黏结剂的结合强度及其适用性、砂轮基体的材料、砂轮的制造技术（特别是对微细磨料磨具的制造技术）等都是非常重要的，仍需对以下一些关键技术进行攻关：

① 砂轮基体材料及制造技术的开发、设计及优化；

② 砂轮新型黏结剂（特别是适用于制造微细磨料磨具的黏结剂）的研究；

③ 新型磨料的制备工艺，如可使磨料容易产生新的切削刃的工艺；

④ 新型砂轮的制造工艺，既要使砂轮具有足够的容屑空间，也要有更好的突出性；

⑤ 适合超精密磨削的超微粉砂轮的制备技术。

(5) 机床支承技术及辅助单元技术

机床支承技术主要是指机床的支承构件的设计及制造技术。辅助单元技术包括快速工件装夹技术，高效冷却润滑液过滤系统、机床安全装置、切屑处理及工件清洁技术，主轴及砂轮的动平衡技术等。

磨床支承构件是砂轮架、头架、尾架、工作台等部件的支撑基础件，要求它有良好的静刚度、动刚度及热刚度。对于一些精密、超高速磨床，国内外有采用聚合物混凝土（人造花岗岩）来制造床身和立柱的，也有采用铸铁整体铸造立柱和底座的，还有采用钢板焊接件并将阻尼材料填充其内腔以提高抗振动性能的，这些都收到了很好的效果。

目前，应在以下几个方面（特别是下一代磨床的设计）加强研究：

① 新型材料及结构支承构件的优化设计及制造技术的研究；

② 砂轮动平衡技术的研究；

③ 磨削液过滤系统的研究；

④ 安全防护装置的设计制造技术的研究；

⑤ 精密自动跟刀架及支承件的研究。

(6) 砂轮在线修整技术

在磨削过程中，砂轮磨钝和磨损时，需要及时进行修整，特别是对超细磨料砂轮而言，更需频繁修整。普通砂轮修整比较容易；人造金刚石砂轮和 CBN 砂轮的修整（特别是在线修整）是个难题。

超硬磨料砂轮的修圆及磨料开刃是两个很重要的问题。目前，国内一些学者正在研究激光修整砂轮和电解修整砂轮，以期实现高效实用的修整。重要的关键问题如下：

① 新的、高效实用的砂轮修整技术及装置；

② 砂轮在线修整技术。

4.2 缓进给磨削加工技术

在 20 世纪 50 年代末，联邦德国 ELB 磨床公司首创了缓进给磨削加工技术，这是一种高效加工技术，对成型表面的加工有显著成效。图 4.1 所示为普通磨削与缓进给磨削。

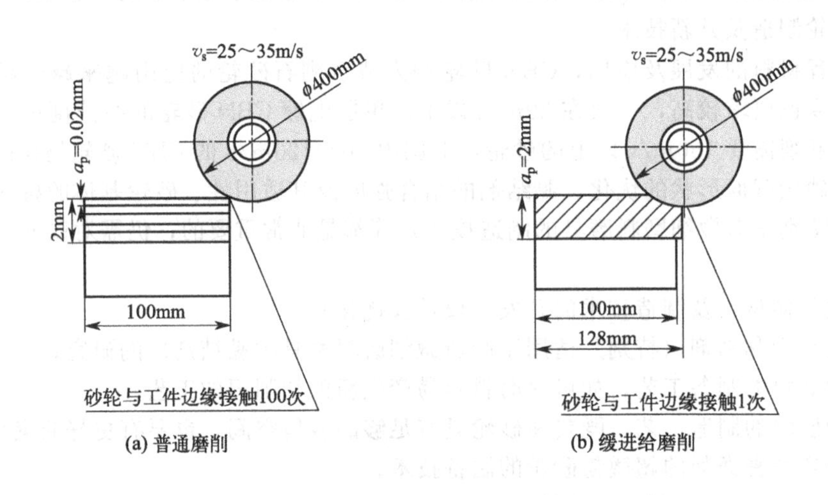

图 4.1 普通磨削和缓进给磨削

缓进给磨削时，每次的磨削深度较大，比普通磨削大 100～1000 倍，而工作台的进给速度十分缓慢，大约只有普通磨削的$\frac{1}{1000}$～$\frac{1}{100}$。因为具有上述特点，所以缓进给磨削也被称为强力磨削或蠕动磨削。目前，除采用平面缓进给磨削外，也采用外圆深切缓进给磨削，其单位宽度金属比去除率可高达 10～15mm^3/(mm·s)。在金属比去除率相同的条件下，缓进给磨削与普通磨削相比，增大了总磨削力，但降低了单颗磨粒的平均磨削力；砂轮与工件接触区的温度升高，但工件表面温度较低。

4.2.1 缓进给磨削机理

由于缓进给磨削的基本特点是大切深、缓进给，因而磨屑形状、力效应、热效应及加工表面完整性等方面均与普通磨削不同。

(1) 砂轮与工件的接触长度与接触时间

缓进给磨削时，砂轮磨刃相对于工件的运动轨迹呈摆线，这与普通磨削是相同的，但是磨刃轨迹相互位置却由于速度比 $i(i=v_s/v_w)$ 的不同而有较大差异。在缓进给磨削中，磨削深度可在 0.1～30mm 范围内变化，纵向进给量在 0.05～0.5m/min 范围内变化；而在普通磨削中，磨削深度为 0.005～0.05mm，纵向进给量为 1～30m/min。缓进给磨削的速度比，可在 60～300000 范围内变化。

缓进给磨削速度比大，单颗磨粒磨下磨屑薄而长，砂轮与工件接触弧长 l_c 大。普通磨削接触弧长仅为几毫米，缓进给磨削砂轮与工件接触弧长 l_c 则达几厘米。接触弧长 l_c 大时，消耗较多的磨削能，缓进给磨削所需要的能量约是普通磨削的 8 倍。

当缓进给磨削选用与普通磨削相同的砂轮直径与砂轮速度时，缓进给磨削砂轮转一周中每颗磨粒与工件接触长度长，延续的时间较长。单颗磨粒接触工件的延续时间与磨削深度 a_p 是函数关系，如图 4.2 所示。从图 4.2 中可知，缓进给磨削与普通磨削有相同的金属去除率时，在砂轮转一周中，二者砂轮上单颗磨粒所磨除的金属体积应是相同的。如缓进给磨削深度 $a_p=1.28$mm 时，单颗磨粒磨除一定金属体积所需时间 $t_c=2000$s。普通磨削深度 $a_p=0.02$mm 时，磨除相同体积的金属所需的时间要短得多。缓进给磨削单颗磨粒接触工件的延续时间约为普通磨削所需时间的 7 倍，即普通磨削单颗磨粒所磨除的金属量是缓进给磨削单颗磨料的磨除量的 7 倍。所以，普通磨削中作用在单颗磨粒上的磨削力增大，磨耗磨损随之增大。

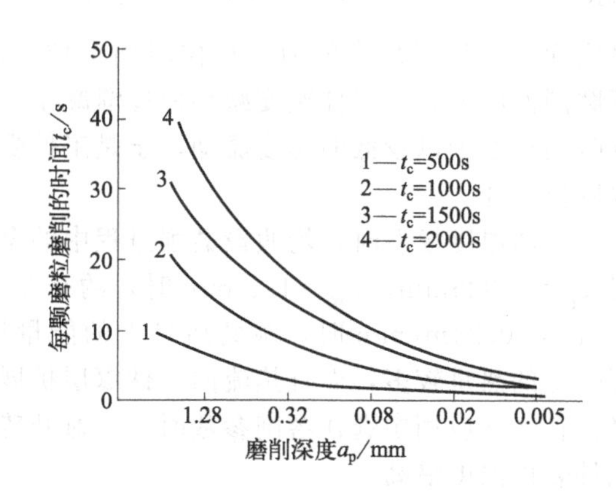

图 4.2 磨削单颗磨粒接触工件的延续时间与 a_p 的关系

(2) 磨削力

G. Werner 的研究所建立的缓进给磨削力数学模型为

$$F'_n=K'_n\left(\frac{Z'_w}{v_s}\right)^{2e-1}(a_pd_e)^{1-e} \tag{4.1}$$

式中，K'_n为与工件、砂轮规格和磨粒微刃分布特性、冷却润滑条件等有关的系数；Z'_w 为单位宽度金属去除率；v_s 为砂轮速度；d_e 为砂轮当量直径；e 为指数，与砂轮工件材料有关。

实验研究表明，指数 e 仅在一定范围内变化，即 $0.5\leqslant e\leqslant 1.0$。因此，当增大砂轮速度 v_s 时，磨削力减小；当增大磨削深度及砂轮当量直径 d_e 时，磨削力增大。由于磨削力随磨削深度增大而增大，随工件速度减小而减小，所以无论是易磨材料（$e\to1.0$）还是难磨材料（$e\to0.5$），缓进给磨削的磨削力总是增大的。一般而言，缓进给磨削的法向磨削力约为普通磨削的 2～4 倍。因此，缓进给磨削所需机床功率较大。

(3) 磨削温度

在小切深、高进给速度的普通磨削中，随磨削深度的增大及进给速度的减小，磨削温度明显升高。在大切深、低进给速度的缓进给磨削中，随磨削深度的增大及进给速度的减小，磨削温度明显下降。

在普通磨削中，工件速度很高（$v_w=1\sim30$m/min），接触区长度很小（$l_s<1.5$mm），砂轮与工件接触区内所产生的热量通过工件表面任意点的时间在 0.02s 以内，因而对工件表

面的热冲击是瞬时的。在此情况下，低于工件表面一定深度下的最高温度与工件表面单位面积内所含热量成正比，于是可建立以下磨削温度模型：

$$T_{\max}(\gg a_{p})=\frac{K_{1}}{e}\left[\frac{v_{s}}{Z_{w}}\right]^{2-2e}[a_{p}]^{2-e}[d_{e}]^{1-e} \tag{4.2}$$

式中，K_1 为系数。

该温度模型是在磨削过程中全部能量均传入工件的假设下建立的，但这并不符合实际情况，实际上一部分能量以热量的形式被磨屑带走。根据式(4.2)，随磨削深度 a_p 增大，工件速度 v_w 减小，热量 q 增加，工件表面温度上升。

在缓进给磨削中，工件速度很小（$v_w<0.5$m/min），接触区长度很大（$l_s>20$mm），进入工件的热量就不再是脉冲形式，而是持续时间为 2s 以上的稳定热流量。在此情况下，低于工件表面一定深度下的最大温度模型为

$$T_{\max}(\ll a_{p})=\frac{K_{2}}{e}[v_{s}]^{2-2e}[Z_{w}]^{2e-1}[a_{p}d_{e}]^{1-e} \tag{4.3}$$

因而，对于缓进给磨削而言，尽管总磨削力及单位时间单位工件表面积的能量逐渐增大，但工件表面温度却随磨削深度增大、工件速度减小而逐渐减小。形成这一现象的原因是较多的热量在较长的持续时间过程中以较低的速度流动，于是工件受热体积由表面向深层扩展，使工件表面的最高温度值下降。

建立式(4.2) 及式(4.3) 两温度模型时，均假设磨削过程中的全部能量传入工件，这显然是不可能的。例如，当 $a_p=0.025$mm，$v_w=1$m/min 时，约有 25%的能量转为热量被磨屑带走。而当 $a_p=1$mm，$v_w=0.24$m/min 时，被磨屑带走的能量将占到 75%。因此，缓进给磨削时，由于被磨屑带走的热量较多，而且热流向工件深层扩展，因而使工件表面的实际温度以较大的斜率下降。在实际应用中选择磨削参数时，应避开普通磨削与缓进给磨削的过渡区，因为此区间的工件表面温度最高。

(4) 砂轮磨损

砂轮磨损是由机械应力与热应力造成的。在缓进给磨削中，由于磨粒受的磨削力小，砂轮型面的径向磨损比普通磨损要小得多，砂轮边棱磨损也较小，有利于保证工件成型面的精度。

(5) 表面完整性

① 表面粗糙度。磨削时，磨粒磨损会使砂轮地貌发生变化。在普通外圆切入磨削中，砂轮地貌的变化是磨削时间的函数。实验结果表明，这种变化将影响零件表面粗糙度。对于普通外圆切入磨削，速度比 i 较小，砂轮与工件接触区长度 l_s 较小，砂轮磨损较剧烈，砂轮地貌变化显著，零件表面粗糙度变化大。对于缓进给磨削，速度比 i 较大，砂轮与工件接触区长度 l_s 较大，单颗磨粒所承受的磨削力较小，随切削时间 t_c 延长，砂轮磨损不明显，砂轮地貌变化小，因而零件表面粗糙度的变化较缓慢。

② 磨削表面烧伤。虽然缓进给磨削的磨削温度并不高，但在磨削用量过大、磨削液浇注压力及流量不足、冲洗压力太低、砂轮选择不当时，也会在接触区发生不同程度的烧伤。G. R. Shafto 认为发生烧伤时，法向磨削力增大，切向磨削力减小，如图 4.3 所示。这种现象的产生是由于磨削液由核状沸腾向薄膜沸腾跃迁所致，磨削液在较高温度下呈核状沸腾时，气泡增加，热量自表面散发，磨削液放热系数急剧增大。在薄膜沸腾时，表面完全被一层薄的蒸气膜所覆盖，此时热传递至磨削液只能经过薄膜按传导、对流、辐射方式进行，导热能力急剧下降。在磨削过程中，比磨削能增大时，热流增大。增大的热流将传递给磨削液及工件。最初，热流传入磨削液的部分远比导入工件的多。当比磨削能显著增大时，在接触弧中某一点的温度将突然急剧上升，使砂轮与工件接触面上的磨削液从核状沸腾变为薄膜沸腾，该点的热流不再

被磨削液带走，使该点温度达到烧伤温度。另外，当温度快速上升时，形成的热膨胀会显著增大砂轮切入工件的有效磨削深度，使磨削力增大；相反，在工件快速冷却时，又会减小砂轮切入工件的有效磨削深度，使磨削力减小。一旦超过烧伤温度，热膨胀就会对磨削力有显著影响。在磨削过程中，即使比磨削能及传入工件的热流不变，在减少磨削液的状况下，也可能出现烧伤，此时磨削温度骤然升高，法向磨削力增大。磨削过程中的磨削热也会使工件材料软化而促使比磨削能降低。当出现这种情况时，就使切向磨削力减小。

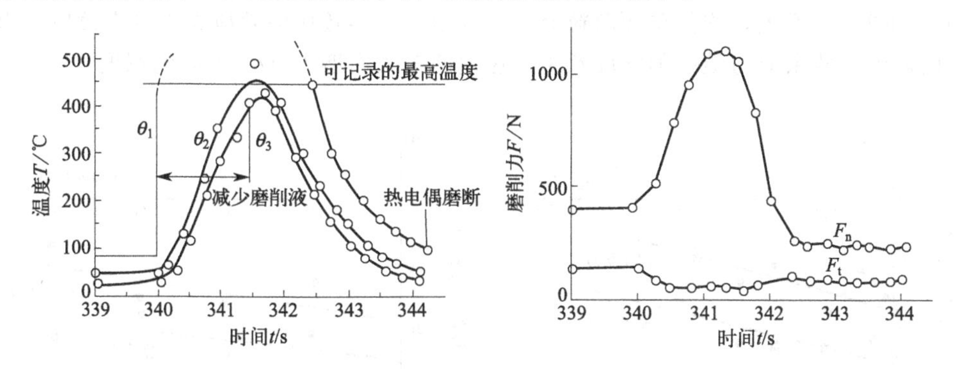

图 4.3　烧伤时磨削力及磨削温度的变化

在发生烧伤时，法向磨削力会发生以下 3 种典型变化，如图 4.4 所示。其中图 4.4(a) 表示发生烧伤时，法向磨削力有些增大，但由于材料软化，磨削力又减小，然后由于热膨胀的原因，又使法向磨削力急剧增大；图 4.4(b) 表示发生烧伤后法向磨削力持续减小，这是由材料软化与材料膨胀相比占主导地位造成的；图 4.4(c) 表示发生烧伤时，法向磨削力波动，这是由材料膨胀与软化反复进行所造成的。

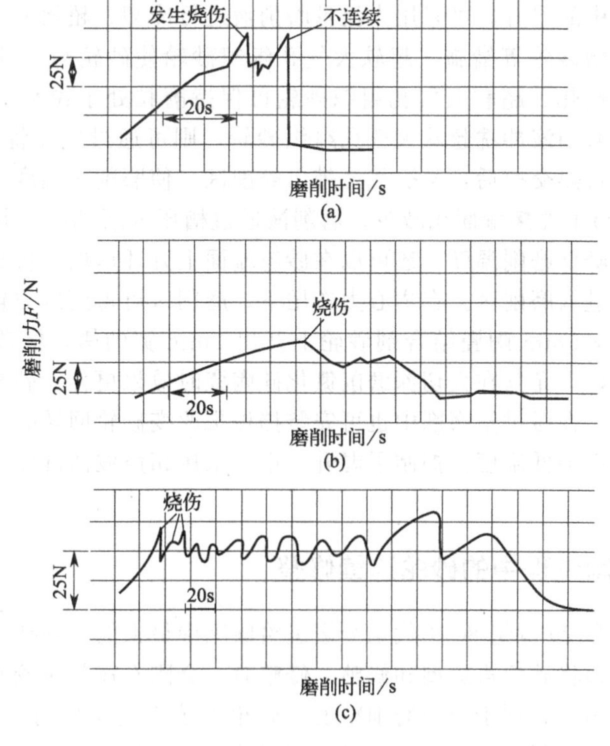

图 4.4　缓进给磨削中发生烧伤的法向磨削力变化形式

③ 残余应力。缓进给磨削所形成的残余应力是热效应、压粗效应、挤光效应以及比体积变化效应等综合作用的结果，其中以挤光效应为主，因此表层残余应力基本上是压应力。热效应的大小会使压应力数值改变。当然，若工艺参数选择不当，冷却条件不好，磨削工件表面也会出现残余拉应力。

磨削深度 a_p 及工件速度 v_w 对 GH37 高温合金缓进给磨削残余应力的影响如图 4.5 所示。磨削深度及工件速度增大，均使热效应增大，但磨削深度影响较显著。另外，磨削深度 a_p 及工件速度 v_w 增大，均使单颗磨粒磨削厚度增大，导致压粗效应大于挤光效应。由于上述二者的影响，残余应力随磨削深度及工件速度的增大而增大（b_a 为磨削宽度）。

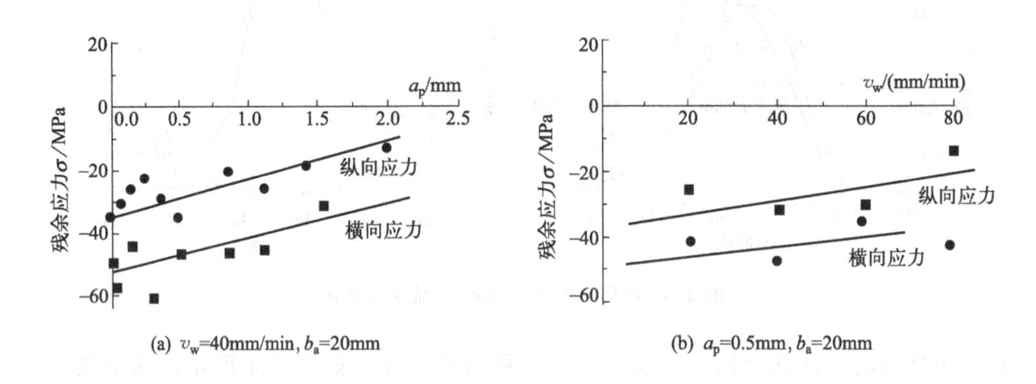

图 4.5 磨削深度 a_p 及工件速度 v_w 对 GH37 残余应力的影响

4.2.2 缓进给磨削中温升控制技术

控制缓进给磨削中的温升，可采用大流量磨削液进行冷却、超软大气孔组织砂轮、高压磨削液冲洗砂轮及开槽砂轮等措施。超软大气孔组织砂轮使砂轮与工件的实际接触面积减少，可大幅度降低摩擦热。超软大气孔组织砂轮可保持磨粒处于锐利状态，也使磨削热降低。若用高压大流量磨削液冲洗超软大气孔组织砂轮，则可通过气孔将磨削液带入磨削区，并在离心力作用下进行热交换后，又被气孔带出磨削区，使磨削区温度下降。开槽砂轮如图 4.6 所示。开槽砂轮与工件接触面积减少，磨削液通过槽压入磨削区，并改变磨削液流动方向，提高冷却效果，降低磨削温度。还可以在砂轮端面上开环形槽，再穿孔通过圆柱面上螺旋槽，使磨削液直接进入磨削区。在离心力作用下，磨削区可得到压力较大的磨削液。如日本某公司在 ϕ250mm×5mm 陶瓷结合剂砂轮上开出 2mm 宽的槽，槽数 120 条，开槽率达 37%。其磨削性能良好，尤其在大切深磨削氮化硅陶瓷时效果更佳；砂轮开槽较多，磨削力下降，砂轮寿命提高。在缓进给磨削中也可安装挡板来改变砂轮回转时的气流状态，改善磨削区的冷却润滑，从而降低温度，抑制了温升。也有采用超声波清洗砂轮气孔的方法来抑制温升的。

4.2.3 缓进给磨削过程中的砂轮连续修整

砂轮连续修整是自 20 世纪 80 年代至今缓进给磨削中最大的一项技术进步。所谓连续修整，系指边进行磨削边将砂轮再成型和修整。修整时，金刚石修整滚轮始终与砂轮接触，使砂轮始终处于锐利状态，有利于提高磨削精度。砂轮连续修整要采用专门的连续修整磨床，其原理如图 4.7 所示。磨削时，由于工件尺寸逐渐减小，砂轮须相应地切入工件，修整滚轮也应改变切入速度对砂轮进行修整。这样，使修整滚轮相对砂轮的位置发生了变化，则由连续修整磨床实现其位置调整。

图 4.6 开槽砂轮

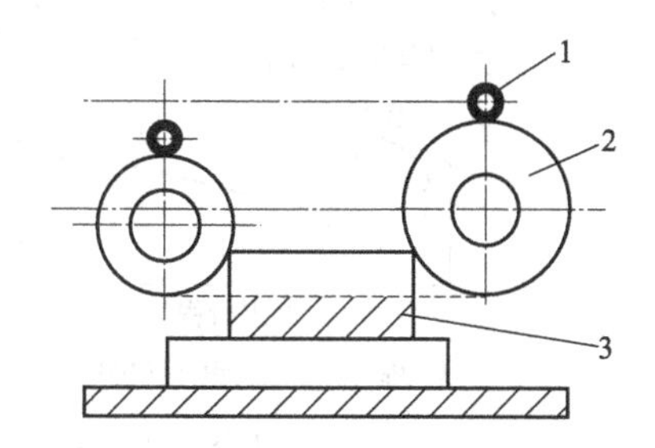

图 4.7 砂轮连续修整原理

1—修整滚轮；2—砂轮；3—工件

砂轮连续修整节省了修整时间，提高了磨削效率；磨削比几乎保持不变，磨粒锐利程度几乎不变，对保持工件形状和尺寸十分有利，尤其对长形工件磨削，使工件的磨削长度不再受砂轮磨损的影响和限制。同时，修整的砂轮在单位时间内去除量大，对工件热影响小，工件精度一致性好；其磨削力也会降低，使磨削过程趋于稳定，从而可避免烧伤工件。连续修整也有它自身的缺点，如金刚石修整滚轮成本高，须占用 CNC 装置的一个坐标用于控制并监视滚轮的进给，磨头功率增加及滚轮、砂轮损耗增大等。为克服砂轮损耗大的问题，可在完善连续修整方法的同时，研究间断修整的方法，从而有效地减少砂轮与金刚石修整滚轮的磨损。虽然间断修整对表面粗糙度和加工精度有一定影响，但对粗磨来讲是一种行之有效的办法。

4.2.4 难加工材料的缓进给磨削烧伤

目前，缓进给磨削已取代了沟槽铣削工艺和涡轮叶片榫齿的铣削工艺等，以提高生产率和加工表面质量。但是，若磨削用量选择不当、冷却液流量不足或者冲洗压力太小等，缓进给磨削也常由于磨削烧伤而使加工质量降低。这一现象在难加工材料的缓进给磨削中表现得尤为突出，使缓进给磨削的潜力得不到发挥，因而在应用缓进给磨削技术时必须加以解决。

(1) 烧伤时磨削力的变化

图 4.8 所示为发生缓进给磨削烧伤时，K417 缓进给磨削力的波动情况。由图 4.8(a)可见，当磨削进入全切深后，法向磨削力 F_n 上升，而切向磨削力 F_t 则变化不大，使 F_n/F_t 的比值增大；经过大约 1～2s 后，F_n 达最大值，F_n/F_t 的比值也由原来的 2∶1 增大到 3∶1，这时出现磨削烧伤。发生烧伤后，F_n 和 F_t 急剧下降，大约在 1.3s 后，二者达到最小值；再经 10s 后，F_n 和 F_t 恢复到未烧伤时的平稳状态；随后，F_n 和 F_t 重新升至最大，出现第二次烧伤。图 4.8(b)、(c)及(d)给出不同金属去除率 Z'_w 条件下的 F_n、F_t 变化规律。由图中可见，磨削烧伤时 F_n 和 F_t 的变化规律相同，主要差异在于 F_n、F_t 从最小值恢复到稳定值的时间不同；而 F_n、F_t 在上升段和下降段所经历的时间都不超过 2s。当金属去除率 Z'_w 增大时，磨削烧伤周期缩短。

(2) 烧伤时磨削温度的变化

实验表明，当磨削温度低于 100℃时，不会产生突然烧伤；而当磨削温度高于 150℃时，则极有可能产生磨削烧伤，使磨削温度突然升高至 800℃以上。发生磨削烧伤主要是由于磨

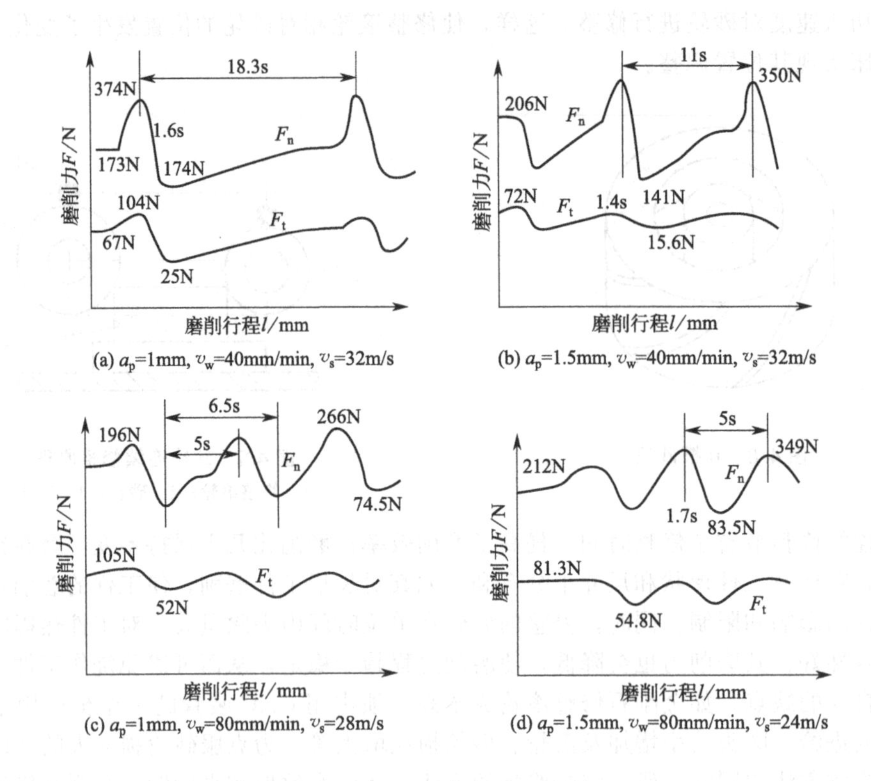

图 4.8 K417 缓进给磨削力的变化

（砂轮：WA/PA1OOK5Aa。冷却液压力：42MPa。流量：125L/min）

削液由核状沸腾向薄膜沸腾跃迁而造成的。

上述缓进给磨削烧伤特征在难加工材料的缓进给磨削中具有普遍性。图 4.9 所示为缓进给磨削 GH4169 高温合金磨削烧伤时磨削力、功率和磨削温度的变化情况。当磨削力和磨削功率曲线处于缓慢上升的平滑阶段时，磨削接触弧区平均温度也逐渐缓慢上升，但温度低于 150℃，温度曲线在形态上也没有什么变化，这是正常的缓进给磨削阶段。当磨削力和功率等信号开始出现频率很低的波动时，温度明显上升。从温度曲线可以看出，在磨削接触弧区高端位置出现“鼓包”，磨削表面质量开始恶化，已进入非正常磨削阶段。随着磨削的进行，磨削温度进一步升高，当“鼓包”几乎扩展到整个磨削接触弧区时，磨削温度高达 1000℃左右，磨削表面出现黄褐色烧伤。由图中所示的力、功率和磨削温度变化曲线可明显看出，当磨削进入非正常磨削阶段时，磨削力、功率和温度信号的斜率均发生突变，出现低频波动。

4.2.5 强化换热技术抑制难加工材料缓进给磨削烧伤

在高效磨削难加工材料时，应注重磨削接触弧区磨削热的逸散技术，即通过有效的工艺方法强化高效磨削时磨削接触弧区磨削液的换热效果，是发挥难加工材料高效磨削潜力的有效手段。

按照热工领域有关强化换热的思想，提出了结合开槽砂轮断续磨削工艺，构造一种可以使高压磨削液射流直接冲击弧区工件表面的条件。由于高压射流可以轻易地冲破已形成的气膜的阻挡，确保磨削液与工件表面的持续接触，因而就有条件突破薄膜沸腾的障碍。即使在

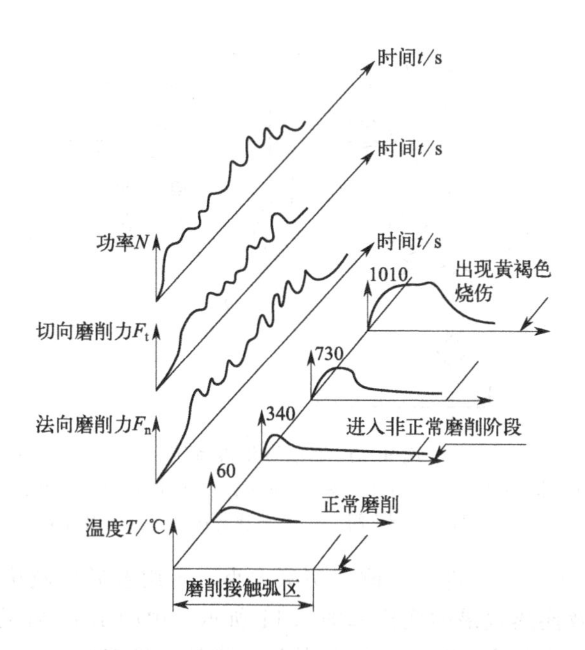

图 4.9 GH4169 高温合金磨削烧伤时磨削力、功率和温度的变化情况

（砂轮：WA46DV25。冷却液：质量分数为 3%的乳化液。流量：90L/min，0.4MPa）

远高于临界值的热流密度下，仍可最大限度地稳定发挥核状沸腾汽化换热的优势，将弧区的换热效率提高到一个全新的水平上。

（1）强化换热装置

为了最大限度地发挥高效磨削的潜力，在开槽砂轮的基础上研制开发了能够实现磨削接触弧区沿砂轮径向定向高压射流冲击强化换热的新型磨削液供液装置。该装置可提供高的射流速度，并使射流接近垂直地冲击弧区工件表面。整套装置由高压柱塞泵、旋转密封接头和砂轮组件三大部分组成。

磨削液供液系统如图 4.10 所示。高压柱塞泵型号为 3P00，流量为 90L/min，最大供液压力为 7MPa。单向阀可用来调节高压柱塞泵的输出压力，卸荷阀起卸荷和保持供液压力的作用。磨削液通过高压柱塞泵，经调压阀，由旋转密封接头进入砂轮组件中，最终实现定向在磨削接触弧区沿砂轮径向进行高压射流冲击。

（2）径向定向磨削接触弧区射流冲击强化换热效果

航空难加工材料钛合金缓进给磨削实验条件见表 4.2。

表 4.2 缓进给磨削实验条件

磨床	MMD7152 精密平面磨床
砂轮	单层电镀金刚石/CBN 开槽砂轮，开槽数 144，粒度 80#/100#
试件材料	TC4
冷却液	5%乳化液
磨削方式	切入式顺磨

磨削时砂轮与工件接触弧区的温度是弧区换热效果最直接的反映。实验获得的普通供液和径向定向射流冲击供液的换热效果对比如下：在相同的砂轮速度 $v_s=25\text{m/s}$ 以及相同的

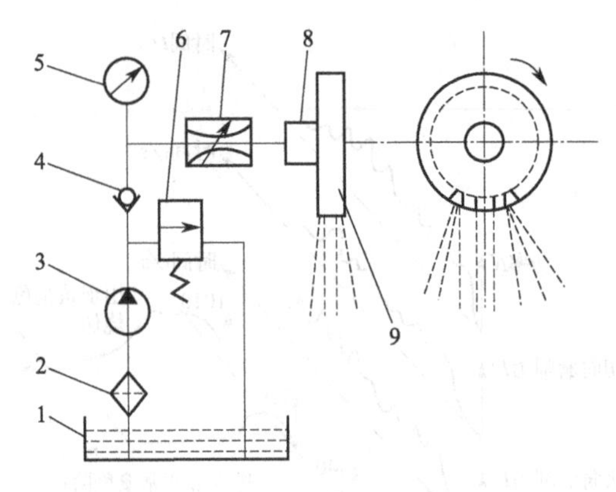

图 4.10　磨削液供液系统

1—水箱；2—过滤器；3—高压柱塞泵；4—单向阀；5—压力表；
6—卸荷阀；7—调压阀；8—旋转密封接头；9—砂轮组件

工件速度为 $v_w=0.06$m/min 条件下，改变切深大小，采用普通供液法及射流冲击供液法磨削 TC4，其磨削温度及换热效果的变化如图 4.11 所示。由图 4.11 可见，当采用磨削接触弧区沿砂轮径向定向射流冲击冷却时，磨削温度明显降低，换热能力提高 2～5 倍。磨削接触弧区定向射流冲击对工件有很好的冷却效果，它可以在普通供液早已严重烧伤工件的条件下，将工件表面温度稳定控制在很低的水平上，可有效地解决难加工材料采用缓进给磨削这种高效磨削方式时的磨削烧伤问题。

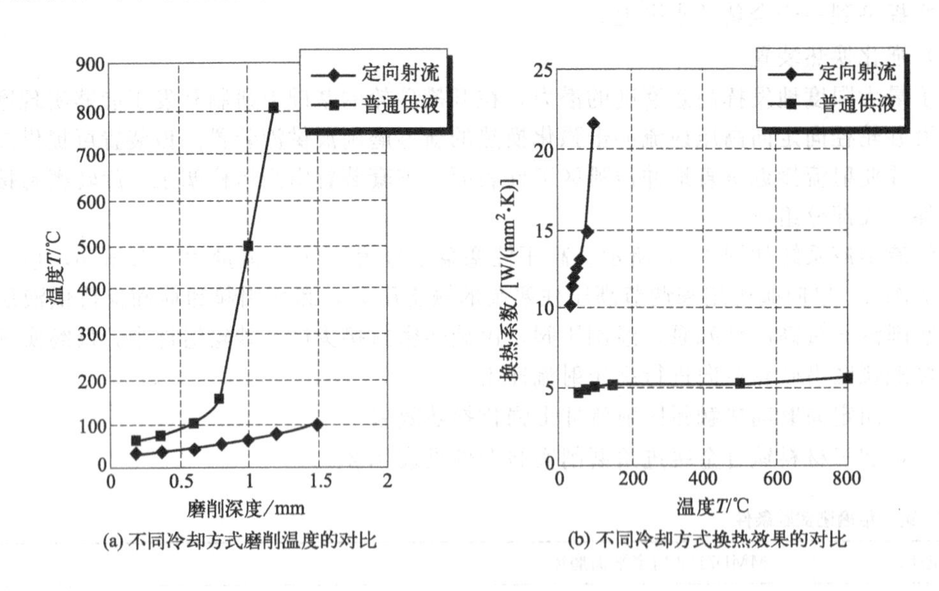

图 4.11　径向定向射流冲击供液冷却与普通供液冷却方式对比

4.2.6　缓进给磨削机床

缓进给磨削是在平面（或外圆）磨床上切深大（可达几毫米至十几毫米）、工作台（或工件旋转）进给速度低（20～300mm/min）的磨削技术，适合磨削各种成型表面，尤其适合磨削耐热合金等难加工材料，可代替铣、刨等切削工序，使毛坯一次磨削成型。其效率为普通磨削的 3～5 倍，型面精度可达 0.002～0.005μm，表面粗糙度 Ra 达 0.8μm。缓进给磨削后还可以用普通磨削进行精磨，以进一步提高精度并降低工件表面粗糙度。

缓进给磨削技术若用于生产，就必须有相应的设备以适应技术要求。应根据缓进给磨削切深大、缓进给、强冷却，同时又要提高生产效率的特点，在常规型面磨床的基础上，采用工作台缓进、增强砂轮主轴、加强冷却等措施。以下将对缓进给磨床不同于普通磨床的主要特点，包括主轴结构、工作台缓进给机构、冷却冲洗系统、砂轮修整装置、修整砂轮时的补偿装置等分别进行叙述。

(1) 缓进给磨床主轴

由于缓进给磨削时金属去除量大，磨削接触面积增大，因此，磨头功率应相应增加，且要求主轴刚性好，不允许有轴向和径向窜动。其功率大小应根据磨削用量和砂轮磨削能力确定。在一般情况下，主轴刚度应大于 14×10^{7}N/m，主轴电机功率为 0.5～2kW。

图 4.12 所示为缓进给磨床主轴结构简图，砂轮主轴采用高硬度的氮化钢制造，装在 3 套高精度滚珠轴承上。前端有 4 个轴承，内圈与轴紧配，外圈与套筒紧配，当砂轮受到磨削力作用时，主轴的支撑刚性较强。后端 2 个轴承内圈与轴紧配，外圈与套筒滑配，这样当主轴工作一段时间后因受热伸长时可以自由后伸，从而保持主轴不产生弯曲变形，使主轴保持较高精度。轴承涂有润滑脂以保证工作 6000h。主轴一般由直流电机驱动，可以通过主轴后端的测速电机和主轴位置补偿机构实现无级变速；按照转速电位计选定的砂轮速度，通过晶闸管组件调节主轴转速从而保持恒定的砂轮速度。当缓进给磨削时，由于砂轮的消耗量比较大，因此零件生产过程中砂轮直径不断变化。机床主轴可以无级变速而保持砂轮速度不变，这样在一定的磨削用量下，加工零件的表面质量才是稳定的。

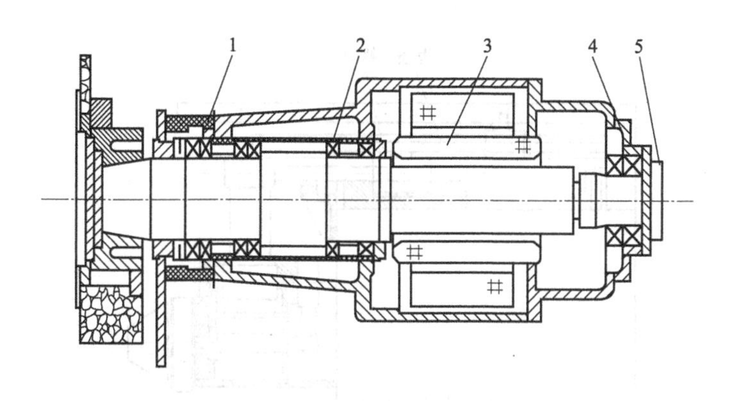

图 4.12　缓进给磨床主轴结构简图

1—前轴承；2—中间轴承；3—直流电机；4—后轴承；5—测速电机

主轴的升降运动是通过盘式直流电机带动蜗杆、蜗轮，再带动丝杠实现的（图 4.13）。

(2) 缓进给磨床工作台

缓进给磨削要求进给速度在 20～300mm/min 之间无级调速，且稳定无爬行。而一般平面磨床进给速度为 2～20mm/min，因此进给机构应进行改装，通常有液压和机械两种驱动方法。实践证明，在大切深的缓进给磨削中，若用液压驱动，由于磨削力大，液压油的温升往往超过允许极限，油的黏度下降很快，流量不准，油压极易波动，从而使工作台产生“爬行”（即不匀速进给），因此，限制了液压驱动的应用。大部分机床为使设备具有广泛的通用性，工作台采取较稳定的机械驱动。

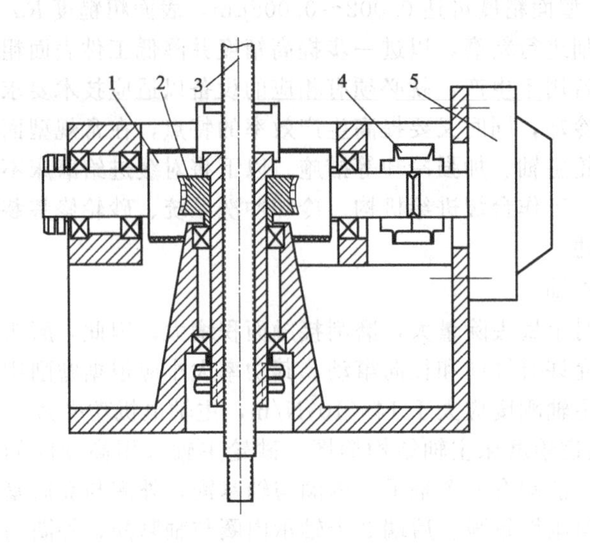

图 4.13 主轴升降系统图

1—蜗杆；2—蜗轮；3—丝杠；4—联轴器；5—盘式直流电机

图 4.14 所示为由盘式直流电机驱动的工作台传动简图。这种电机端面为一永久磁铁，惯性矩小，调速范围大，可以在各种转速下给出恒定功率。电机通过二级齿槽皮带轮和牙形皮带传动蜗杆，带动装在工作台下面的齿条。工作台传动平稳，而且在缓进给时有足够的动力而不产生“爬行”。

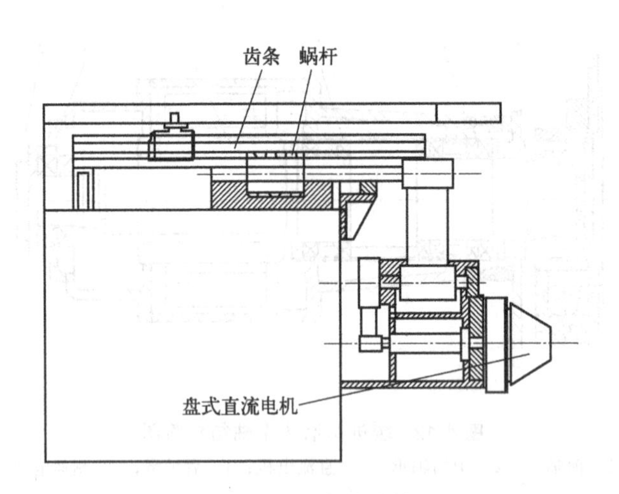

图 4.14 工作台传动简图

(3) 冷却冲洗系统

缓进给磨削在一定的条件下，冷却情况是起决定作用的因素之一，不仅要有充足的清洁冷却液，而且必须对砂轮进行高压清洗和对工件进行强制冷却。通常冷却系统高压清洗喷嘴的压力为 1～1.5MPa，其流量按砂轮每 10mm 宽度不小于 10L/min 计算。冷却喷嘴压力为 0.3～1MPa，流量按砂轮每 10mm 宽度不小于 20L/min 计算。为了保证冷却效果和冲洗效果，要求冷却液中应无杂质，在工作循环过程中应保持清洁。

（4）砂轮修整装置

为了使零件加工后具有精确的型面，缓进给磨床都带有砂轮修整装置。加工型面复杂、精度要求较高时，一般采用金刚石修整轮修整。修整轮可安装在工作台上，由电机驱动，电机带动牙轮通过牙形尼龙传动带传动修整轮，从而使金刚石修整轮具有每秒十几米的线速度（图 4.15）。修整装置需密封，并与加工区隔离。主轴伸向砂轮平面，修整轮主轴处也需密封，以使冷却液不会污染修整驱动系统。

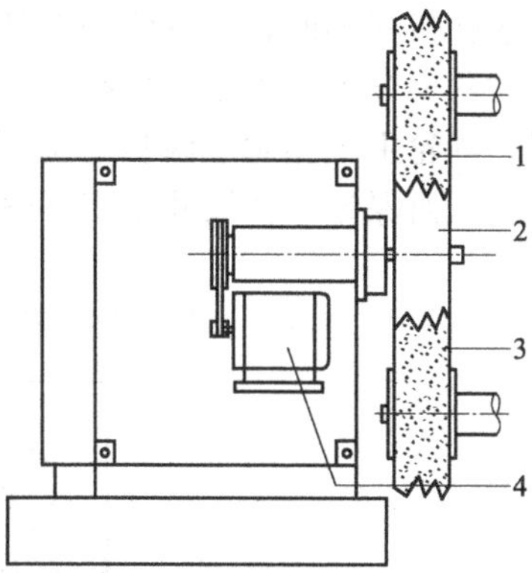

图 4.15 修整装置与砂轮简图

1—上砂轮；2—修整轮；3—下砂轮；4—修整电机

加工型面简单、精度要求不太高的零件时，可采用靠模板修整方法，靠模板装在砂轮的正上方，位置与砂轮型面相对应。金刚石笔沿砂轮轴向移动，并随靠模板上下运动从而达到修整砂轮的目的。

（5）修整砂轮时的补偿装置

加工型面时，机床每工作一个循环最少要修整一次砂轮，把磨钝的磨粒和被磨屑堵塞的砂轮表面修掉，以保持砂轮型面精度。一般情况下，一次修整中砂轮表面修整深度达 0.15～0.20mm。若加工时砂轮轴相对于工作台总是保持一定的高度，则零件尺寸将会因砂轮直径渐次变小而逐渐增大。为了确保零件尺寸稳定不变，修整后的砂轮轴位置应该下降一个砂轮修整量。补偿装置如图 4.16 所示。

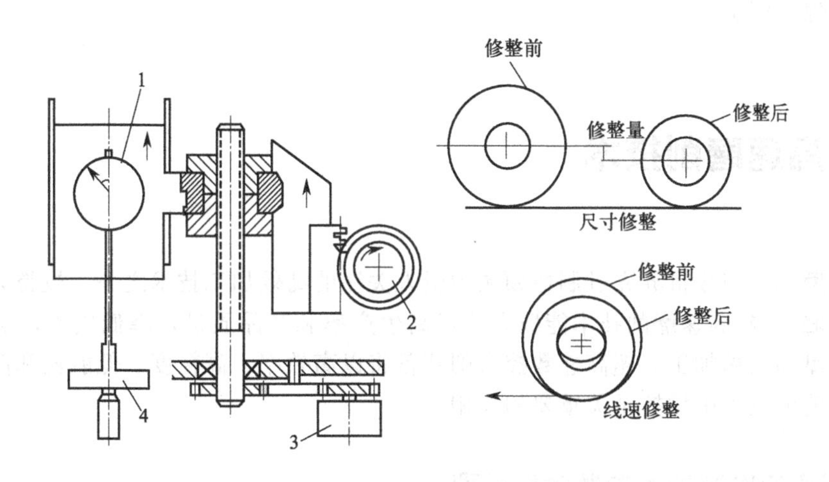

图 4.16 补偿装置

1—电动百分表；2—旋转电位计；3—驱动电机；4—千分尺

补偿装置与砂轮架是同步的，内装有一个可以测量高度的电动百分表，砂轮主轴的位置就是通过电动百分表来控制的。当砂轮架下降时，电动百分表表头的传动杆就触及固定在床身上的千分尺转塔的千分尺端面，此时电动百分表表针开始转动。当表针转到零位时，通过电气机构控制砂轮架停止下降。砂轮主轴的位置可由调节千分尺转塔来确定。修整砂轮时，砂轮轴下降，电动百分表表针转动到零时，砂轮主轴停止下降，驱动电机开始工作，带动齿轮传动丝杠使电动百分表架相对砂轮主轴上移一个量。此量的大小是通过电位器来调整的，这个量就是砂轮的修整量。当电动百分表架上移时，砂轮主轴不动，而电动百分表表针退回，退回的量就是表架上移量，也就等于砂轮的修整量，此时驱动电机停止工作。由于电动百分表表针没有指到零位，所以砂轮主轴开始下降，以砂轮进给方式修整砂轮。当电动百分表表针指到零时，砂轮停止下降而修整完毕。当砂轮磨削零件时，电动百分表表头触及加工工位的千分尺，由于表架在修整前抬高了一个砂轮修整量，因此电动百分表表针再转到零位时，砂轮主轴相对于修整前多下降了一个砂轮修整量，使砂轮的切线与工作台台面高度不变，从而保证零件尺寸不变（图 4.17）。

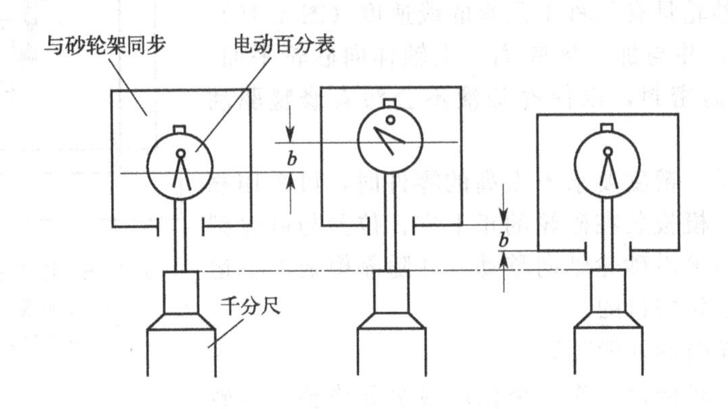

图 4.17 电动百分表与补偿的关系

与此同时，电动百分表架上固定有一个齿条。当电动百分表架上移时，右侧带动一旋转电位计，反映了砂轮实际速度与选定速度的差异，通过电气机构使砂轮转速提高，使修整后的砂轮速度保持恒定。

4.3 超高速磨削技术

超高速磨削是当今世界先进制造领域中引人关注的高效加工技术之一，被誉为“现代磨削技术的高峰”。超高速磨削技术能极大地提高生产率和产品质量，降低成本，实现难加工材料和复杂型面的精加工。超高速数控磨削装备将以高效率、高精度、低能耗和高自动化等优势在制造业的竞争中发挥至关重要的作用。

4.3.1 超高速磨削技术的概念与机理

（1）超高速磨削技术的概念

超高速磨削是通过提高砂轮速度即磨削速度达到提高金属去除率和加工质量的技术。常将磨削速度为普通磨削速度 5 倍以上（$v_s=150\text{m/s}$）的高速磨削称为超高速磨削（super high speed grinding）。超高速磨削是一种高效而经济生产出高质量零件的现代加工技术。其作为高效率、高精度、高自动化、高柔性的磨削装备，可提高磨削的进给速度，增加单位时间金属比去除率 Z_w 和金属去除率 Z'_w，去除率大为提高，能达到车削、铣削的金属去除率，甚至更高；能极大地提高工件的加工效率、加工精度和表面加工质量。

超高速磨削的提出是基于德国专家萨洛蒙的高速切削理论。高速切削理论认为：与普通切削速度范围内切削温度随切削速度的增大而升高不同，切削速度增大至与工件材料的种类有关的某一临界速度后，随着切削速度的增大，切削温度与切削力反而降低。据此，在大于临界切削速度范围进行高速切削，可大幅度地提高机床的生产率。同样，在高的去除率条件下，随着砂轮速度 v_s 增大，磨削力在 $v_s=100\text{m/s}$ 前后的某个区间可能出现陡降（约降低50%）。这种趋势随着去除率的提高而更加明显，且当砂轮达到超高速磨削状态后，工件表面温度出现回落趋势。萨洛蒙高速切削加工理论示意如图 4.18 所示。当磨削速度超过 v_{sb}（临界磨削速度）后，能大幅度减少加工工时，成倍地提高磨床生产率。

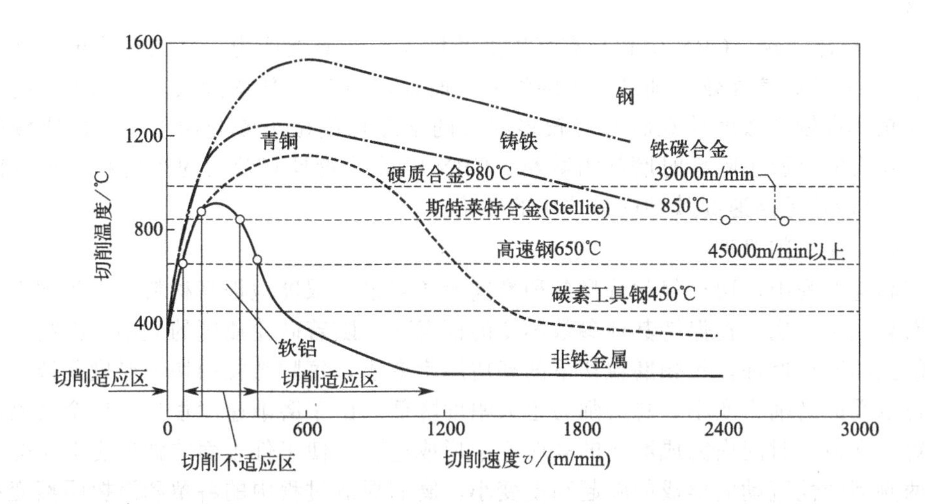

图 4.18 萨洛蒙高速切削加工理论示意

超高速磨削突破了传统磨削概念，有高的金属去除率，能获得很好的加工表面粗糙度和精度，扩大了磨削技术的使用范围，成为一种能与车削、铣削等加工技术相竞争的高效加工技术。实验表明，大幅度提高磨削速度，就可越过磨削过程产生的高温死谷而使砂轮在超高速度区进行高速磨削，从而成倍提高机床生产率。超高速磨削不仅对高塑性和难磨材料具有良好的磨削效果，而且能够高效率地对硬脆材料实现延性域磨削。

（2）超高速磨削技术具有的特点

① 磨粒相对工件的速度已接近应力波在材料中传播速度的量级，使材料变形区域明显变小，消耗的切削能量更集中于磨屑的形成，磨削力与比磨削能减少，工件变形小。因此，当磨削深度一定时，可以使用更高的磨削工艺参数，使金属去除率提高。

② 在超高速磨削时，单颗磨粒受力小、磨损少，砂轮寿命延长。

③ 磨削时表面粗糙度值随砂轮速度的提高而降低，磨削热量主要集中在磨屑中从而分散开来，则工件表面温度低，受力和受热表面变质层将使表面加工质量提高。

④ 在超高速磨削条件下，变形区工件材料应变率高，相当于在高速绝热冲击条件下完成磨削，使工件材料更易于去除，并使难磨材料的磨削性能得到改善。硬脆材料可实现延性域磨削，也可增加韧性材料在弹性力变形阶段被去除的概率。

超高速磨削的极高的磨削效率、极大的砂轮磨削比和良好的加工表面完整性，与传统磨削方式形成了很大的差别。超高速磨削也是一种高效精密的加工技术。

（3）超高速磨削技术的主要技术途径

实现超高速磨削的主要技术途径如下。

① 提高砂轮速度（v_s）。提高砂轮速度是实现高速高效磨削的一个基本先决条件，提高砂轮速度，可减小磨削力，降低比磨削能，改善磨屑的形成。当砂轮速度达到超高速

后，即超过某一临界值后，根据“热沟”理论，工件表面温度将随着砂轮速度的提高而降低。

② 提高工件速度（v_w）。提高工件速度或提高金属去除率，避开临界温度，进入高速高效磨削区，工件表面温度将急剧下降。为实现高速高效磨削，提高工件速度是必要的，而且较高地提高工件速度可使工件表面不会出现热破坏温度。更高的工件速度，可使作为热源的砂轮能很快地离开已磨削表面，使大部分热量进入磨屑和磨削液中，且很快离开磨削区。

③ 合理选择砂轮。CBN 磨料具有高硬度及极大的抗磨损能力、高的热稳定性和化学稳定性，故 CBN 是高速高效磨削最理想的磨料；而且，CBN 砂轮浓度大，适用于大的金属去除率。砂轮具有较高浓度就意味着有较多磨料的动态切削微刃参与磨削，并形成较薄的磨屑，使得在大的金属去除率时磨削力减小。CBN 电镀砂轮具有较大的浓度和容屑空间，所以 CBN 电镀砂轮是高速高效磨削最适用的砂轮。

（4）超高速磨削机理

在超高速磨削中，通过优化选择各种磨削参数可最大限度地提高材料加工延塑性，减少磨削表面裂纹和损伤。在保持其他参数不变的情况下，随着砂轮速度的大幅度提高，单位时间内磨削区的磨粒增加，每颗磨粒切下的磨屑厚度变小，每颗磨粒的切削厚度变薄，则使得每颗磨粒承受的磨削力变小，总磨削力也大幅度降低。由于磨削速度很高，单个磨屑的形成时间极短。在极短时间内完成磨屑的高应变率形成过程，使工件表面的弹性变形层变浅，磨削沟痕两侧因塑性流动而形成的隆起高度变小，磨屑形成过程中的耕犁和滑擦距离变小，工件表面层硬化及残余应力倾向减少。超高速磨削时磨粒在磨削区内的移动速度和工件的进给速度均大幅度加快，再加上应变率响应温度滞后的影响，使工件表面层磨削温度有所降低，能越过容易发生磨削烧伤的区域，从而极大地扩展了磨削工艺的应用范围。

现今，超高速磨削技术在实际应用中，尚需深入、系统地研究高硬度难加工金属材料的高速/超高速磨削机理，主要研究内容如下。

① 高硬度难加工材料的微结构和材料性能分析。

② 超高速磨削条件下高硬度难加工材料的微结构和材料性能对去除机理的影响。

③ 超高速磨削状态下，材料去除机理及其对工件加工质量的影响。

④ 超高速磨削工况下的磨削力、磨削热的形成机理和分配。

⑤ 磨屑在磨削力、磨削热的复合作用下的成屑机理及其对工件加工质量的影响。

⑥ 超高速磨削下磨削表面的裂纹和损伤的形成机理。

⑦ 加工条件对破坏层的影响。

⑧ 砂轮、工件及机床的受力及振动对工件加工质量的影响。

应寻求合适的方法以提高超高速磨削的金属去除率，且不造成工件的热损伤。如果将磨削温度控制在液态成膜沸点以下，就可以提高金属去除率，并对磨削过程中热损伤实现自适应控制。

4.3.2 超高速磨削技术及装备

（1）超高速磨削技术

在超高速磨削加工中，通过优化选择各种磨削参数可最大限度地提高材料加工延塑性，从而减少磨削表面裂纹和损伤。砂轮速度的提升可减小磨削力，降低磨削温度，能加大磨削深度和提高工件速度，可实现磨削的高效率。深入、系统地研究超高速磨削工艺，主要包括下列工艺实验与工艺分析：磨削力、磨削温度等实验；磨削质量与表面完整性的实验；表面轮廓、表面质量、变质层、残余应力、磨削损伤和工件的烧伤、磨削裂纹等实验；CBN 砂轮修整技术的实验；砂轮名义磨削深度和实际磨削深度实验；建立数学模型优化磨削工艺参数等。此外，还应检测工件表面残余应力、显微硬度、加工精度、表面粗糙度、金相组织的变化等；进行数据分析与处理、理论模型的验证。可利用计算机对磨削过程进行工艺仿真。还可使用动态仿真方法，再现磨削过程，用于评估、预测加工过程和产品质量。

（2）超高速磨削装备

超高速精密磨削要求磨床具有高的主轴转速和功率；要求磨床工作台有高的进给速度和运动加速度；要求磨床有高的动态精度、高阻尼、高抗振动性能和热稳定性，有高的自动化和可靠的磨削过程；砂轮架、头架、尾座工作台等支承构件要有良好的静刚度、动刚度及热刚度；磨床驱动部件应具有大功率、高转速和高精度特性。

① 数控超高速外圆磨床。为解决硬脆、高强度难加工材料，如工程陶瓷、硬质合金、钛合金、不锈钢、镍基铁氧体等材料，在轴类零件的精密加工中出现的困难，湖南大学研发了砂轮速度高达 150～250m/s 的数控超高速外圆磨床。

a. 磨床的主要技术参数如下。

砂轮最高线速度/(m/s)	150～250
加工工件最大外径×长度	ϕ200mm×500mm
加工工件最大质量/kg	70
磨床尺寸范围(长/mm)×(宽/mm)×(高/mm)	3500×1800×1800
磨削工件外圆尺寸精度/mm	≤0.005
磨削工件圆度精度/mm	≤0.001
磨削表面粗糙度/μm	Ra≤0.16
磨削工件圆柱度误差	0.004/200

b. 磨床关键部件的设计

ⓐ 床身设计。采用聚酯矿物复合材料高阻尼整体无腔床身，以防止床身共振，并减少磨床振幅，使其有良好的抗振动性能。

ⓑ 砂轮主轴设计。砂轮主轴系统采用动静压高速精密电主轴，最高转速可达 12000r/min，回转精度小于 1μm，以满足超高速精密磨削及强力磨削的需要。

ⓒ 砂轮设计。采用金属基陶瓷结合剂 CBN 超高速砂轮。砂轮紧固方式采用砂轮恒压预紧补偿装置或采用无中心锥孔以端面及外圆定位的紧固方式，以防止砂轮松动，满足超高速磨削需要。在砂轮主轴系统中安装砂轮在线自动平衡装置，以保持主轴与砂轮的动平衡。

ⓓ 导轨设计。砂轮架进给导轨采用静压导轨，具有高精度、高刚性、高灵敏性等特性，低速性能与变速移动的适应性有利于消除低速爬行现象，提高磨削质量。

ⓔ 砂轮架进给机构设计。采用直线伺服电机，以实现精确定位与快速响应，减少系统跟随误差，提高磨削加工精度。

ⓕ 工作台进给机构设计。磨床工作台移动轴（z 轴）采用交流旋转伺服电机＋精密滚珠丝杠的结构形式。

ⓖ 头架轴结构设计。工件头架轴采用伺服电机通过精密弹性联轴器直接驱动的结构形式，以避免工件头架轴与砂轮进给联动时传动误差对加工精度的影响，并能实现外圆磨床对非规则形状轴类零件的加工。

ⓗ 磨床控制系统设计。磨床的数控系统选用高精度全数字化信号数控系统，具有数字

式闭环驱动控制功能，且具有强大的编程功能，适于复杂零件的加工。控制系统中还采用高精度光栅作为反馈元件，采用主动在线测量仪控制磨削进程，用声发射传感器有效地消除磨削空程，防止意外碰撞，提高表面磨削质量，缩短磨削时间。

ⓘ 砂轮修整器设计。砂轮修整采用在线电火花整形和在线电解修整（ELID）方式。

该数控超高速外圆磨床使用效果良好，有效地解决了难加工材料的低成本加工问题。超高速磨削材料的应变率可达 10^{-6}～10^{-4}/s。磨屑在绝热剪切状态下形成，材料去除机理发生转变，使传统的难加工材料（脆性或黏性材料）变得容易加工。由于磨削厚度减小，则法向磨削力也相应减少，则有利于刚性较差工件的变形减少，使工件的加工精度提高。在超高速磨削时，砂轮上的单颗磨料负荷减少，磨粒的磨削时间相应延长，提高了砂轮的使用寿命。当磨削效率一定时，实验证明磨削速度为 200m/s 时砂轮的寿命是 80m/s 时的 7.8 倍。超高速磨削还提高了磨削表面质量和磨削生产率。超高速磨削使单位时间内作用的磨粒数增加，则材料的比去除率成倍增加，可达 2000mm^3/(mm · s)，比普通磨削提高 30%～100%。

② 数控超高速平面磨床。数控超高速（314m/s）平面磨床是我国第一台超高速平面磨床，其技术水平已达国际先进水平。其主要技术参数如下。

砂轮线速度/(m/s)	314
砂轮主轴极限转速/(r/min)	24000
砂轮最大规格(外径/mm)×(宽度/mm)	ϕ350×60
工件最大尺寸(长度/mm)×(宽度/mm)	200×50
最大一次磨削深度/mm	10
砂轮主轴功率/kW	40
磨削深度方向最小进给量/mm	0.0001～0.001
纵向进给速度/(mm/min)	0～6000
磨削比	≥1000（CBN 砂轮）
材料比去除率/[mm^3/(mm · s)]	≥200

该机床由平面磨床主体、电气柜、数控操作台、冷却过滤净化系统、高压冷却水泵、电主轴冷却用恒温循环供水箱、压缩空气供给及除湿系统、测试仪器仪表工作台及隔离观察室等组成。

磨床主体结构设计如下。由于砂轮主轴的高速回转，要求机床要有高刚度、高强度、高回转精度、高平衡性能的主轴系统。因此，在磨床主体结构设计上必须采取相应的措施。该机床的砂轮架固定在刚性较好的磨床立柱上，而将工件安装在可做三维运动的工作台体系中，用工件向砂轮架逼近的方式实现磨削进给，以降低超高速磨削中来自砂轮架主轴的振动。

超高速平面磨床的床身采取榫齿蠕动磨床结构，为整体铸造结构，铸件壁厚 25mm。床身四周立面无任何窗口，以增强其动态刚性。床身后部与立柱的结合面高于其纵向导轨平面，使立柱受力状况有较大改善。床身纵向运动导轨采用直线滚动导轨，滚动导轨安装在呈封闭结构的导轨支承面上，相当稳固，受力后变形小。

砂轮架及超高速砂轮是磨床的核心。超高速磨床立轴轴承采用陶瓷球轴承或磁悬浮轴承及液体动静压轴承。磨床立轴采用瑞士 IBAG 公司的 HP230 · 4D120CFSV 型角接触陶瓷球混合轴承高速精密电主轴。其最高转速达 24000r/min，连续工作电动机功率为 40kW，峰值功率为 180kW，电主轴结构如图 4.19 所示。

电主轴的高速性能的速度因子 DN 值（D 是轴承内外圈的平均直径/mm，N 是轴承的转速 r/min）为 180×10^4 mm · r/min。主轴系统刚度大于 340N/μm，轴向与径向圆跳动量小于 1μm，回转精度在 0.5μm 以上。

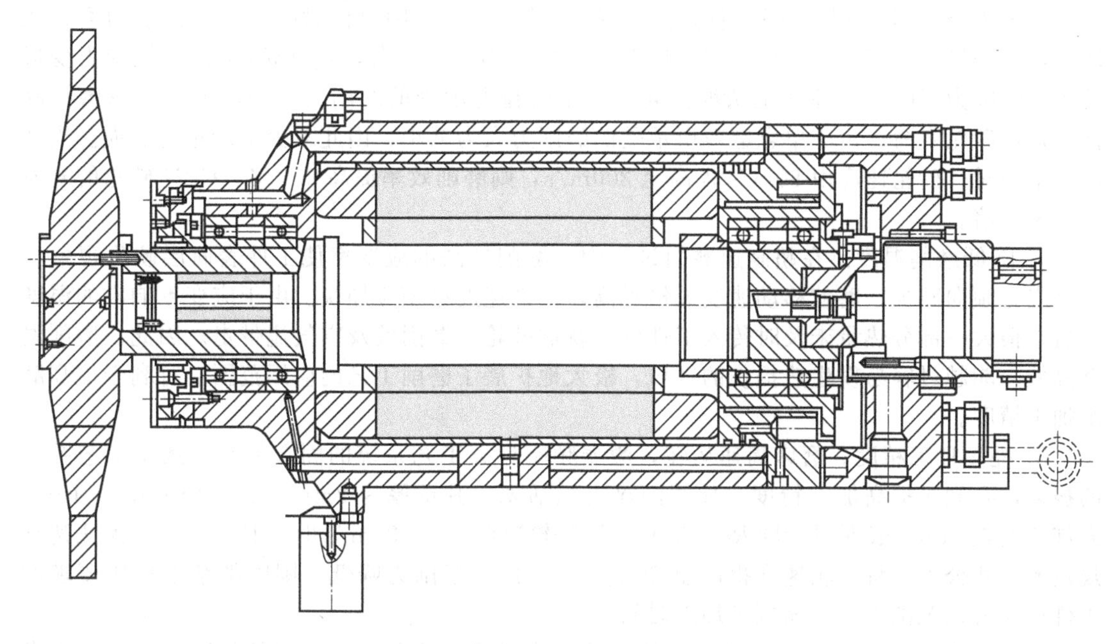

图 4.19 电主轴结构

机床的砂轮自动平衡装置是采用美国 SBS 公司的 IB-1404-A，内装高速非接触式自动平衡器与 SBS-4475 型自动平衡控制仪。平衡控制仪最高允许转速为 30000r/min，振幅值灵敏度为 0.001μm，平衡能力为 400g·cm，信号输出端固定在主轴后端；信号发射头安装在电主轴体壳的后部，通过电缆连接到 SBS-4457 型自动平衡控制仪上。测试传感器安装在砂轮架上并指向砂轮轴的位置。该平衡头具有良好的平衡效果。在自动平衡模式下，可将轴承的残余工作振动峰值振幅值平衡至 0.1μm 以下。

数控超高速平面磨床的数控系统采用德国西门子公司的 802D 数控系统，分别控制工作台的纵向运动坐标（x 轴）与磨削深度方向的进给坐标（z 轴）。y 轴坐标伺服电机的输出经西门子减速器与滚珠丝杠相连，减速比为 1∶10。其他轴为伺服电机与滚珠丝杠相连。砂轮主轴的无级调速是由德国 Rexroth 公司的变频测速器实现的。802D 数控系统由主轴调速开关进行控制。数控系统除按指令完成磨削程序外，还对油气润滑系统、高压冷却系统、电主轴恒温冷却系统、压缩空气机和安全防护门等装置的工况进行监视，任一部分工作不正常，均能立刻发出警报，并停止磨削工作。

4.3.3 超高速磨削技术的加工效果

超高速磨削技术经过实验研究在应用中取得了明显的效果，具体如下。

① 能降低磨削力，提高磨削效率。超高速磨削时由于磨屑厚度变薄，在磨削效率不变的条件下，法向磨削力会随着磨削速度 v_s 的提高而显著减小（例如 v_s=200m/s 时法向磨削力仅为 v_s=80m/s 时的 46%），从而使工艺系统的变形减少。加之超高速磨削时的激振频率远高于工艺系统的固有频率，不易引起共振，使超高速磨削的磨削精度和磨削效率有所提高。采用 CBN 砂轮进行超高速磨削，砂轮速度 v_s 由 80m/s 提高至 300m/s 时，金属比去除率由 50mm^3/(mm·s) 提高至 1000mm^3/(mm·s)。采用 v_s=340m/s 的超高速磨削，金

属比去除率比采用 180m/s 磨削时提高 200%。

② 砂轮磨损小，提高砂轮使用寿命。提高砂轮速度，则单位时间内参与磨削的磨粒数增加，在进给量保持不变的情况下，单颗磨粒的磨削厚度变薄，使砂轮/工件系统受力变形减少，磨削力下降，工件加工精度提高。由于磨粒上承受的磨削力减小，可使砂轮磨损降低，延长砂轮寿命。由于单颗磨粒所承受的磨削力大为减小，因此减少了砂轮的磨损。当磨削力不变时，砂轮速度由 80m/s 提高至 200m/s，则磨削效率提高 2.5 倍，CBN 砂轮的寿命则延长 1 倍。

③ 降低磨削温度。在超高速磨削过程中，磨削较高的应变率使工件表面层硬化现象和残余应力倾向减少，磨粒移动速度成倍提高，工件速度也相应加快。由于应变率响应的温度滞后，很大一部分热量未及时传入工件内部就被砂轮、磨削液及空气流带走。因此，磨削温度降低，能越过容易发生热损伤的区域，极大地扩展了磨削工艺的应用范围，有利于提高磨削加工精度。

④ 提高加工精度。磨床高速运转，激振频率远离工艺系统的固有频率，减少工艺系统的振动，有利于提高加工精度。如磨削淬火钢活塞，其壁厚为 2mm，直径公差小于 4μm，允许圆度≤3μm，表面粗糙度 Ra<2μm。当砂轮速度 v_s 为 34m/s 时，其磨削结果无法达到规定的尺寸公差。将砂轮速度提高至 60m/s 时，由于磨削力降低，则磨削结果在所要求的工件尺寸公差范围内，并缩短了加工时间。

⑤ 改善磨削表面完整性。超高速磨削采用大的磨削用量，传入工件的磨削热少，不发生磨削表面热损伤，并降低表面残余应力，可获得良好的表面物理性能和力学性能。当 v_s 提高后，每一单颗磨粒对工件材料的切削时间极短。如砂轮直径为 400mm，磨削深度为 0.1mm 时，用 v_s=30m/s 进行磨削，磨屑形成时间为 0.2ms；而当 v_s 提高到 150m/s 时，则磨屑形成时间仅为 0.04ms。在极短的时间内磨屑的应变率极高（接近于磨削速度）；工件表面的塑性变形层变浅，磨削的沟痕两侧因塑性流动而形成的隆起高度变低，磨粒对工件的耕犁作用时间变短，则耕犁的程度变得缓和，使磨削表面粗糙度值下降。例如 v_s 分别为 33m/s、100m/s、200m/s 的情况下，测得的 Ra 值分别为 2.0μm、1.4μm、1.1μm。采用 CBN 砂轮，粒度为 80#，a_p=0.2mm，v_w=2000mm/min，当 v_s 由 90m/s 提高到 210m/s 时，则 Ra 值由 0.37μm 下降到 0.26μm。

⑥ 实现对陶瓷等硬脆材料的延性域磨削。在超高速磨削时，单位时间内参加磨削的磨粒数大幅度增加。单颗磨粒的切削厚度极薄，陶瓷等硬脆材料不再以脆性断裂的形式产生磨屑，而是以塑性变形形式产生磨屑，从而大幅度提高磨削表面质量和磨削效率。

⑦ 对耐热合金有良好表现。在超高速磨削条件下，由于磨屑形成时间极短，工件材料的应变率已接近塑性变形应力波的传播速度，相当于材料的塑性减小，使材料的磨削加工变得容易。镍基耐热合金、钛合金、铝及铝合金等磨削性较差的材料，在超高速磨削条件下加工效果良好。

4.4 高效深切磨削加工技术

4.4.1 高效深切磨削概述

高效深切磨削（high efficiency deep grinding，HEDG）技术是德国居林公司在 20 世纪

80 年代初期研制开发成功的，是高速磨削与缓进给磨削的进一步发展，被认为是现代磨削技术的高峰。HEDG 以切削深度 a_p=0.1～30mm、工件速度 v_w=0.5～10m/min、砂轮速度 v_s=80～200m/s 的条件进行磨削。其工艺特征是砂轮高速度，工件进给快速及磨削深度大，既能达到高的金属去除率，又能达到加工表面高质量。

用高效深切磨削技术加工出的工件，其表面粗糙度可与普通磨削相当，而其去除率比普通磨削高 100～1000 倍。因此，在许多场合，其可以替代铣削、拉削、车削等加工技术。普通磨削、缓进给磨削、高效深切磨削技术工艺参数的对比列于表 4.3。

表 4.3 普通磨削、缓进给磨削、高效深切磨削技术工艺参数对比

参数	技术		
	普通磨削	缓进给磨削	高效深切磨削
垂直进给量/mm	0.001～0.05	0.1～30	0.1～30
工件速度 v_w/(mm/min)	1～30	0.05～0.5	0.5～10
砂轮速度 v_s/(mm/min)	20～60	20～60	80～200
金属比去除率 Z_w/[mm^3/(mm·s)]	0.1～10	0.1～10	50～2000
砂轮	WA60HV	WA60HV	WA60HV
磨削液	水基磨削液	油溶性磨削液	水基磨削液

高效深切磨削技术一举打破了传统磨削的概念，比去除率达到 60～1000mm^3/(mm·s)，甚至更多，磨削比 G 一般在 20000 以上。这种技术可以将铸铁毛坯件直接加工出成品，集粗精加工于一身，同普通车削、铣削相比，加工工时缩短了 90%；同普通磨削相比，加工工时可以缩短 98%。因此，HEDG 技术真正使磨削实现了优质与高效的结合，越来越多地受到工业发达国家的重视。

高效深切磨削去除率极高，特别适合进行沟槽零件的全磨削深度单行程磨削。高效深切磨削以不降低工件速度（0.5～10m/min）的条件进行磨削，既能实现高的去除率，又能达到高的加工表面质量。

因高效深切磨削技术的高去除率和很小的磨削加工痕迹，HEDG 机床在美国已较普遍，这类机床中砂轮采用 CBN 磨料，机床的刚度高，砂轮速度和工作台速度高，以使生产率最大化。例如，有一台采用电镀 CBN 砂轮及油基磨削液的 HEDG 机床，磨削 Inconel718（因康镍基合金），砂轮速度 160m/s，比去除率可达 75mm^3/(mm·s)，砂轮不必修整，寿命长，表面粗糙度 Ra 平均值为 1～2μm，径向形状精度可保持在 0.1～0.5mm，可达到的尺寸公差为±13μm。相关磨床制造商致力于将电镀 CBN 砂轮应用于小型机床，使用可修整的陶瓷结合剂 CBN 砂轮减少旋转误差，提高表面质量；使用水基磨削液（可改善砂轮孔隙率），尺寸公差为±（2.5～5）μm，Ra=0.8μm，v_s 对于直径为 200mm 的砂轮限制在 60m/s，而对于直径为 400mm 的砂轮可达到 150～200m/s。

4.4.2 高效深切磨削原理与技术要求

（1）高效深切磨削原理

在缓进给磨削中，工件速度低，生产效率较低，能量转换慢，接触弧长，磨粒所经历的时间长，能量的一部分缓慢地传导给工件，易引起工件表面烧伤。

高效深切磨削与缓进给磨削相反，其加工中的能量在短时间内转化为热被扩散，为减少热量传给加工零件，工作台快速进给（即工件速度快）。砂轮高速转动，工件快速进给，砂轮很快与磨削区脱离，热量主要扩散到切屑与磨削液中。图 4.20 所示是 HEDG 的金属比去

除率 Z_w、工件速度 v_w 与接触区温度的关系。在三种磨削深度 a_p(3mm、6mm、9mm)情况下，金属比去除率 Z_w[$mm^3/(mm \cdot s)$]增加，即工件速度增加，温度下降，比磨削能增加，接触区温度则下降。随磨削深度 a_p 增加，温度有一定上升倾向，工件表面温度增加，但总的趋势是随 v_w、Z_w 增加，磨削工件表面温度下降。

砂轮速度 v_s 增大是 HEDG 的必要前提条件。砂轮速度 v_s 与工件表面的温度关系如图 4.21 所示。该图为普通砂轮(Al_2O_3)、电镀 CBN 砂轮两种砂轮在不同砂轮速度 v_s 下，工件表面温度的变化情况。由图 4.21 可知，砂轮速度 v_s 增加的初期，摩擦力增加，所以工件温度增加；砂轮速度再增加，未变形切削厚度减小，磨粒微刃与工件接触频率增加，其摩擦力增加；若工件表面温度持续上升，v_s 再继续增加，则工件表面温度下降。CBN 砂轮磨削温度较 Al_2O_3 砂轮磨削温度低得多。

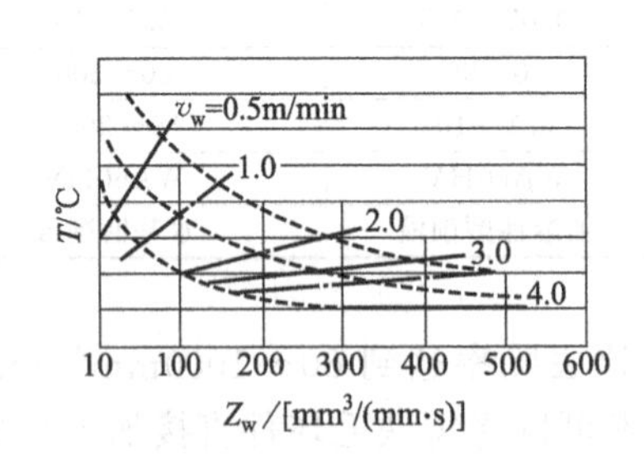

图 4.20 Z_w、v_w 与磨削温度

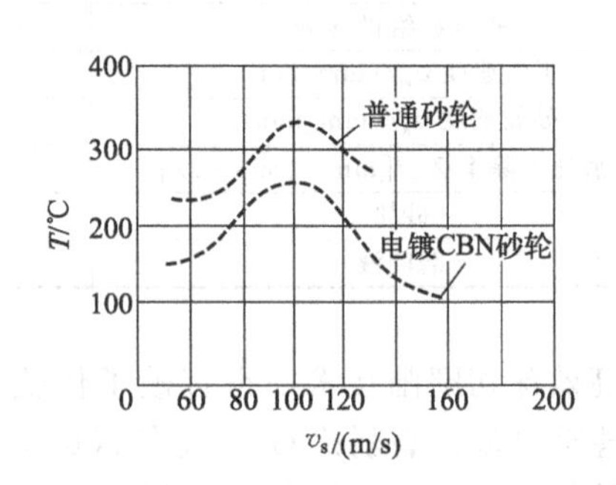

图 4.21 砂轮速度 v_s 与工件表面温度

砂轮速度增加、接触面温度下降的原因，可用“接触层的理论”进行说明。为了说明这一问题，首先要理解温度平衡的概念。磨粒微刃和工件开始接触，微刃切入工件，所产生的磨屑温度和表面温度都伴随着磨粒微刃接触弧长度的增加而增加，磨粒微刃接触部的温度达到磨屑平衡温度的最大值。图 4.22 表示接触层/接触区温度随砂轮速度变化的曲线，接触层的温度达到平衡温度时，接触区就达到最高温度。砂轮与工件接触面的表层称为接触层。磨屑的厚度与接触层厚度相同，这一层温度可达 1000～1800℃。这是由于 HEDG 砂轮速度 v_s 增加，在给定的时间内，磨粒微刃接触数量与切削刃的运动量成正比，这就使得 HEDG 产生较长的切削轨迹和较紧密的磨削轨迹。砂轮接触的有效磨粒微刃数多，产生热量多，所以磨粒接触微刃部快速产生高温。研究证明，磨粒微刃产生的向接触层扩散的热量，多于直接进入工件内的热量。图 4.23 所示为工件表面层等温线。用高频电子束将钢制零件表面加热到熔点，接触面积为直径 1mm 的圆。用 $200W/mm^2$ 能量、加热 11.1ms 的结果表明，扩散到接触面上的热量多于进入工件本体内的热量。这一模拟结果适用于 HEDG。加工中热源相当于高频电子束热源。可以想象，每颗磨粒微刃的磨削热扩散到接触层上的热量多于进入工件材料内部的热量；同时，热向水平方向扩散，有利于邻近微粒的磨屑形成，导致摩擦力下降。

随着磨削加工金属去除率的提高，大量磨屑要停留在砂轮表面上，堵塞砂轮。为了保证正常磨削，应正确选择砂轮浓度及磨削用量，保证砂轮转一周所生成的磨屑体积应小于砂轮容屑空间，砂轮堵塞后，使用磨削液迅速将磨屑清除(冲洗)。防止磨屑堵塞的措施之一是使用气孔砂轮。

(2) 高效深切磨削温度

由于磨削的几何区域和运动学上的改变，与平面磨削相比，外圆磨削的热传导和磨削液的供给都有所不同。在高效深切磨削条件下，无论是平面磨削还是外圆磨削，比磨削能都能降到很低水平（低至7.25J/mm^3），比磨削能随着磨屑厚度的增加而降低。为了成功地将高效深切磨削应用于外圆磨削，并取得很高的材料去除率和高效的热传导条件，实践证明，从理论上预测磨削温度，加上表面完整性的研究是行之有效的方法。

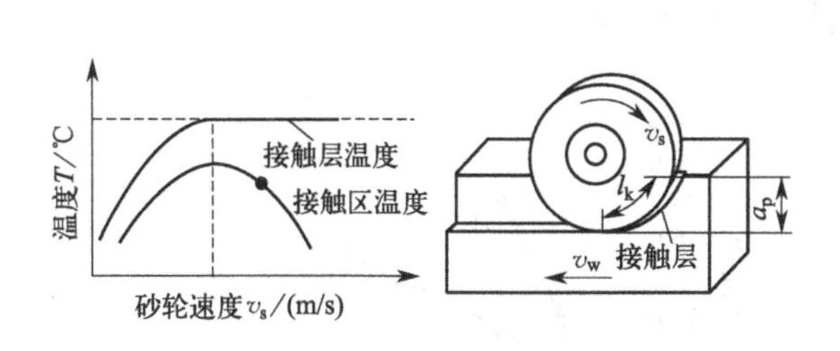

图4.22 接触层/接触区温度和砂轮速度关系

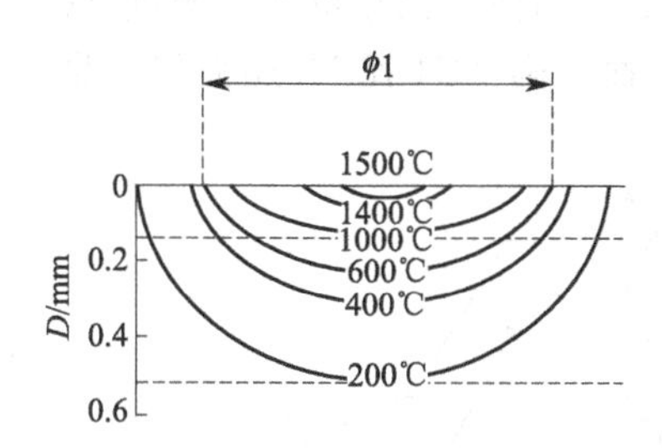

图4.23 工件表面层等温线

大磨削深度磨削状态下，接触区和加工面上的磨削温度都可以通过圆弧热源模型来估算，它能计算出传导到或者说转换到磨削区内正处于接触状态的各个元素上的热量。这些元素包括工件、砂轮、磨屑和磨削液。根据磨屑温度从环境温度增加到接近该材料的熔点，可以估算出磨屑从磨削区带走的热量。从新发表的论文中可以找到大磨削深度磨削条件下计算磨削温度的具体过程。较高的温度通常会导致被磨工件表面显微结构的改变并使表面残留有拉应力。

（3）HEDG对机床的要求

高效深切磨削具有加工时间短（一般为0.1～10s）、高的磨削力、砂轮高速回转等特性，要求机床具有高的平衡性，能控制磨削液向砂轮充分供给，砂轮能自动修整。为满足上述条件，磨床必须具有下列特点：主轴应有高的转速；主轴应有合适的支承；机床控制要适当；机床应有高的刚度及坚固结构；磨削液应有合理的供给系统；有合理的砂轮修整系统。

当磨床满足上述要求后，就可以实施HEDG工艺。一般HEDG要求的机床主轴驱动力大于缓进给磨削的3～6倍，如采用ϕ400mm的砂轮，至少需要50kW功率。

4.5 砂带磨削加工技术

砂带磨削可获得极高的材料去除率，是难加工材料高效加工的有效方法，并在强韧性材料（钛合金）及硬脆性材料等难加工材料的加工中获得应用。下面主要以钛合金的砂带磨削为例，介绍砂带磨削加工技术。

实验研究表明，砂带磨削钛合金时，磨料的种类对金属去除率的影响最为显著，其次为磨削比压力（单位砂带宽度上的压力）及砂带速度。

（1）磨料种类对去除率的影响

在磨削钛合金如TC4时，在同等条件下，碳化硅砂带（C60）比氧化铝砂带（WA60）的金属比去除率高25%～60%（图4.24）。这是因为碳化硅磨粒硬度更大，脆性也较大；当磨粒容屑空间堵塞后，磨削力增大，使磨粒即时破裂并形成新的锋刃，可保持较好的磨削能力；碳化硅与钛合金的亲和力不如氧化铝磨粒强，因而磨屑在磨粒上的黏附力不强，碳化硅砂带的黏附不像刚玉类砂带那样严重。

(2) 比磨削能随时间的变化

图 4.25 所示为砂带磨削 TC4 和金属 Ni 时比磨削能随时间变化关系。随着时间增加，单位体积的比磨削能显著增加。这是因为磨粒微刃变钝，摩擦力增大，无用功消耗增多。从图 4.25 中的曲线比较可见，磨削 TC4 和金属 Ni 时，比磨削能增加的急剧程度比 45 钢强烈得多；而磨削 TC4 比 Ni 还强烈，足见 TC4 材料的难磨程度。

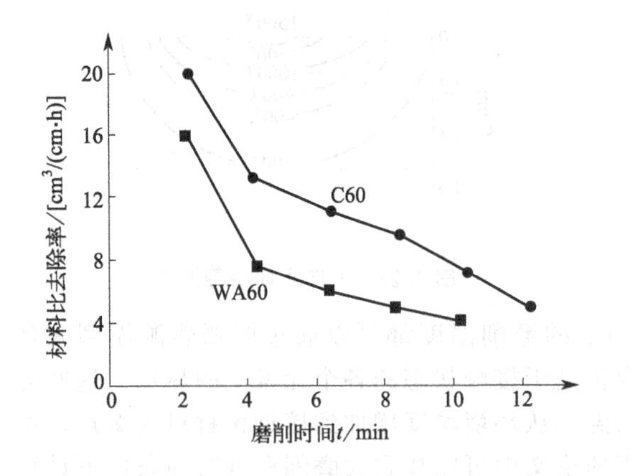

图 4.24 磨料种类对材料比去除率的影响

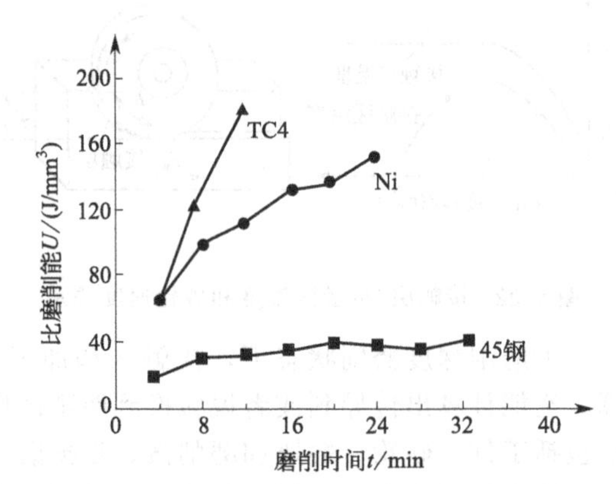

图 4.25 比磨削能随时间变化关系

(砂带速度：12m/s；磨削压力：50N/cm²)

(3) 去除率随时间的变化

随着磨削时间的增加，砂带磨削的去除率显著下降，直至砂带因过度磨损而丧失磨削能力。磨削钛合金与 45 钢相比，前者的去除率下降更快。随砂带磨削过程的进行，砂带磨损面积率急剧增加，其锋刃逐渐成为小平面，如图 4.26 所示。这时，同样的磨削压力下，磨削的比压减小，磨粒不易切入金属表面，磨削作用减弱，滑擦耕犁作用增强，材料去除率下降。磨削 TC4 比 45 钢更容易磨损磨粒。

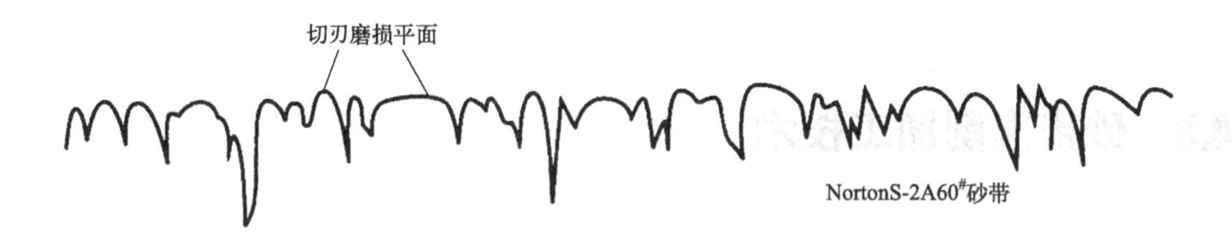

图 4.26 磨损后砂带工作表面轮廓曲线

(4) 砂带磨损的分析

砂带磨削钛合金时，主要磨损形式为化学磨损，包括氧化磨损和扩散磨损。磨损种类不同，磨损机制也不尽相同。

采用碳化硅砂带磨削时，SiC 磨粒在高温磨削区与空气中的介质发生如下反应：SiC 磨粒表面生成 SiO_2 膜，并释放大量的热；SiO_2 磨损破坏后，以极高的反应速度使磨粒表层再次被氧化，逐层剥蚀造成磨料氧化磨损。

在磨削热作用下，SiC 分解并与工件材料的元素形成碳化物或硅化物，钛和碳元素与被磨零件元素之间相互扩散，造成扩散磨损。

在采用刚玉类（Al_2O_3）磨料磨削钛合金时，由于钛合金表面的氧化物与 Al_2O_3 有相同的晶格结构，二者极易亲和，生成韧性大的新物质黏附于微刃上，从而使磨削能力严重恶化甚至丧失。

在电镜下观察分析的结果表明：碳化硅砂带磨削时黏着物是在磨粒进入磨削区时形成的；而当磨粒再次进入磨削区时，黏着物一方面会阻止磨粒切入工件，另一方面会在冲击和摩擦作用下脱落。刚玉类磨粒表面的黏着物（$TiO_2 \cdot Al_2O_3$）不但比碳化硅表面上的多，而且其韧性较好。当黏着现象发生后，磨粒一次或多次进入磨削区时，黏着物并不会因冲击而脱落，而是越来越多。因此，刚玉类磨料所表现出的化学磨损比 SiC 强烈得多。

（5）工件表面质量

由于钛合金塑性和韧性大，摩擦系数大，化学亲和力强，热导率小，磨削温度高，因而磨削时极易形成黏屑；进入滑擦时，在高温高压下，黏着物涂附于工件表面从而极易发生烧伤。因此，砂带磨削钛合金时，工件表面质量的主要问题是磨削烧伤。

实验表明，适当地降低砂带磨削速度，采用合适的磨削助剂可以减轻和避免工件烧伤的发生。钛合金砂带磨削时可按表 4.4 选择磨削用量。

表 4.4 钛合金砂带磨削用量

砂带			磨削用量		
磨料	混合粒度	结合剂	砂带速度/(m/s)	工作台速度/(m/min)	磨削深度/mm
碳化硅类	36#/46#	树脂	15～25	4～6	0.04～0.08
刚玉类	36#/46#	树脂	10～15	4～6	0.04～0.08
碳化硅+刚玉	36#/46#	树脂	15～28	4～6	0.04～0.08

第5章

难加工材料高效复合加工技术

5.1 复合加工技术概述

5.1.1 复合加工技术的含义

现代机械加工对某些超硬材料特别是某些难加工材料，可采用电火花、电化学、超声波、激光等特殊加工方法。随着科学技术的不断发展，针对传统机械加工方法与特种加工方法都难以解决的某些加工难题，人们探索、开发了在一个工步（或一个工序的若干步骤）中同时运用传统加工方法与特种加工方法，在加工部位上组合两种或两种以上不同类型能量去除工件材料的加工方法，即复合加工。复合加工是利用多种形式的能量的综合作用实现对工件材料加工的加工技术，包括传统机械加工与特种加工复合、特种加工与特种加工复合。将几种加工方法融合在一起，可以提高加工精度和加工表面质量及加工效率，扩大了加工工艺范围。

5.1.2 复合加工技术的分类

一般认为复合加工主要包括机械复合加工、电化学复合加工、电火花（脉冲放电）复合加工、超声波（或简称为超声）复合加工等。

机械复合加工是以常规机械加工（包括切削和磨削加工）为主的综合加工方法，有机械-超声、机械-热、机械-磁力、机械-化学、机械-超声-电火花、机械-电化学-电火花等多种组合方式。较为成熟的工艺有超声切削、超声磨削、珩磨、机械-化学研磨和抛光。

电化学复合加工是以电化学加工为主的综合加工方法，有电化学-机械、电化学-电火花、电化学-超声等多种组合方式。成熟工艺有电解切削（铣、钻等）、电解磨削、电解珩磨、电解研磨和抛光、电解超声波加工等。

电火花复合加工是以电火花的腐蚀作用为主的综合加工方法，有电火花-机械、电火花-超声等组合方式。较成熟的工艺是电火花-超声加工。

超声波复合加工是以超声波加工为主的综合加工方法，有超声-机械、超声-电解等组合方式。

5.2 超声振动切削复合加工

目前，机械-超声复合加工技术可分为超声振动切削复合加工（常简称为超声振动切削加工或超声振动切削）、超声振动磨削复合加工（常简称为超声振动磨削加工）、超声珩磨加工，上述技术在硬脆材料尤其是非金属硬脆材料如陶瓷的加工中应用广泛。

超声振动切削复合加工技术是一种新型的切削加工技术，是刀具（或工件）以适当的方向、一定的频率和振幅振动，以改善其切削功效的脉冲切削技术。在切削过程中，刀具与工件周期性地离开和接触，切削速度的大小和方向在不断地变化。由于切削速度的变化和加速度的出现，超声振动切削具有很多优点，特别是在难加工材料和某些小直径精密深孔、精密攻螺纹等难加工工序加工中收到了良好的效果。

切削参数选择合适时，超声振动切削能改善零件加工表面质量与加工精度，延长切削刀具寿命，提高切削加工效率，可广泛用于车、铣、刨、螺纹加工与齿轮加工，超声振动切削加工难加工材料有良好的加工效果。难加工材料在切削加工中，材料成分不同，组织结构及力学性能差别较大，应用超声振动切削时必须选择合适的振动数据和切削参数。

（1）超声振动切削装置

超声振动切削装置包括超声振动系统和刀具系统。超声振动系统由超声波发生器、换能器、变幅杆等组成，刀具系统包括切削刀具和支撑调节机构等。超声振动切削装置示意见图5.1，刀具系统见图5.2。

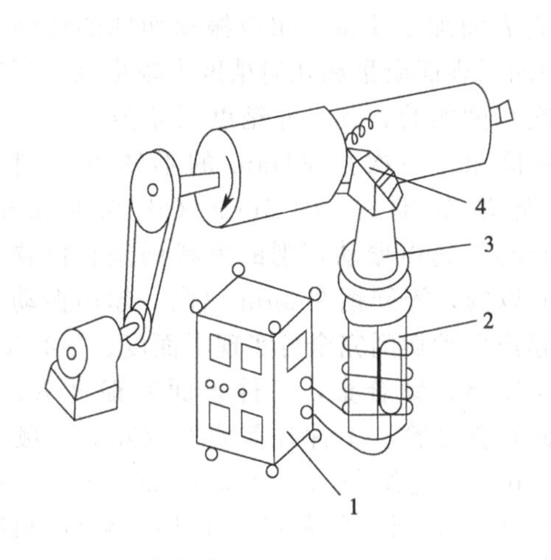

图5.1 超声振动切削装置示意

1—超声波发生器；2—换能器；3—变幅杆；4—切削刀具

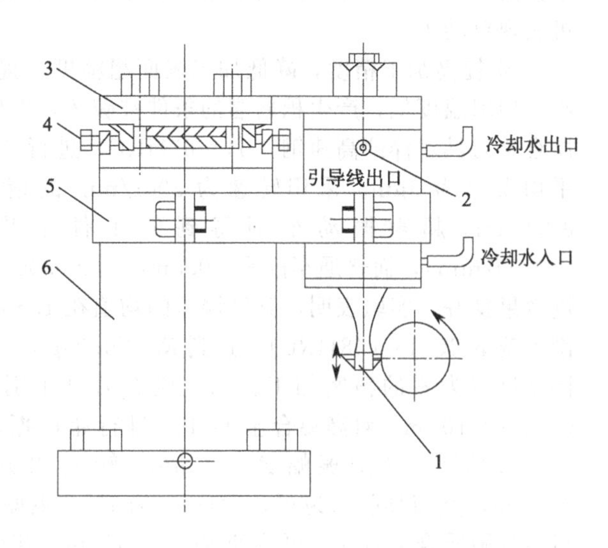

图5.2 刀具系统

1—切削刀具；2—水套；3—水套安装板；4—调心装置；5—加强支架；6—支柱

(2) 超声振动切削用量选择

① 切削速度。超声振动切削时，受临界切削速度 $v_k=2\pi Af$（A 为刀尖振幅，f 为振动频率）的限制，为保证获得较高的加工质量，一般取切削速度 $v_c<v_k/3$。

② 切削深度。切削深度 a_p 受超声波发生器输出功率、换能器类型和被加工材料的限制。使用 250W 超声波发生器、镍片换能器加工中碳钢工件时，切削深度一般不超过 0.3mm。如果切削深度或进给量太大，则会降低刀尖的振幅，无法维持谐振时的正弦波形态，破坏超声振动切削的条件，降低加工的工艺效果。

③ 进给量。进给量越小，表面粗糙度 Ra 值越小。

(3) 超声振动切削的工艺效果

超声振动切削复合加工具有优异的工艺效果，主要如下。

① 大幅度降低切削力。超声振动切削的切削力小，仅为传统切削的 1/20～1/3。超声振动钻削的转矩为传统钻削的 1/4；超声振动攻螺纹的转矩为传统攻螺纹的 1/8～1/3。切削力小则切削功率消耗低。在一个切削循环周期中，刀具在很小的位移上得到很大的瞬时速度和加速度，局部产生很大的能量。如以振动频率 $f=20\text{kHz}$、刀尖振幅 $A=15\mu\text{m}$ 进行超声振动切削，刀具振动的最大速度和加速度分别可达到 2.5m/s 和 3.2×10^4g（g 为重力加速度），刀具运动的加速度为 g 的 3 万多倍，这时被加工材料在局部微小体积内的物理、力学性能必将发生重大变化。超声振动切削时切屑在前刀面上的运动急剧跳跃，摩擦阻力小，摩擦系数降低，只有普通切削的 1/10 左右。

② 减小切屑变形，降低切削温度。超声振动切削改善了切削状况，切屑收缩系数明显减少，无毛刺。当以振动频率 $f=18.4\text{kHz}$、刀尖振幅 $A=0.05\text{mm}$、刀具前角 $\gamma_0=20°$、切削速度 $v_c=0.2\text{m/min}$、$a_p=1.5\text{mm}$ 切削外圆直径为 60mm 的不同钢材时，切屑又薄又长，没有加工硬化，易卷曲成型，切屑收缩系数约为 1，切削力下降到普通切削时的 1/10～1/5 左右。用硬质合金刀具超声振动车削淬火钢能得到无氧化变色、光滑而薄的长带状切屑，便于排出，刀具与工件的温度仅略高于室温；振动钻削深孔或小孔时，可避免切屑堵塞现象，可实现自动进给。

③ 提高加工精度，降低加工表面粗糙度，提高表面加工质量。超声振动切削的切削力小，切削温度低，产生积屑瘤的条件被破坏，工件加工表面质量和几何精度大幅提高。用硬质合金刀具对淬硬高速钢（64～65HRC）进行 6 次切削实验，其尺寸精度误差为 0～5μm，平均误差为 3μm。采用转速为 200r/min 的精密机床，一次把 ϕ1mm 的不锈钢车削成 ϕ0.5mm，超声振动车削得到的工件平均偏差范围是 ϕ0.5mm（+0.002mm，−0.001mm），而普通车削是 ϕ0.5mm（±0.008mm）。超声振动切削的形状误差和位置精度效果良好，实验表明，圆度误差的均值在 1.5μm 以内，淬硬钢在 3μm 以内。超声振动车削不锈钢 2Cr13（48HRC），达到 $Ra<0.05\mu\text{m}$。超声振动切削完全可实现平面度、平行度、圆度近似为零的精密加工。用金刚石刀具车削淬硬钢、钛合金，工件表面粗糙度 $Ra=0.05\sim0.10\mu\text{m}$。对高温合金 GH37 进行超声振动车削实验，工件外圆直径 20mm，频率 $f=20.4\text{kHz}$，刀尖振幅 $A=16\mu\text{m}$，转速 250r/min，进给量 $f_x=0.035\text{mm/r}$，$a_p=0.2\text{mm}$，其刀具前角为 0°，后角 α_0 为 10°，主偏角为 75°，副偏角为 15°，使用 YM051 机夹可转位硬质合金刀片，可达到 $Ra<0.63\mu\text{m}$，获得圆度、圆柱度、直线度误差均比普通车削小得多的效果。

④ 延长刀具使用寿命。超声振动切削时，切削力小、切削温度低、冷却充分，刀具的耐用度明显提高。对难加工材料，其效果更好。实验表明，振动参数选择合适，在进行超声振动车、钻、镗削、中心钻等加工时，可延长刀具寿命。钻削可延长 17 倍，超声振动车削

不锈钢可延长刀具寿命40～60倍。

⑤ 排屑顺利，切削液冷却润滑充分。在加工不锈钢、耐热钢、钛合金等难加工材料时，切屑的处理问题显得尤为突出。超声振动切削中选择合理的振动参数和切削参数，在一定范围内，能稳定、可靠地断屑，控制切屑形状和大小，形成不发热、不变色、极薄的带状切屑，不会对单机和加工自动线造成严重危害。超声振动切削过程是断续发生的。当刀具与工件分离时，切削液从四面进入切削区，进行充分的冷却润滑。在切削液内产生空化作用，使切削液均匀乳化，形成均匀一致的乳化液微粒，微粒更易进入切削区，提高了切削液的效果。

⑥ 生产效率高，加工范围广。超声振动切削可加工淬火钢、不锈钢、钛合金、淬硬钢、高温合金、陶瓷、玻璃、石材等难加工材料，适合加工小深孔、薄壁、细长、低刚度的零件，可加工高精度、低表面粗糙度的精密零件。超声振动切削所需要的加工时间（加工相同零件）仅为普通切削加工的1/30。加工无毛刺，可省去修整毛刺等光整加工工序。

5.3 难加工材料的超声振动车削

在国防工业、航空航天和机械制造中，大量使用耐热钢、钛合金以及恒弹性合金、高温合金、不锈钢、工程陶瓷、花岗石等材料。这些材料具有良好的耐热性、耐腐蚀性、高比强、高强度、低导热性，加工硬化倾向严重，可加工性仅为普通材料的30%～40%，给切削加工带来很大的困难。对难加工材料进行超声振动车削实验研究，取得了良好的加工效果。

5.3.1 超声振动车削淬硬钢

淬硬钢是典型的难加工材料。淬硬钢的硬度为55～65HRC，抗拉强度$\sigma_b=2110\sim2600$MPa，单位切削力为4500MPa，热导率为0.004W/(cm·K)。其强度高，韧性差，脆性大，热导率低，切削加工时需要很大的切削力，产生极高的切削温度，刀具易磨损。

切削加工淬硬GCr15轴承钢。选用刀片材料为707，$\gamma_0=0°$，$\alpha_0=10°$，主偏角为75°，副偏角为5°，刃倾角$\lambda_s=0°$。使用CZQ-250A超声振动切削装置，频率$f=20.8$kHz，刀尖振幅$A=12\mu$m。使用工具显微镜测量刀具磨损宽度VB，以2201型电动式轮廓仪测量表面粗糙度Ra，选用D26-W型、150V/300V/600V、10A/20A功率表测量主切削力，选用DA-16型晶体管毫伏级电压表测量切削温度。

（1）刀具磨损

切削用量：$v_c=25\sim55$m/min，$f_z=0.08\sim0.16$mm/r，$a_p=0.05\sim0.25$mm。超声振动车削淬硬钢时，刀具后刀面磨损较小。f_z、a_p对后刀面磨损宽度VB影响不大，a_p对VB的影响大于f_z。

（2）表面粗糙度

超声振动车削提高了工艺系统的刚度，提高了加工过程中的动态稳定性，也提高了工件的加工精度，降低了加工表面粗糙度，可达到$Ra=0.05\mu$m。

(3) 切削力

通过测量切削功率来计算主切削力 F_z。

$$F_z=\frac{60(P_c-P_0)^2}{v_c P_c}\times10^3$$

式中，P_c 为切削时电机功率，kW；P_0 为切削前空转功率，kW；v_c 为切削速度，m/min。

(4) 切削温度

一般认为超声振动车削切削温度低于普通车削，接近室温。采用人工热电偶测温，经数据回归分析，得超声振动切削温度为

$$T=7.56v_c^{0.287}f_z^{0.070}a_p^{0.233}\text{，相关系数 }R=0.9997$$

对65Mn淬火钢细长轴（直径8mm，长220mm，58～60HRC）进行超声振动车削，刀具材料为YW1。采用五振型刀杆，$n=200\sim350$r/min，$f_z=0.08$mm/r，$a_p=0.1$mm，$\gamma_0=0°$，$\alpha_0=10°$，主偏角为92°，副偏角为15°，$\lambda_s=0°$，切屑呈柔软卷曲状态，Ra 达到0.8μm，切削温度接近室温。

5.3.2 恒弹性合金3J53的车削

恒弹性合金3J53在－60～100℃范围内具有较低的弹性模量温度系数、较高的弹性和强度，主要用于航空电气仪表、弹性敏感元件。这类零件的尺寸精度要求很高，要求轮廓的平均算术偏差值很小，一般要求 $Ra=0.32\sim0.63$μm；零件多为薄壁件，力刚度和热刚度极差；形状位置公差要求很严，同轴度误差小于5μm。

超声振动车削在C620-3车床上进行。刀具材料为YW1，选用五振型刀杆，$\gamma_0=0°$，$\alpha_0=11°$，主偏角为92°，副偏角为15°，$\lambda_s=0°$，工件材料为 ϕ52mm恒弹性合金3J53棒料，进行端面车削，工件转速 $n=200$r/min，$f_x=0.35$mm/r，$a_p=0.2$mm，振动频率 $f=20.5$kHz，Ra 值刀尖振幅 $A=16$μm，测得 Ra 稳定地达到0.1～0.38μm。超声振动车刀的寿命比普通车刀提高13.5倍。

5.3.3 花岗石车削

花岗石超声振动车削装置由1000W超声波发生器、双窗三棒式镍片磁致伸缩换能器、指数形或圆锥形变幅杆、五振型弯曲振动刀杆等构成。工件材料为 ϕ130mm、长430mm的花岗石棒料，主要成分为 SiO_2；刀具材料为CBN、YG6X、YG8X；刀具 $\gamma_0=0°$，$\alpha_0=10°$，主偏角为75°，副偏角为15°，刃口圆弧半径 $r_\varepsilon=0.1$mm；振动频率 $f=19.68$kHz，刀尖振幅 $A=14$μm；切削液为皂化液。

实验表明，刀具材料为YG8X，$f_x=0.08$mm/r，$a_p=0.20$mm时，切削效果最好，Ra 在4.2～4.5μm范围内。

5.3.4 陶瓷材料车削

完全烧结的 Al_2O_3 陶瓷棒，ϕ25mm，长200mm，密度约为3.6g/cm^3；线硬度为86～92HRA，弹性模量（25℃）为400GPa，抗弯强度为274MPa；成分：95% Al_2O_3，

5%MgO。

超声振动车削和普通车削同在C6140车床上进行，采用同一切削速度、切削深度和进给量。超声振动车削采用新型硬质合金刀具，普通车削采用烧结金刚石刀具，均为45°偏刀，前角为0°，后角为6°～8°。超声振动车削的振动频率为19～22kHz，湿式车削；普通车削为干式车削。

实验结果表明，普通车削的工件圆度为6.7μm，而超声振动车削的工件圆度为4μm，超声振动车削的加工几何精度高于普通车削。普通车削的*Ra*值是超声振动车削的2倍。

5.4 超声振动磨削复合加工

在一些难加工材料的普通磨削中常出现严重的砂轮堵塞和磨削烧伤。在磨削加工中引入超声振动，可以有效地解决砂轮堵塞和磨削烧伤问题，提高磨削质量和磨削效率。

超声振动磨削复合加工是在磨削过程中利用砂轮或工件的强迫振动进行磨削的技术。根据砂轮的振动方向，超声振动磨削装置可分为纵向超声振动、弯曲超声振动和扭转超声振动三种类型。纵向超声振动磨削应用较多。三种类型均是让砂轮产生超声振动，而在批量生产中，可使工件产生超声振动，砂轮不振动。

5.4.1 超声振动磨削复合加工的工艺规律

在M131W万能外圆磨床上磨削轴承钢，采用功率为250W的超声波发生器，频率调节范围为18～22kHz，250W镍片磁致伸缩换能器，频率为20kHz，变幅杆输出端振幅为18μm。

(1) 金属去除率、砂轮磨损量与磨削比的对比

砂轮转速为10000r/min，工件转速为140r/min，进给速度为1.5m/min，乳化液冷却，采用金刚石修整工具；a_p分别为0.0025mm，0.005mm，0.01mm；磨削时间分别选择30s、60s、90s、120s、150s、180s、210s、240s、270s、300s、330s、360s、390s、420s。

由磨削实验可知以下结果。

① 在相同磨削时间内，超声振动磨削金属去除率比普通磨削大。随着磨削时间的增加，其差距也越来越大，在稳定磨削的时间内，二者最大时相差近一倍。

② 超声振动磨削的稳定时间比普通磨削要长得多。在a_p=0.0025mm时，普通磨削在240s左右时金属去除率发生锐减，超声振动磨削可达360s。

③ 对于超声振动磨削时的砂轮磨损量，a_p大不如a_p小效果明显。砂轮磨损量与金属去除率有一定的对应关系，砂轮磨损量激增的时间对应着金属去除率锐减的时间。超声振动磨削达到某一砂轮磨损量的时间比普通磨削的长。当a_p=0.0025mm时，超声振动磨削在360s开始磨钝，而普通磨削接近240s即开始磨钝，径向磨损剧增。在金属去除率相差较大的情况下，砂轮磨损量却相差不大，即超声振动磨削的金属去除率比普通磨削大得多，但二者的砂轮磨损量却差不多。

④ 在小孔磨削时，超声振动磨削砂轮比普通磨削砂轮磨损得快。超声振动磨削可使用较硬的砂轮，提高砂轮耐用度，砂轮磨损的磨粒锋利、自锐性增强，可提高加工效率及磨削质量。超声振动磨削小孔时，磨削比可达 5，比普通磨削小孔时高得多。

(2) 砂轮耐用度的对比

从开始磨削到噪声激增的总磨削时间，即为砂轮的耐用度，超声振动对砂轮耐用度的影响是比较显著的。当 $a_p=0.0025$mm 时超声振动磨削的砂轮耐用度是 405s，普通磨削的砂轮耐用度是 242s，二者相差很大，超声振动磨削的砂轮耐用度比普通磨削提高了 67%；当 $a_p=0.005$mm 时，超声振动磨削的砂轮耐用度比普通磨削提高了 61%；当 $a_p=0.01$mm 时，超声振动磨削的砂轮耐用度比普通磨削提高了近 28%。从这些数据可以看出，当 $a_p=0.0025$mm 时，砂轮耐用度提高幅度最大；随着 a_p 的增加，砂轮耐用度增加的幅度越来越小。这说明，超声振动磨削比较适合小 a_p 的精密磨削。

(3) 表面粗糙度的对比

在干磨削条件下，无论 a_p 的大小如何，超声振动磨削的表面粗糙度 Ra 值总是小于普通磨削的表面粗糙度值。

5.4.2 超声振动磨削复合加工的工艺效果

(1) 磨削力小

超声振动磨削加工时，磨削速度的大小和方向产生周期性的变化，这种变化改变了整个工艺系统的受力情况。超声振动磨削是一个在极短时间内完成微量磨削的过程，在一个磨削循环过程中，磨削刃在很小的位移上可获得很大的瞬时磨削速度和加速度，在局部产生很高的能量。在振动的影响下，摩擦系数明显降低，只有普通磨削的 1/10 左右，磨粒磨削长度变短，磨屑不易堵塞砂轮，磨粒能保持锋利状态，使磨削力下降到普通磨削的 1/3，提高加工效率 1～4 倍。用金刚石砂轮超声振动磨削石英玻璃时，切向分力降低 30%～40%；磨削 1Cr18Ni9Ti 时，磨削力降低 60%～70%。

(2) 加工区温度低

超声振动磨削时，被加工材料的弹塑性变形和磨粒磨削刃对接触表面的摩擦系数影响较大，即大幅度下降，加工过程中的磨削力和磨削热都以脉冲的形式出现，使磨削热的平均值大幅度下降，磨削温度显著下降。对 55HRC 的淬火钢进行频率为 18kHz、$A=25\mu m$ 超声振动磨削时，a_p 由 0.05mm 增加到 0.09mm，磨削温度却降低了 50%。

(3) 强化磨削液的作用

在超声振动磨削过程中磨粒磨削刃与工件分离时，磨削液可以顺利进入磨削区进行冷却润滑。当磨削刃切入时，磨削液被强力挤压，形成瞬时高压，使磨削液直接渗入磨削刃与磨屑的接触表面，充分起到冷却和润滑的作用。砂轮磨粒在做切线运动时，每秒进行万次左右的振动，冲击被加工表面。高频振动所形成的空化作用，使磨削液更容易渗透到材料的微裂纹内，进一步强化磨削液的使用效果。

5.4.3 工程陶瓷的超声振动磨削技术

在陶瓷磨削加工中引入超声振动磨削，提高了加工效率和质量，表面损伤和残余应力都较小。

(1) 工程陶瓷的超声振动磨削实验

超声振动磨削系统如图 5.3 所示，磨削实验条件列于表 5.1。

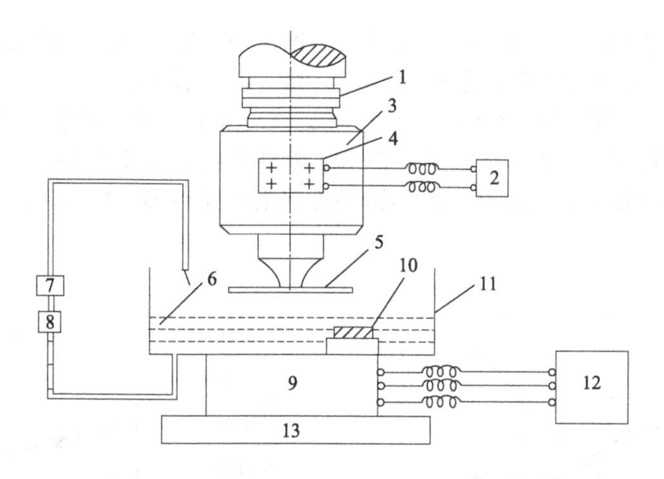

图 5.3　超声振动磨削系统

1—磨床主轴头；2—超声波发生器；3—超声波磨头；4—超声振动信号输入滑环；5—砂轮；
6—磨削液（恒量）；7—磨削液冷却器；8—磨削液过滤器；9—压电式测力仪；
10—工件；11—水槽；12—测力记录仪；13—磨床工作台

表 5.1　磨削实验条件

项目	条件	项目	条件
磨床	PSG-52DX 型平面磨床，4R 型空气轴承磨头	工件	25mm×25mm×15mm，热压 SiN
振动系统	型号 USSP-202-BT30，振幅 10m，频率 21kHz	砂轮速度/(m/s)	5.5，7.4，9.2
砂轮	碗状，粒度 W5，青铜黏结剂，砂轮外径 ϕ70mm	磨削深度/pm	2，4，6，8，10
磨削液	油性磨削液	进给深度/(mm/min)	50，100，150，200
修整油石	GC80#/100# 棒状	磨削方式	超声振动磨削：开(ON)；普通磨削：关(OFF)

(2) 磨削参数对磨削力和磨削表面粗糙度的影响

① 进给速度的影响。进给速度 v_f 与法向磨削力 F_n 及磨削表面粗糙度 Ra 的关系分别如图 5.4 和图 5.5 所示。在无超声振动的情况下，F_n 及 Ra 随进给速度的增大而变大。在超声振动条件下，进给速度对磨削力及表面粗糙度的影响较小。

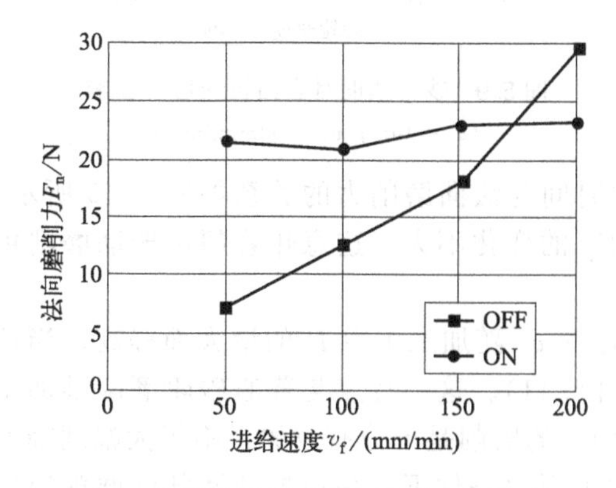

图 5.4　进给速度对法向磨削力的影响

(a_p=4μm；v_s=7.4m/s)

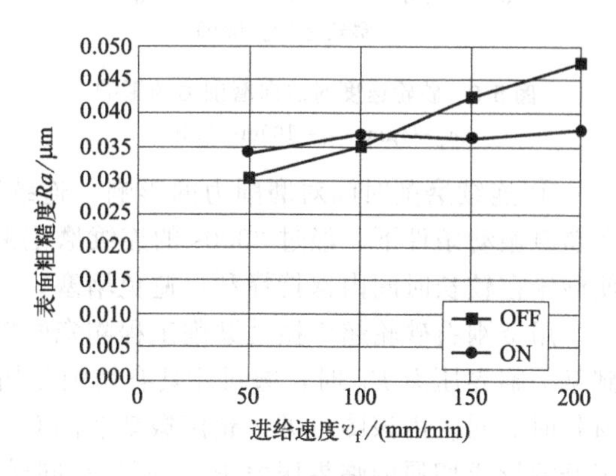

图 5.5　进给速度对表面粗糙度的影响

(a_p=4μm；v_s=7.4m/s)

② 磨削深度的影响。磨削深度 a_p 同法向磨削力 F_n 及表面粗糙度 Ra 的关系分别如图 5.6 和图 5.7 所示。在无超声振动条件下，$a_p>8\mu m$ 时，磨削状态变差，磨削不能继续。在超声振动条件下，F_n 随 a_p 的增大而减小。当 $a_p<8\mu m$ 时，表面粗糙度变化不大。而当 a_p 增至 $10\mu m$ 时，虽然 F_n 仍呈下降趋势，但 Ra 明显变大。其原因是：在超声振动作用下，在磨削深度超过一定值后，磨削状态开始由塑性磨削向脆性磨削转变，故 F_n 虽然下降，但 Ra 却变大了。

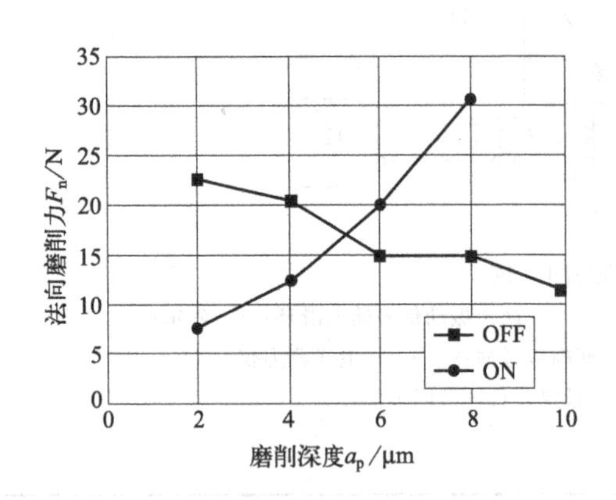

图 5.6 磨削深度对法向磨削力的影响

($v_s=7.4m/s$；$v_f=100mm/min$)

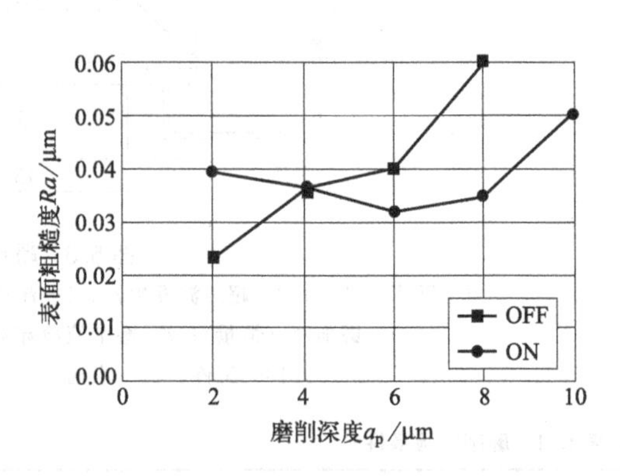

图 5.7 磨削深度对表面粗糙度的影响

($v_s=7.4m/s$；$v_f=100mm/min$)

③ 砂轮速度的影响。砂轮速度 v_s 与 F_n 和 Ra 的关系分别如图 5.8 和图 5.9 所示。若提高砂轮速度，超声振动磨削法向磨削力及表面粗糙度都呈下降趋势。

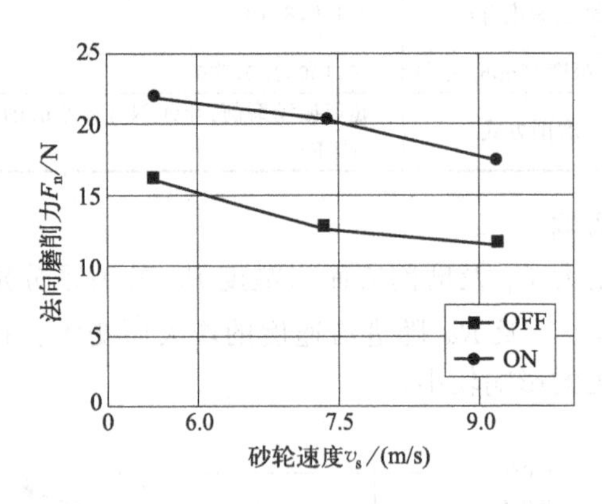

图 5.8 砂轮速度对法向磨削力的影响

($a_p=4\mu m$；$v_f=100mm/min$)

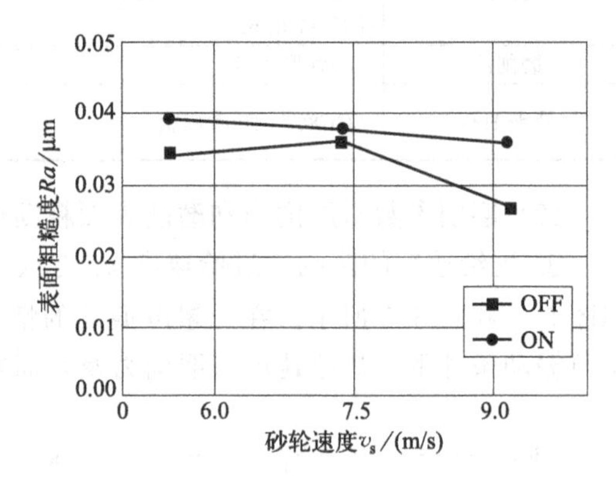

图 5.9 砂轮速度对表面粗糙度的影响

($a_p=4\mu m$；$v_f=100mm/min$)

④ 连续磨削时间对磨削力的影响。连续磨削时间与法向磨削力的关系如图 5.10 所示。在超声振动条件下，经过 3000s 的连续磨削后，F_n 的变化不大，这意味着超声振动磨削可使砂轮在较长时间内保持锋利，避免堵塞。

用金刚石砂轮超声振动磨削工程陶瓷时磨削速度 v_s 随加工压力 P 的增大而提高。当达到某一临界压力 P_0 时，磨料才具有切削作用（图 5.11）。这一特点与普通砂轮磨削难加工材料时类同。由该图可见，超声振动磨削对工程陶瓷的磨削是十分有效的，不仅大幅度降低了开始形成切屑的临界压力 P_0，而且在同样的加工压力条件下，超声振动磨削的磨削速度显著提高，可以减小或消除磨削表面裂纹。

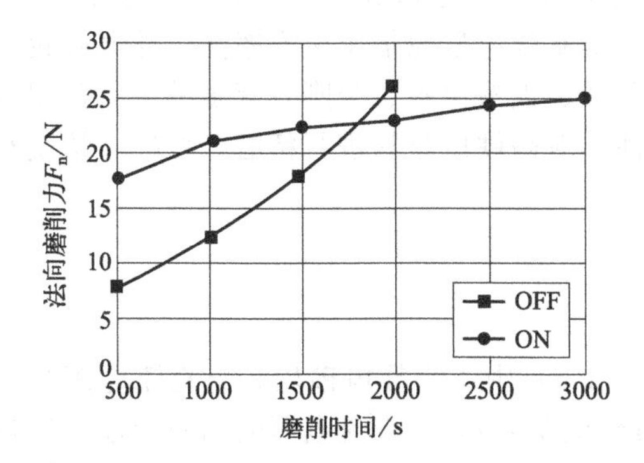

图 5.10 法向磨削力随磨削时间的变化规律

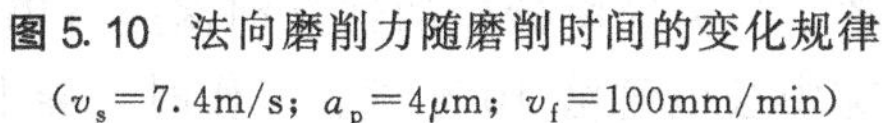
(v_s=7.4m/s；a_p=4μm；v_f=100mm/min)

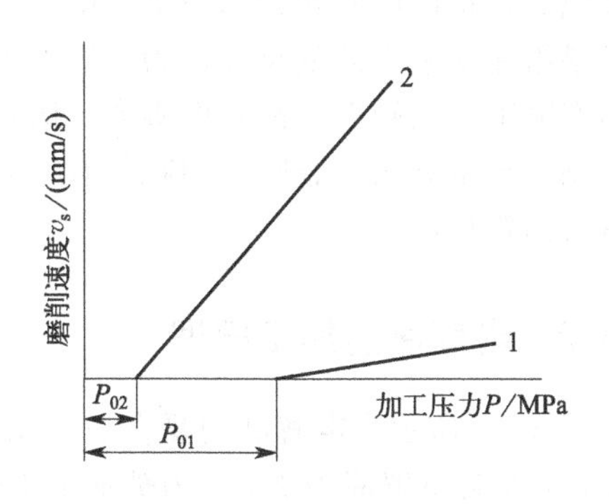

图 5.11 加工压力与陶瓷材料磨削速度的关系

1—普通磨削；2—超声振动磨削

超声振动磨削工程陶瓷时的临界压力与工程陶瓷的种类及材质有关。碳化硅为2.4MPa，氮化硅为4.8MPa，氧化铝（92%）为1.1MPa，氧化铝（99.5%）为1MPa。氧化铝和碳化硅陶瓷的磨削速度均很高，而氮化硅陶瓷的磨削速度相对前两种陶瓷则较低。

将超声振动与切削加工、磨削加工结合起来表现出许多独特优点，如低切削力、低磨削温度、低表面粗糙度和高精度；被加工零件表面具有良好的耐磨性、耐腐蚀性，只需要较小的机床动力加超声振动。超声振动加工将是下一代精密加工的发展方向之一。

5.5 电解磨削复合加工

电解磨削复合加工技术是一种电化学-机械复合加工技术，是结合电解加工与磨削，从具有导电性的工件上切除材料的电化学加工方式，是将阳极金属电化学腐蚀作用和磨削作用相结合的复合加工。将电解与磨削相结合的复合电解加工，所用阴极工具是含有磨粒的导电砂轮。电解磨削复合加工精度高，表面粗糙度低。

5.5.1 电解磨削装置

电解磨削所用的设备主要包括直流电源、电解液系统和电解磨床。精确模块化的电力供应是电解磨削加工获得良好精度的首要条件。电源必须具备足够的电流供应能力及快速反应能力，而如此精密的控制程序必须借助模块化的电源供应器，以确保在加工过程中随时能提供最适当的电流量，以提高加工精度，减少能量损耗。电解磨削用的直流电源要求有可调的电压（5～20V）和较硬的外特性，最大工件电流视加工面积和所需生产率可取10～1000A不等。

电解磨削下来的碎屑必须由电解液带走。磨屑具有的导电性，会改变电解液在加工过程中的电导率。电导率因电解液中混杂的磨屑及污染物而改变，会使加工电流不稳定，影响加工精度，增加加工成本，造成对环境的污染。因此，电解液控制系统必须确保磨具与工件的电解质稳定，能有效控制加工电流，必须能过滤和清除电解液中的磨屑及污染物。

电解磨削一般需要专门制造的导电砂轮，常用的有铜基和石墨两种。铜基导电砂轮的导电性能好，把电解砂轮接阳极进行电解。铜基逐渐被溶解，达到所需的溶解量，停止反拷，砂粒暴露在铜基之外的尺寸即为所需的加工间隙。铜基导电砂轮加工生产率高。导电砂轮的磨料有刚玉、白刚玉、高强度陶瓷、碳化硅、碳化硼、人造宝石、金刚石等多种。最常用的是金刚石导电砂轮。金刚石磨粒具有很高的耐磨性，对高硬度材料进行精磨，可提高精度和改善表面粗糙度。

5.5.2 电解磨削加工原理

图 5.12 所示为电解磨削复合加工原理。图 5.12(a) 中 1 为导电砂轮，与直流电源的阴极相连，2 为电解液喷嘴，3 为被加工工件（硬质合金车刀），与直流电源的阳极相连。工具与工件以一定的压力相接触。图 5.12(b) 中 6 为磨粒，7 为导电砂轮的结合剂铜或石墨，8 为被加工工件，9 为电解产物（阳极钝化薄膜），间隙中被电解液 10 充满。工作时，导电砂轮在工具（砂轮）与工件之间通过电解液喷嘴加入电解液时，工件与工具之间发生电化学反应，在工件表面上形成一层极薄的氧化物或氢氧化物薄膜，一般称为阳极钝化薄膜；而工具的表面有突出的磨粒，随着工具与工件的相对运动，工具把工件表面的阳极钝化薄膜和难以电解的物质刮除，使工件表面露出新的金属并被继续电解。这样的电解作用和机械刮除作用交替进行，并不断通过流动的电解液带走阳极溶解产物及产生的热量，对工件连续加工，直至达到一定的尺寸精度和表面粗糙度。

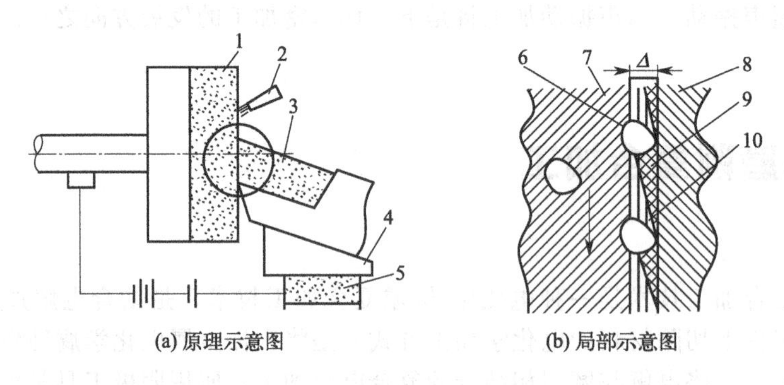

图 5.12　电解磨削复合加工原理

1—导电砂轮；2—电解液喷嘴；3，8—被加工工件；4—工作台；5—绝缘层；6—磨粒；7—结合剂；9—阳极钝化薄膜；10—电解液及电极间隙

在电解磨削加工中，电化学加工量约占 90%，机械磨削约占 10%。此外，磨粒的突出量在 0.05mm 以下，这不仅有防止短路发生的作用，而且还有保持电解液通路间隙的作用。恰恰是这种磨料的存在，使控制加工精度更容易实现。经过上述的粗加工、半精加工之后，切断电解电源，只用机械磨削方法进行加工即可达到提高加工精度的目的。这种方法主要是利用电化学磨削高效率的优点，达到加工余量之后停止电化学加工，不必更换砂轮就能进行精密磨削，因此，其加工精度与一般磨削相同。

在电解磨削复合加工过程中，砂轮必须既含有磨粒又能导电，并且磨粒还要比导电基体突出一些，以保证加工间隙内电解液的畅通。因此，需要制造专用的导电砂轮，常用的有铜基和石墨基两种。铜基导电砂轮是用铜粉和磨料混合烧结成型的，使用时先用反拷法，即砂轮接直流电源的阳极进行电解，以使其表面上的铜被电解去除而使磨粒突出，磨粒暴露在外的尺寸即为电解磨削复合加工时的加工间隙。石墨导电砂轮不能反拷，工作时石墨与工件之间会产生火花放电，具有电解磨削复合加工和电火花磨削的双重作用。可使成型石墨导电砂轮与工件处于完全非接触状态进行电化学成型磨削。按加工要求制成高速钢车刀，用它来车削石墨导电砂轮的外圆，然后用成型石墨导电砂轮进行电化学磨削。由于不能非常均匀地控制加工间隙，工件不能精确地复制石墨导电砂轮的形状。所以，对工件进行误差测定之后，修正车刀再次切削石墨导电砂轮，然后进行电化学磨削。最常用的导电砂轮磨粒是金刚石，因为金刚石具有很高的耐磨性，能稳定地保持两极间的距离，使加工间隙稳定，而且可以在断电后对硬质合金一类的高硬度材料进行精磨，以提高加工精度和降低表面粗糙度。

在电解磨削复合加工过程中，工件阳极的溶解过程与电解加工相似。不同之处为电解加工过程中工件表面形成的阳极钝化薄膜是靠活性离子进行活化或靠高的电流密度去破坏的，电解产物的排出依靠高速流动的电解液的冲刷作用。在电解磨削复合加工过程中，工件表面氧化膜的去除依靠砂轮上磨粒的机械刮削作用，不需要高压力、大流量泵，一般采用小型离心泵。电解磨削复合加工工件的形状和尺寸精度主要由砂轮相对于工件的成型运动来保证。因此，电解液中不能含有活化能力很强的活性离子（如 Cl^-），一般采用腐蚀能力较弱的钝化型电解液，例如以 $NaNO_2$ 等为主的电解液，以提高成型精度，并有利于机床的防锈、防腐蚀。

5.5.3 电解磨削工艺规律

（1）电解磨削工艺参数

电解磨削工艺参数主要有：导电砂轮、电参数（电压、电流）、接触压力、转速，以及电解液等。

① 导电砂轮。导电砂轮按制作工艺和结构可分为金属黏结剂导电砂轮、电镀导电砂轮和机械滚压导电砂轮。比较常用的导电砂轮是用金刚石作磨料，也有的使用氧化铝磨料。

② 电压。电解磨削过程希望阳极溶解和氧化膜生成的作用能分别在工件的凸凹处发生，需要控制一个合适的电压以及应有的阳极电位。磨削硬质合金时电压为 6～9V，粗磨可高些，精磨则低些。

③ 电流。整个加工过程以控制电压为主，但也需选择合适的电流。电流大，生产率高；但电流过大，易引起火花放电。

④ 接触压力。工件与砂轮之间依靠重锤或液压获得压力，以促进砂轮刮削加工表面的氧化物，一般压力采用 0.2～0.5MPa 为宜。

⑤ 转速。砂轮转速提高，生产率有所提高，一般为 1000～3000r/min。

⑥ 电解液。主要采用 KNO_3 与 $NaNO_2$ 电解液，主要是利用其钝化特性。由于 $NaNO_2$ 有致癌作用，已被逐渐淘汰，故改用硝酸钾（KNO_3）。其质量分数为 7%～10%，pH 值为 7～8，利于加工硬质合金。

（2）加工特性

电解磨削加工技术可以分为平面砂轮磨削、外圆或表面磨削、锥形砂轮磨削以及成型砂轮磨削 4 种加工方式。可依据工件外形作选择。

（3）影响生产率的因素

影响电解磨削复合加工生产率的因素主要有电流密度、金属电化学当量、加工间隙，以及砂轮与工件之间的导电面积、磨削压力、磨料种类、粒度和黏结剂等。

提高工作电压和电流密度能加速阳极溶解，但对加工精度和表面粗糙度不利。应根据加工的具体情况和要求来适当选择。粗加工工作电压较高为10～20V，精加工的工作电压可降低到5～15V。调节电压高低，实际上是调节电流密度的大小。粗加工时，工作电流密度为50～200A/cm^2；精加工时，工作电流密度为5～50A/cm^2。

按照法拉第定律，金属电化学当量是单位电量在理论上能电解的金属量。由于电解磨削复合加工仍主要利用电极的阳极溶解作用，因此，其理论生产率与工件材料的金属电化学当量成正比。

从电解时阴极的作用来看，对生产率和加工质量影响最大的是加工间隙，即磨粒高于砂轮导电基体表面的高度。这种高度是在砂轮使用之前进行所谓“反电解”处理得到的。具体做法是将砂轮接电源阳极，相当于工件；另用一铜片接电源阴极，相当于工具。将砂轮和铜片一起放入电解液中，并将铜片与砂轮保持一定间隙，让砂轮慢慢转动。这样，可将砂轮的导电基体电解掉0.01～0.1mm，露出磨粒。根据粗、精加工要求的不同，可控制磨粒高于砂轮导电基体表面的高度。

当电流密度一定时，通过的电量与导电面积成正比。因此，砂轮与工件之间的接触面积越大，通过的电量越多，单位时间内金属的去除率就越大。采用中极法电解磨削复合加工时，可根据工件的形状设计工具阴极，以增大工件与工具之间的导电面积，提高生产率。

在电解磨削复合加工过程中，磨削压力越大，走刀速度越快，阳极金属被活化的程度越高，生产率也就越高。但过高的磨削压力容易使磨料磨损脱掉，减小加工间隙，影响电解液的输入，引起火花放电或短路，反而使生产率下降。

理论上，在电解磨削复合加工过程中，磨粒的作用仅仅用于去除工件表面上的氧化膜，因此，磨粒的硬度、粒度和速度等对生产率和加工质量的影响不大。但实际上，由于砂轮上磨粒的最高点并不完全处于同一圆周面上，再加上砂轮主轴的径向跳动等因素，磨削时电解量和进给量很难恰好相等，会使磨粒对工件本身产生直接的磨削作用。其磨削去除量一般占总去除量的5%左右，个别情况下会占30%～50%。因此，磨粒的参数对生产率和加工精度有一定影响，但比普通磨削要小得多。

金刚石的硬度最高，所以金刚石导电砂轮的生产率和加工质量最好，尤其是磨削硬质合金时更为显著。但由于金刚石磨料价格昂贵，粒度也较细，仅用于精加工。通常，加工各种钢料仍采用氧化铝导电砂轮，加工硬质合金采用碳化硅导电砂轮，与普通磨削时所考虑的情况基本相同，粒度的选择也是如此。

砂轮转速对电解磨削的直接影响较小。通常砂轮速度较高，有利于砂轮的直接磨削作用。

(4) 影响加工精度的因素

虽然强电解质（如NaCl水溶液）的生产率高，但阳极溶解速率过高，不但使工件尖角变圆，对刀具刃磨不利，而且也不易控制加工精度和薄膜质量，对机床、夹具的腐蚀性大时一般用以KNO_3等为主的电解液。电解液的成分直接影响阳极钝化薄膜的性质。要获得高精度的工件，阳极工件表面就要形成一层结构紧密、均匀，保护性能良好而且有一定厚度的钝化薄膜。钝性电解液形成的阳极钝化薄膜不易受到损坏，如硼酸盐、磷酸盐等。加工硬质合金时，还要适当控制电解液的pH值，这是因为硬质合金的氧化物易溶于碱性溶液，因此，电解液的pH值不宜过高，一般取pH值为7～8。

成分复杂的合金材料，由于不同金属元素的电极电位不同，阳极溶解的速率也不同，特别是电解磨削复合加工硬质合金和钢的组合件时，问题更为严重。因此，需要研究适合多种金属同时均匀溶解的电解液配方。

5.5.4 电解磨削工艺效果

（1）加工效率高，加工范围广

电解磨削复合加工主要依靠电化学的作用来去除金属工件材料，机械加工起辅助作用，只要选择合适的电解液就可以加工任何硬度和韧性的材料，比机械加工的生产率高得多。电解磨削复合加工硬质合金的生产率比普通金刚石砂轮磨削高3～5倍。

（2）可提高加工精度及表面质量

电解磨削加工过程中砂轮只起刮除薄膜的作用，并不直接接触金属，去除金属材料所用主要能量不是机械能，因此，在工件与工具之间也就不存在明显的磨削力和磨削热，可以避免机械划痕、加工硬化、变质层、残余应力等缺陷，不会出现毛刺、裂纹和烧伤等现象，从而可以获得高的加工质量，表面粗糙度 Ra 可达 0.16μm。电解磨削的加工精度与电流密度有密切关系，电解磨削可通过缩小加工间隙与控制金属钝化层的形成来提升加工精度。电解磨削加工表面微观特性呈现为平顶状，即所谓的“高原型”，具有较高的支承能力，作为摩擦面使用时，表现出极佳的摩擦学特性，摩擦系数小，耐磨损，精度保持性好，还具有耐腐蚀、抗介质黏附等优点。如作为介质输送管道等的表面，可以减小摩擦阻力，防止黏附结垢。

（3）磨削力及磨削热小，消耗功率低，砂轮的磨损量小

电解磨削过程中砂轮的机械刮削作用只占5%，主要是去除电解产生的氧化膜，故砂轮的损耗极小，砂轮的寿命是普通磨削砂轮的15倍，可节约80%金刚石。电解磨削用的金刚石导电砂轮的损耗速度仅为普通金刚石磨削的1/10～1/5，显著降低成本。电解磨削时无升温问题，没有磨削热，不产生磨削烧伤、裂纹和毛刺。电解磨削采用 KNO_3 等电解液时，应采取防腐防锈措施，避免污染。

5.5.5 电解磨削复合加工的应用

根据电解磨削复合加工的特点，在生产实际中常用来加工难加工材料中的高硬度零件，如硬质合金刀具、挤压模具、拉丝模具、轧辊等；还可加工小孔、深孔、小深孔、细长杆等零件以及薄壁筒结构等，应用范围日益广泛。

（1）硬质合金刀具的电解磨削

用氧化铝导电砂轮电解磨削硬质合金车刀和铣刀，表面粗糙度 Ra 可达 0.1～0.2μm，刃口圆弧半径小于0.02mm。采用金刚石导电砂轮磨削用于加工精密丝杠的硬质合金成型车刀，$Ra<0.016\mu m$，刃口锋利。所用电解液成分（质量分数）：$NaNO_2$ 为9.6%、$NaNO_3$ 为0.3%、磷酸氢二钠为0.3%、少量的丙三醇（甘油）及水。为改善表面粗糙度，电压为6～8V，加工时工作液的压力为0.1MPa，加工效率提高2～3倍，一个金刚石导电砂轮可使用5～6年。

（2）硬质合金轧辊的电解磨削

所用导电砂轮为铜基人造金刚石导电砂轮，磨料粒度为60#～100#，轧辊外圆直径为ϕ300mm，磨削型槽的成型砂轮直径为ϕ260mm。电解液的成分（质量分数）：$NaNO_2$ 为9.6%、$NaNO_3$ 为0.3%、磷酸氢二钠为0.3%、少量的甘油及水。粗加工电压为12V，电流密度为15～25 A/cm^2，砂轮转速为2900r/min，工件转速为0.025r/min，$a_p=2.5mm$。精加工电压为10V，工件转速为16r/min，工件移动速度为0.6mm/min。精加工型槽精度

为±0.02mm，型槽位置精度为±0.01mm，$Ra=0.2\mu m$，表面无裂纹，无残余应力，磨削比为138，提高了金刚石导电砂轮的使用寿命。

5.6 超声振动-磨削-脉冲放电复合加工技术

5.6.1 超声振动-磨削-脉冲放电复合加工技术的基本原理和特点

超声振动-磨削-脉冲放电复合加工技术是一种三元复合加工新技术，有效地结合了超声振动、脉冲放电（电火花）加工、磨削加工的特点。磨削加工与脉冲放电加工互为有利条件，超声振动用来强化磨削加工和脉冲放电加工的效果，并改善脉冲放电加工过程的稳定性，可明显提高生产效率，通过调整加工参数，可以获得高质量的加工表面。该项新技术对实现难加工材料的高效、高质量加工具有重要的意义。

超声振动-磨削-脉冲放电复合加工技术的加工原理是将导电基体的金刚石导电砂轮和工件分别连接脉冲电源的两极，接通电源后，砂轮基体表面与工件之间形成稳定电场，砂轮与工件之间充满含有磨料的工作液介质。金刚石导电砂轮附加轴向高频超声振动，砂轮与工件之间的间隙随超声振动进行相应改变，超声振动作用、脉冲放电和电极的高速旋转磨削加工的共同作用实现对工件的成型加工。当脉冲电源放电时，工作液介质被击穿，产生脉冲放电，进行材料的脉冲放电加工，并在加工表面形成放电影响层；脉冲放电停止，砂轮磨粒对脉冲放电加工形成的烧结层产生磨削作用。超声振动加工对加工表面产生超声振动加工作用，形成新的加工表面，如此反复进行加工。

该项技术的物理过程与脉冲放电加工和磨削加工的物理过程十分相似：通过脉冲放电加热工件材料，将材料熔化或者气化，从而将材料蚀除，并形成加工表面放电热影响层，是经砂轮磨削和超声振动作用将脉冲放电加工热影响层去除的过程。

超声振动-磨削-脉冲放电复合加工技术综合了三种加工技术的优点，是一种特别适合超硬脆材料的高效精密加工技术。金刚石导电砂轮附加超声振动，产生了超声脉冲放电加工和超声磨削加工效果；超声波产生的空化作用、泵吸作用、涡流作用及交变压力为脉冲放电加工和磨削加工的高效稳定进行提供了有利条件。

5.6.2 影响超声振动-磨削-脉冲放电复合加工材料去除率的因素

① 脉宽。脉宽对材料去除率有很大的影响。脉宽小时，放电时间短，电极材料来不及熔化，材料蚀除主要以气化分离为主，气化需要大量的气化热，由于单个脉冲能量较小，材料去除率较低；脉宽较大时，单个脉冲能量增加，材料去除率提高，加工表面质量变差。当脉宽增大到一定值后继续增加时，材料的蚀除速率不再升高，反而降低。

② 脉冲间隔。脉冲间隔减小，材料去除率迅速提高；脉冲间隔过小，材料去除率增加速度变缓，甚至会降低。当脉冲间隔时间能够满足电离时，脉冲间隔继续增加，单位时间放电次数减少，材料去除率也会降低。

③ 峰值电流。峰值电流增加，放电能量增大，造成材料的爆炸力增大，材料去除率提高，电极损耗增加。放电能量增大，单脉冲的蚀除量会增大，加工表面粗糙度会增加。放电产生的热量也会在工件上形成拉伸和压缩的应力场。由于硬脆性材料热导率低，温度梯度

大，产生热应力就大，因此，加工硬脆材料时容易产生裂纹。当峰值电流增大到某一临界值时，加工表面将出现微裂纹和表面拉应力。为提高加工表面质量，避免微裂纹产生，应控制放电能量的大小，即控制峰值电流或脉宽的大小。

④ 超声振幅和振动频率。在复合加工过程中，振动参数主要有超声振幅和振动频率。振动频率对材料去除率影响较小，工具的超声振幅对材料去除率影响较大且随超声振幅增大，材料去除率提高。由于振动频率增大，超声加工实际加工作用增加，材料去除率增加。工具的超声振幅增大时，单个脉冲放电能量增大，超声波引起的空化作用和泵吸作用随着超声振幅的增大而增强，改善了工作液的电离状态，提高了熔融材料的抛出比。因此，脉冲放电的利用率和熔化材料的抛出比随着工具超声振幅的增大而提高。

⑤ 开路电压。材料去除率随着开路电压的增大而提高，达到峰值后，材料去除率随电压的增大反而降低，加工表面质量随着开路电压的增大而降低，对电极损耗影响较小。开路电压增大，电场变强，电流密度增大，单脉冲放电能量增加，材料去除率提高，加工精度降低，工作液介质被击穿的可能性增大，要求增大加工间隙。开路电压继续增大，电流密度增大，加工表面集聚能量过多，严重时烧伤工件表面，表面质量变差。

⑥ 磨粒。磨具电极上采用较大颗粒的金刚石，保证合适的加工间隙，单颗磨粒磨削量增大，材料去除率较高。工作液中的固体磨料的料液比为(1∶8)～(1∶4)时，复合加工使材料去除率较好。磨料过少时，超声波所起作用太小，加工效果不明显；磨料过多时，工作液的流动性较差，加工区域的加工切屑不能及时排出，极间工况恶化，加工稳定性和加工质量变差。

难加工材料典型零件加工实例

6.1 耐磨合金高强度钢及超高强度钢切削加工实例

6.1.1 高强度钢30CrMnSiA与35CrMnSiA钢切削加工

针对耐磨合金高强度钢的切削加工，当主要加工余量在工件退火状态下进行去除时，退火状态的切削加工性较好。在工艺设计时必须留足半精加工余量、精加工余量及后续热处理的变形量。因其强度、硬度高，车削时刀具几何参数的选取与一般钢材情况不同。可根据材料力学性能，合理选择刀具几何参数与切削用量。

根据工厂加工30CrMnSiA与35CrMnSiA钢的实践，硬质合金车刀的主要几何参数与切削用量分别列于表6.1及表6.2。

表6.1 车刀的主要几何参数

材料	30CrMnSiA		35CrMnSiA	
工序	半精车	精车	半精车	精车
刀片号	YD05	YN05	YD05	YN05
前角 γ_0	3°～5°	0°～2°	1°～3°	−2°～0°
后角 α_0	8°	12°	8°	12°
主偏角 κ_r	26°	26°	26°	26°
刀尖角 ε_r	108°	180°	108°	180°
刃倾角 λ_s	−4°～−2°	0°	−4°～−2°	0°
刃口圆弧半径 r_ε	2mm	0.5mm	1～2mm	1mm

表6.2 车刀的切削用量

材料	30CrMnSiA		35CrMnSiA	
工序	半精车	精车	半精车	精车
切削深度 a_p/mm	0.7	0.3	0.55～0.8	0.3
进给量 f/(mm/r)	0.8	0.2	0.24～0.3	0.13
切削速度 v_c/(mm/min)	83	208	46	116

采用陶瓷刀片或PCBN复合刀片，刀具结构为机械夹固式车刀。陶瓷刀片的主要几何参数为：$\gamma_0=-5°$，$\alpha_0=5°$，$\kappa_r=45°$，$\lambda_s=-3°$，$r_\varepsilon=-0.5\sim0.6$mm，负倒棱 $\gamma_{01}=-25°\sim-20°$，倒棱宽度 $b_{r1}=0.2$mm。使用PCBN复合刀片：前角 $\gamma_0=-10°$，后角 $\alpha_0=6°\sim10°$，$\lambda_s=-5°\sim0°$，$r_\varepsilon=0.3$mm，负倒棱 $\gamma_{01}=-10°$，$b_{r1}=0.3$mm。

精车 35CrMnSiA 使用陶瓷刀具 AT6。切削用量为：$v_c=150$m/min，$a_p=0.5\sim0.8$mm，$f=0.26\sim0.28$mm/r。用 AT6 半精车 30CrMnSiA，硬度为 39～42HRC；切削用量为：$v_c=79.12$m/min，$a_p=0.5\sim1.6$mm，$f=0.45$mm/r。

GE公司的PCBN的BZB6100、BZN8200、BZN7000等牌号特别适合高硬度材料的粗加工、半精加工；切削用量为：$v_c=65\sim105$m/min，$f=0.13\sim0.50$mm/r，$a_p=0.75\sim2.5$mm。

6.1.2 高速线材轧机耐磨合金钢精密轧辊磨削加工

（1）精密轧辊工艺特点及加工方法分析

精密轧辊材质为ZGV5Cr5Mo5CoNbNi钢，该钢退火后硬度为28～34HRC，淬火与回火后硬度达64～66HRC。轧辊毛坯尺寸为143mm（成品为 ϕ140mm），长度为120mm。精密轧辊简图如图6.1所示。

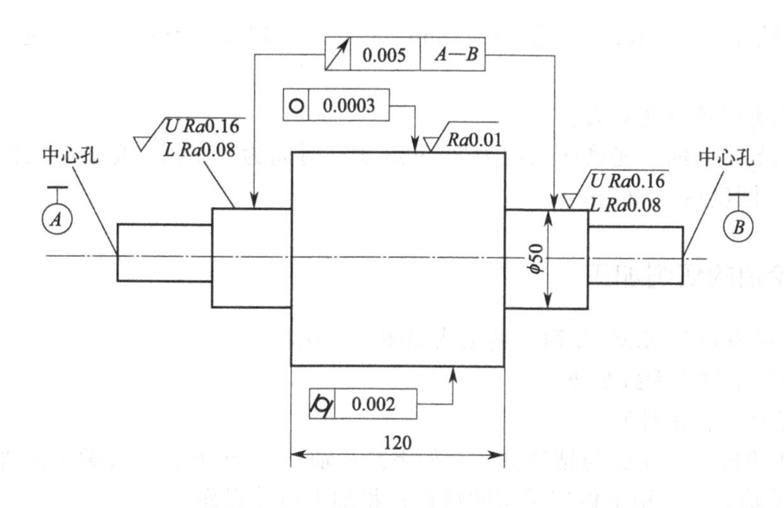

图6.1 精密轧辊简图

① 在磨削加工前对中心孔应进行仔细研磨和检查，研磨后使中心孔的圆度和同轴度达到0.2μm。

② 为保证轧辊加工精度，磨削应分为精磨、超精磨和镜面磨削。在精磨时使工件达到精度要求，而超精磨和镜面磨削去除余量很小，主要是改善轧辊表面粗糙度。

③ 由于一对轧辊的尺寸要求较严，为此在加工中应先选余量小的轧辊加工。

④ 磨削液要求润滑性能好，冷却性能与清洗性能也要好。超精磨和镜面磨削宜采用质量分数为5%～10%的极压乳化液或含有表面活性剂的精磨削液，使用中要注意磨削液的过滤与净化。

（2）精磨时加工精度应符合技术要求

① 轧辊工作面和两轴颈的圆跳动应小于0.005mm。

② 轧辊工作面圆柱度应小于0.002mm。

③ 轧辊工作面和两轴颈的表面粗糙度 Ra 应低于 0.2μm。

（3）超精磨

① 超精密数控磨床。

② 砂轮。采用树脂黏结剂金刚石砂轮，磨料 M-SD，粒度尺寸 36～54μm。

③ 砂轮修整。用锋利金刚石，取修整笔的每转进给量 f_a=0.012μm/r，工作台速度约为 10mm/min，修整笔的径向吃刀深度 a_d=0.0025mm，修 3 次，光修 1 次，对金刚石砂轮要采用在线电解修整（ELID）。

④ 磨削用量。v_s=18m/s，工件速度 v_w=10m/min，工作台纵向进给速度 v_f=50～100mm/min，a_p=0.0025mm，横向进给次数为 2 次。

磨削后工件表面粗糙度 Ra 可达 0.025～0.045μm，同时保证轧辊工作台与两轴颈的同轴度。镜面磨削余量取 0.003～0.062mm。

（4）镜面磨削轧辊工作面

① 砂轮。采用细粒度树脂黏结剂加石墨填料的砂轮 WAW10ED，或树脂金刚石砂轮（同超精磨）。

② 砂轮修整。用锋利金刚石，取 f_a=0.01mm/r，a_d=0.0025mm，修整 5 次，光修 1 次。

③ 磨削用量：v_s=18m/s，v_w=8m/min，v_f=50～100mm/min，横向进给量视机床条件而定。

④ 要特别重视第一次对刀。

⑤ 光磨次数与时间。光磨次数约为 20～30 次，时间为 2～4h。光磨后工件表面粗糙度 Ra<0.01μm，圆度达 0.002mm。

6.1.3 涡轮轴的切削加工

涡轮轴材料为 40CrNiMoA 钢，其结构如图 6.2 所示。

涡轮轴的加工过程大致如下。

① 装夹毛坯（模锻件）。

② 粗加工阶段。切端面与钻顶尖孔（如果是长轴）；车出安装中心架用的外圆表面（如果是长轴）；钻轴心孔；切下做实验用的试件；粗加工内外表面。

③ 中间检验。

④ 热处理（淬火加回火）。

⑤ 修复基准——车外圆基准面和中心架基准面（如果是长轴）。

⑥ 细加工阶段如下。

a. 镗内孔。

b. 车外表面。

c. 铣槽及其他类似的型面加工。

d. 钻径向孔。

⑦ 精加工阶段如下。

a. 镗或磨内孔。

b. 抛光内孔。

c. 磨外表面。

d. 加工内外花键和螺纹。

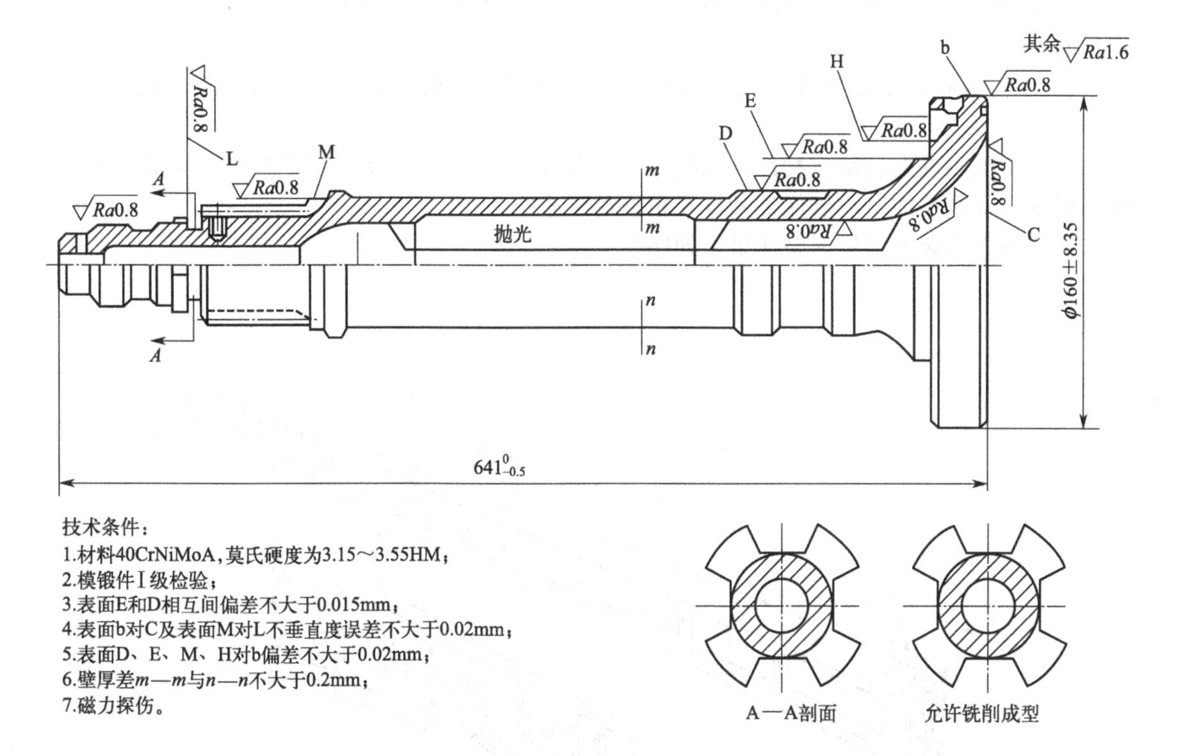

图 6.2 涡轮轴结构（单位：mm）

e. 抛光外表面。

⑧ 最终检验。对于渗碳轴要在粗加工阶段对渗碳表面进行细加工。在精加工阶段中，如何确定孔和外圆的加工顺序是一个主要问题。在一般情况下，应该先加工孔至最后尺寸，然后以孔作为定位基准来加工外圆，这样比较容易保证内外圆的同轴度。原因是用心轴定位比用外圆夹具更容易取得高的定位精度。

但由于像涡轮轴这样的零件，内外圆同轴度要求很高（0.015～0.02mm），即使用心轴定位也很难保证；而且涡轮轴的长度大，内孔为台阶孔，其最小孔的直径又很小，不适宜用心轴定位。此时定位必须采用校正的办法，校正工件时一般依据外圆来进行比较方便。因此，就要先加工外圆，随后加工内孔。

6.1.4 梁类零件加工

（1）构造、技术条件与材料

在飞机的整体结构中，整体梁已获得普遍应用。由于飞机的性能不断提高，对梁类零件的要求也越来越高。梁类零件作为整体结构的主要承力件，既要提高其强度及刚度，又要减轻其质量。因此，梁类零件的构型上十分复杂。梁类零件的结构特点如下。

① 从截面的构型看，有工字形、U 字形、工字形和 U 字形的结合，以及更为复杂的异形截面。

② 为了获得最大的抗弯强度，减轻结构的质量，以提高强度质量比，梁的外形轮廓不仅具有曲度，而且具有变斜角。

③ 梁类零件上有配合槽口以及重要的结合孔等。

④ 轮廓外形尺寸较大，而剖面的尺寸较小，即零件的刚度相对较小，在加工时应注意变形问题。

⑤ 外、内形套合面与结合孔之间有较为严格的位置精度要求，以保证零件的互换与协调。

由于梁类零件上述结构特点，尤其是外形复杂和尺寸大，给加工带来较大困难。为此，常采用多坐标数控加工，以保证其位置精度的要求。

梁类零件的典型结构为整体梁，如图 6.3 所示。

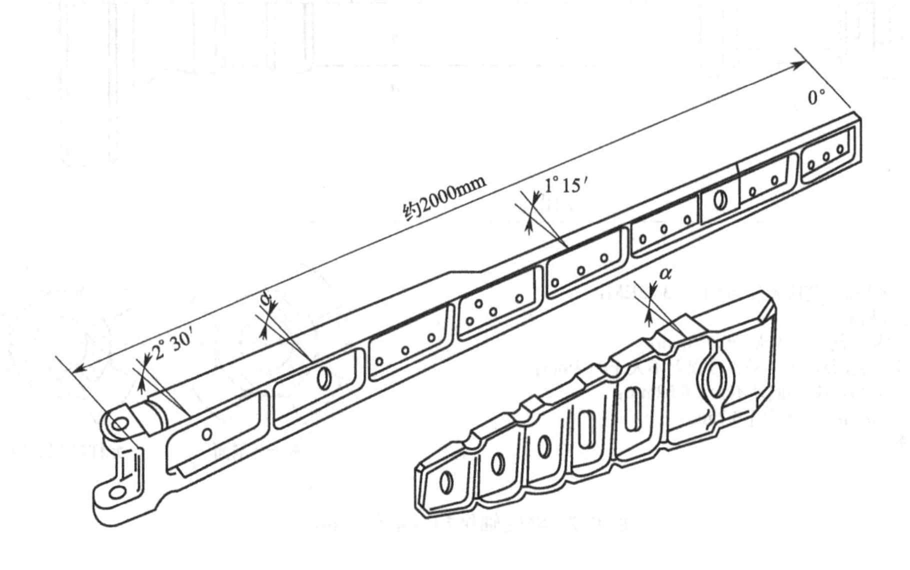

图 6.3　整体梁零件图

梁的加工精度可用下列数据表示。

① 表面的加工精度。交点孔的尺寸精度为 IT6；槽口的尺寸精度为 IT9；耳片结合孔的尺寸精度为 IT11；外形的尺寸公差为 0.3mm；缘条的尺寸公差为 0.5mm；腹板的尺寸公差为 0.7mm；纵、横向的直线度为 0.5～1.5mm。

② 表面间的位置精度。交点孔的位置精度为 0.1～0.2mm；槽口的位置精度为 0.3～0.6mm；缘条的位置精度为 0.3mm；腹板的位置精度为 1～2mm。

③ 表面粗糙度。交点孔、槽口、耳片结合孔的表面粗糙度 $Ra=1.6\mu m$；外形、缘条、腹板的表面粗糙度 $Ra=3.2\mu m$。

大部分梁类零件的常用材料有高强度的合金结构钢 30CrMnSiA、30CrMnSiNi2A，铝合金 LY12、LC4，以及钛合金 TC4 等。

(2) 梁的工艺路线的确定

梁的毛坯一般采用模锻件。铝合金零件也有采用预拉伸板材的。由于梁的尺寸较大，所以余量不能太小。

毛坯应进行热处理：合金结构钢的热处理一般采用淬火（870～900℃油淬）和回火（300～570℃）。其力学性能为：$\sigma_b=1000\sim1600$MPa，$\delta=9\%\sim10\%$，硬度为 302～444HB。

钛合金的热处理为退火状态。其常温力学性能为：$\sigma_b=895\sim910$MPa，$\delta=8\%\sim12\%$；在 400℃时，其 $\sigma_b=590\sim620$MPa。

梁的机械加工，因毛坯余量较大，常划分为以下三个阶段进行加工。

① 粗加工阶段，主要是加工出定位基准面与孔，并且去除槽口、内外形、腹板等大部

分余量。

② 细加工阶段，主要对内外形、槽口等表面进行加工，以提高其精度。

③ 精加工阶段，对交点孔、槽口、结合面和结合孔等进行最后加工，并且进行钳工修整，以达到装配要求。

由于梁的尺寸较大、安装困难，所以常采用工序集中原则进行加工。

常采用设计基准的基准面及翼弦的工艺孔作为工艺基准。

热处理工序的目的是达到力学性能、改善加工性和消除内应力。

预热处理一般是为了改善毛坯的加工性，常安排在工艺过程的开始阶段进行。最终热处理是为了使零件达到要求的力学性能，一般安排在工艺过程的稍后阶段进行。

对于铝合金零件，则在机械加工前进行最终热处理，因为铝合金在硬度较高时便于加工。

梁的主要表面加工方案如下。

① 内、外形加工。内、外形常用粗铣、细铣和精铣来加工。当精度及表面粗糙度要求较低时，可采用粗铣和细铣加工。

② 交点孔加工。交点孔采用钻、扩、粗铰和精铰的方案进行加工，一般可达到IT7～IT8，*Ra* 可达0.8～1.6μm；零件为铝合金时，也可采用钻、扩和精镗的方案进行加工。

③ 结合孔加工。结合孔一般采用钻、扩、粗铰和精铰的方案进行加工，或采用钻、粗铰和精铰的方案。当要求较低时，也可以用钻、铰的方案进行加工。

④ 槽口加工。对于钢或铝合金梁类零件，均可采用粗铣、细铣和精铣的方案进行加工。有时，钢件也可采用粗铣、细铣和磨削的方案进行加工，其精度可达到IT6～IT8，*Ra* 可达0.8～1.6μm。梁的工艺路线（表6.3）大致如下。

表6.3 梁的工艺路线

序号	工艺内容	序号	工艺内容
1	预热处理	15	细铣基准面及定位孔
2	粗加工定位基准面及定位孔	16	细铣外形
3	粗铣外形	17	细铣内形
4	粗铣内形	18	细铣头部外、内形
5	粗铣尾部外形	19	细铣尾部外、内形
6	粗铣尾部斜面	20	细铣缘条外形
7	粗铣尾部内形	21	钻缘条孔
8	粗铣槽口	22	精加工交点孔端面及交点孔
9	粗铣头部外形	23	精铣槽口
10	粗铣交点孔端面	24	精铣尾部斜面
11	粗钻结合孔	25	扩、铰头部结合孔
12	粗钻交点孔	26	打磨修整
13	中间检验	27	总检
14	热处理	28	表面处理

（3）梁的主要加工工序的加工方法

① 外形加工。梁具有曲线的外形，而且曲线的外形还带有斜角，可以采用专用的仿形机床进行加工。近年来，由于数控技术的发展，常采用多坐标数控铣床来加工这类零件。

由于梁类零件外形的曲率较小，多半采用四坐标数控铣床来进行加工。为了适应外形和斜角的变化，铣床应具有 *X* 轴、*Y* 轴、*Z* 轴和 *A* 轴四坐标联动的功能，其运动方案如图6.4所示。

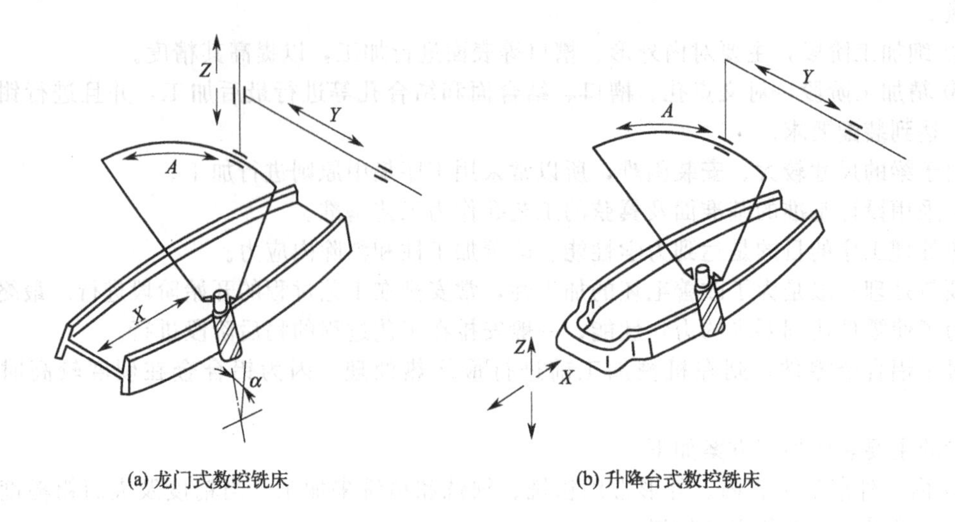

(a) 龙门式数控铣床

(b) 升降台式数控铣床

图 6.4 四坐标铣床运动方案

对于曲率变化剧烈的零件，则应采用具有 X 轴、Y 轴、Z 轴、A 轴和 C 轴五坐标联动功能的数控铣床，以达到加工要求。图 6.5 所示为五坐标铣床运动方案。

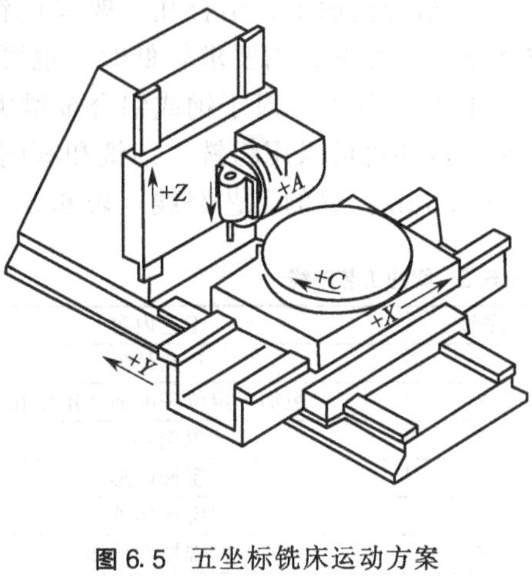

在加工梁的外形时，由于外形具有变斜角且曲率较小，所以用四坐标数控铣床加工外缘时，仅需 X 轴、Y 轴、A 轴联动。图 6.6 所示为 X 轴、Y 轴、A 轴三坐标运动方案。

设：数据给出面为 A；刀具转心与数据给出面 A 的 Z 向距离为 H。

当由切面Ⅰ加工至切面Ⅱ时，刀具转心的 X 轴增量：

$$X = x_2 - x_1$$

图 6.5 五坐标铣床运动方案

Y 轴增量：

$$Y = y_2 - y_1 = (y'_2 + H\tan\alpha_2 + R/\cos\alpha_2) - (y'_1 + H\tan\alpha_1 + R/\cos\alpha_1)$$
$$= (y'_2 - y'_1) + H(\tan\alpha_2 - \tan\alpha_1) + (R/\cos\alpha_2 - R/\cos\alpha_1)$$

式中，$y'_2 - y'_1$ 是由外形本身变化引起的变化量；R 为铣刀半径；后两项则是因斜角变化所引起的 Y 方向的数值变化。

A 轴增量：

$$A = \alpha_2 - \alpha_1$$

当加工内缘时，刀具端面应与底面接触；而当铣刀摆动后，铣刀有升降或离开底面，或是形成过切。因此，为了始终保持刀具与底面接触，当刀具摆动时必须有 Y 轴、Z 轴的附加运动，形成四坐标联动。图 6.7 所示为加工内缘的情况。

设：数据给出面为 A；刀具转心与数据给出面 A 的 Z 向距离为 H。加工时由切面Ⅰ加工到切面Ⅱ时，刀具转心的 X 轴增量：

$$X = x_2 - x_1$$

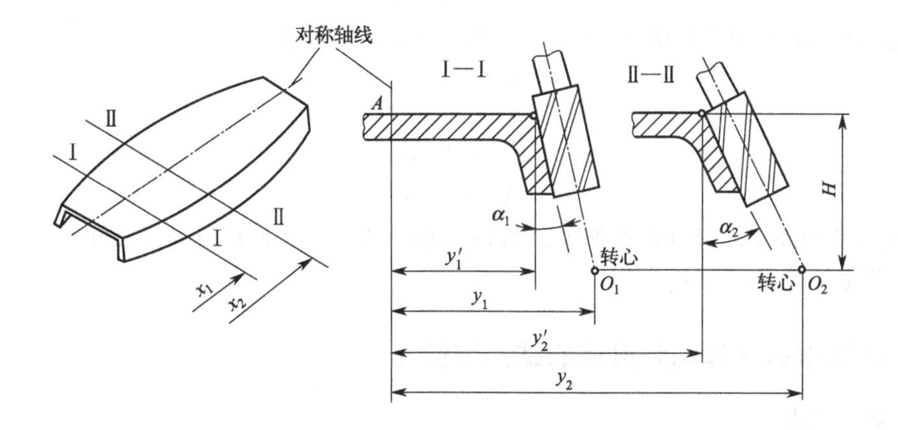

图 6.6 *X* 轴、*Y* 轴、*A* 轴三坐标运动方案

A 轴的增量：

$$A=\alpha_2-\alpha_1$$

由外形及角度变化引起的 *Y* 轴增量：

$$Y=y_2-y_1=(y_2'-y_1')-[(R/\cos\alpha_2-R/\cos\alpha_1)-H(\tan\alpha_2-\tan\alpha_1)]$$

式中，$y_2'-y_1'$ 为数据给出面上外形变化量；第二项是由角度变化引起的 *Y* 轴增量。

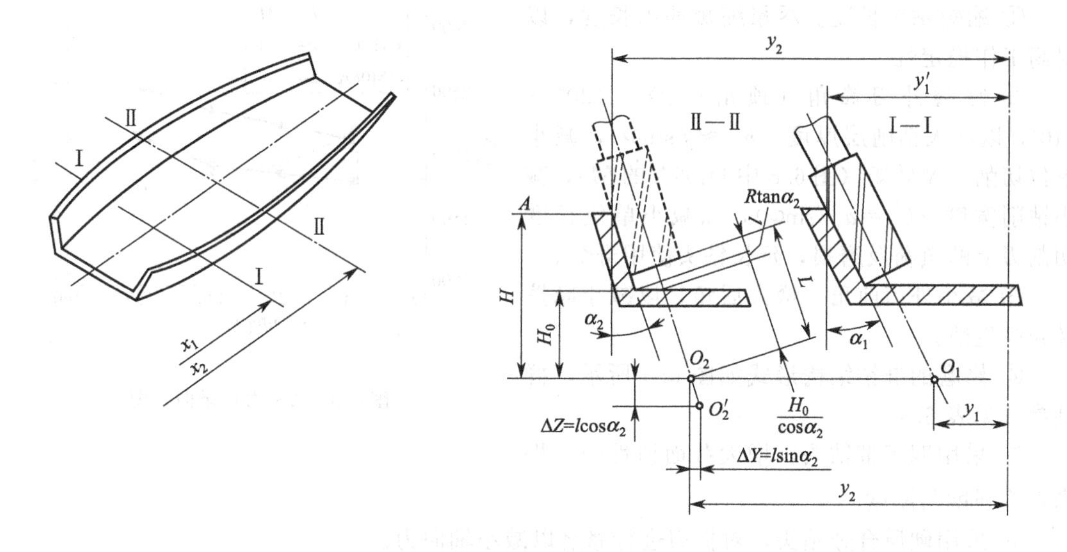

图 6.7 加工内缘的情况

刀具在切面Ⅱ的位置如虚线所示，因上述增量的存在刀具端面将脱离底面。因此，为了加工底面，必须使刀具沿轴向移动一个距离 l，即

$$\begin{aligned}l&=L-(R\tan\alpha_2+H_0/\cos\alpha_2)\\&=(R\tan\alpha_1+H_0/\cos\alpha_1)-(R\tan\alpha_2+H_0/\cos\alpha_2)\\&=R(\tan\alpha_1-\tan\alpha_2)+(H_0/\cos\alpha_1-H_0/\cos\alpha_2)\end{aligned}$$

为了达到移动 l 的目的，可在 *Y* 轴和 *Z* 轴上附加一个移动距离，即

$$\Delta Y=l\sin\alpha_2$$

$$\Delta Z = l\cos\alpha_2$$

因此，由切面Ⅰ加工到切面Ⅱ时，4 个坐标的增量分别是

$$X = x_2 - x_1$$

$$Y = y_2 - y_1$$

$$Z = -l\cos\alpha_2$$

$$A = \alpha_2 - \alpha_1$$

② 交点孔的加工。交点孔的加工分为钻孔和铰孔。钻孔使用麻花钻或枪钻钻头。铰孔使用硬质合金镗铰刀。

6.1.5 高强度钢与超高强度钢的钻孔与铰孔

(1) 钻孔特点

高强度钢与超高强度钢的抗拉强度比 45 钢大 1～2 倍，相对可加工性仅为 0.1 左右。钻孔是在半封闭空间进行，钻削转矩和轴向力都较大，钻头常因强度不足而无法工作。采用硬质合金钻头钻削可行。但因麻花钻钻头横刃较宽，轴向力太大，易产生振动，对机床与钻头轴线的同轴度及振摆要求较高；内冷却钻头固然好，因成本高，致使实际生产中的使用受限。因此，实际生产中普遍使用的还是经修磨过的高速钢钻头，再辅以合适的切削用量，来实现钻孔加工。

(2) 主要措施

① 缩短钻头长度。尽量缩短伸出长度，以提高工作稳定性。

② 修磨外刃锋角（顶角）$2\Phi = 130° \sim 140°$，以增大钻削层厚度（$h_D \approx f\sin\Phi$），减小单位切削力及转矩（图 6.8 中 D406A 的 M），减小钻削宽度（$b_D = a_p/\sin\Phi$），以减小单位长度切削刃上的负荷及磨损，延长钻头使用寿命。

③ 减小外刃前角，增大后角，以减小摩擦及减少生热。

④ 修磨的群钻结构形式如图 6.9 所示，群钻参数见表 6.4。

⑤ 采用四刃带钻头，增大截面惯性矩，提高钻头强度与刚度。

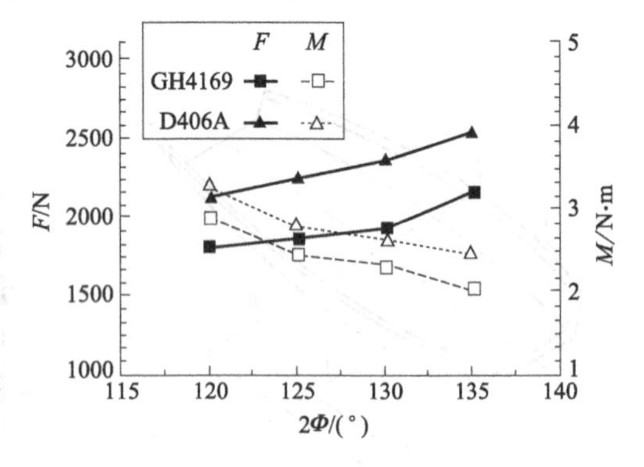

图 6.8 钻削力记录曲线图

⑥ 采用硬质合金钻头，对横刃进行修磨以减小轴向力。

⑦ 采用内冷却硬质合金钻头，降低切削温度，减小钻头磨损，延长钻头寿命。

⑧ 采用较小进给量，以减小钻削力。

表 6.4 群钻参数

钻头直径 d/mm	尖高 h /mm	刃口圆弧半径 r_ε/mm	外刃长 l/mm	横刃长 b_ψ /mm	外刃锋角 2Φ/(°)	内刃锋角 $2\Phi_\tau$/(°)	转速 n /(r/min)	进给量 f /(mm/r)
ϕ10.3	0.75	2.5	3.8	0.5	140°	130°	200～250	0.04～0.06

修磨高速钢钻头 Φ12mm 成群钻，一次可钻 3～4 个孔。如将日本 OSG 钻头修磨成群钻，一次可钻 10 个孔，可允许修磨 20 次，总计可钻 200～300 个孔。

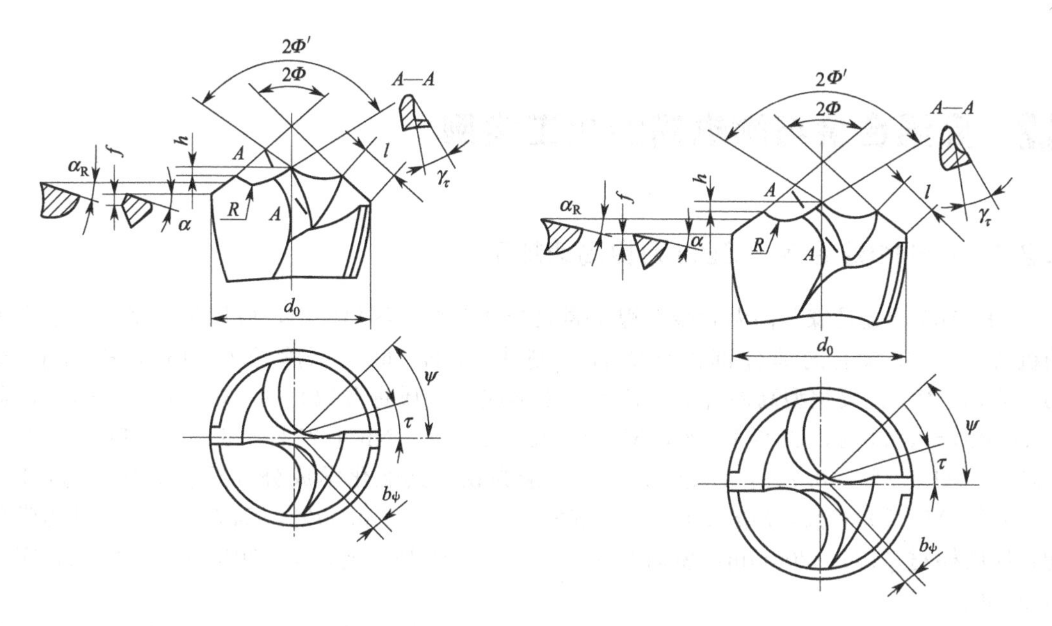

图 6.9 群钻结构形式

6.1.6 高强度钢与超高强度钢的攻螺纹

因为高强度钢与超高强度钢的抗拉强度比 45 钢大 1～2 倍，所以攻螺纹转矩约为 45 钢的 2～3 倍，丝锥极易崩齿，甚至折断，用标准高速钢丝锥很难实现攻螺纹。经修磨切削齿和校准齿丝锥的后刀面增大后角或倒锥量，可减小摩擦，减小攻螺纹转矩。采用特殊结构丝锥是效果更好的办法，如采用修正齿丝锥或修正丝锥效果很好，但必须尽量减小其切削锥角（主偏角 $\kappa_r=3°30'$），以减小每齿切削厚度，减小攻螺纹转矩。D406A 攻螺纹转矩曲线见图 6.10。

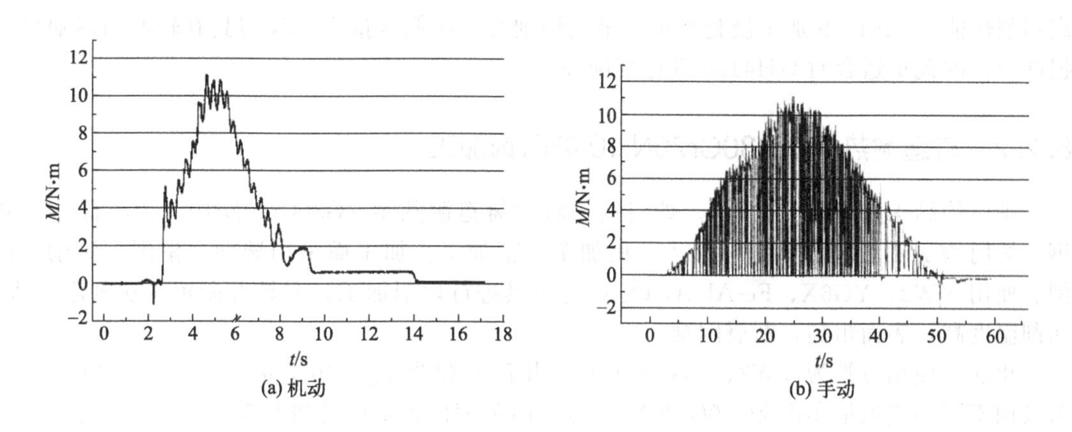

图 6.10 D406A 攻螺纹转矩曲线

为攻螺纹安全，一般采用手动攻螺纹。

另外，螺纹底孔钻头直径选取要比普通材料稍大，即选取底孔直径的上偏差为宜，以防止由于孔缩引起丝锥小径参加工作，造成丝锥损坏。例如，M12-6H 的底孔 ϕ10.2～10.4mm，应选用 ϕ10.3～10.36mm 钻头为宜。

6.2 高温合金与耐热钢的加工实例

6.2.1 GH4169合金PCBN刀具高速加工

GH4169合金是镍基高温合金。镍基高温合金在高温零部件中，应用最广泛，占航空发动机质量50%以上的部分都由该类合金制成。GH4169（原牌号GH169）相当于Inconel718，为沉淀硬化型高温合金。其主要化学成分（质量分数）为：Cr 17.0%～21.0%，Ni 50.0%～55.0%，Co≤1.0%，Mo 2.8%～3.3%，Nb 4.75%～5.5%，Ti 0.75%～1.15%，Al 0.3%～0.7%，C≤0.08%，其余为铁。其他化学成分（质量分数）为：B≤0.006%，Mn≤0.35%，Mg ≤0.01%，Si≤0.35%，Cu≤0.30%，Ca≤0.01%。其力学性能：优质棒材ϕ126～200mm，横向20℃，σ_b≥1240MPa，$\sigma_{0.2}$≥1030MPa，δ≥6%，螺旋角ψ≥8°。

采用硬质合金刀具加工，刀具磨损严重，加工表面质量难以保证；加工硬化、金属亲和力大、易黏附、热导率低，导致切削温度高达1200℃。使用聚晶立方氮化硼（PCBN）刀具高速加工GH4169合金，切削速度可提高到100～1000m/min，可以提高生产率，减少刀具磨损，提高零件表面加工质量。由于PCBN刀具在高温区化学稳定性好，适用于高速切削镍基、铁基高温合金。切削高温合金零件一般先用YG类硬质合金，如YMo51、YMo52硬质合金或涂层硬质合金进行粗加工。在v_c=90m/min，f_z=0.08min/z，a_p=0.5mm条件下，使用TiAlN涂层球头铣刀进行加工，效果良好。可用PCBN刀具进行高温合金的精加工。PCBN分为高含量PCBN刀具与低含量PCBN刀具。使用85%～95%的CBN时，粒度为2～3μm，采用金属黏结剂的PCBN刀具，切削速度v_c=120～240m/min。在低含量PCBN中加入TiN或TiC等黏结剂，可以减小刀具在切削中的内应力，降低切削温度，提高切削性能。GH4169加工硬化严重，增大切削力，而低含量PCBN刀具有较低的耐缺口破损能力，因此更适合对GH4169进行切削加工。

6.2.2 铸造耐热钢ZG30Cr20Ni10炉门钩加工

炉门钩结构如图6.11所示。炉门钩材料为铸造耐热钢ZG30Cr20Ni10，为奥氏体耐热钢。炉门钩加工工艺为铸造—退火—粗加工—精加工。加工面采用铣削、钻削、镗削、刨削。使用YW2、YG6X、Fe-Al/Al_2O_3陶瓷刀具进行切削加工，刀具寿命短，切削阻力大，切削温度高，表面粗糙，断屑困难。

粗加工使用刀具为YW2、YG6X刀具，几何参数为γ_0=10°，α_0=7°，κ_r=90°。三种刀具用不同的进给量车削ZG30Gr20Ni10零件时的表面粗糙度见表6.5。

表6.5 三种刀具用不同的进给量车削ZG30Cr20Ni10零件时的表面粗糙度

刀具材料	表面粗糙度				
	0.10mm/r	0.15mm/r	0.20mm/r	0.25mm/r	0.30mm/r
YW2	1.71	1.87	2.09	4.88	6.29
YG6X	2.32	4.65	6.06	8.96	11.32
Fe-Al/Al_2O_3	2.16	3.15	5.67	6.13	11.65(微振)

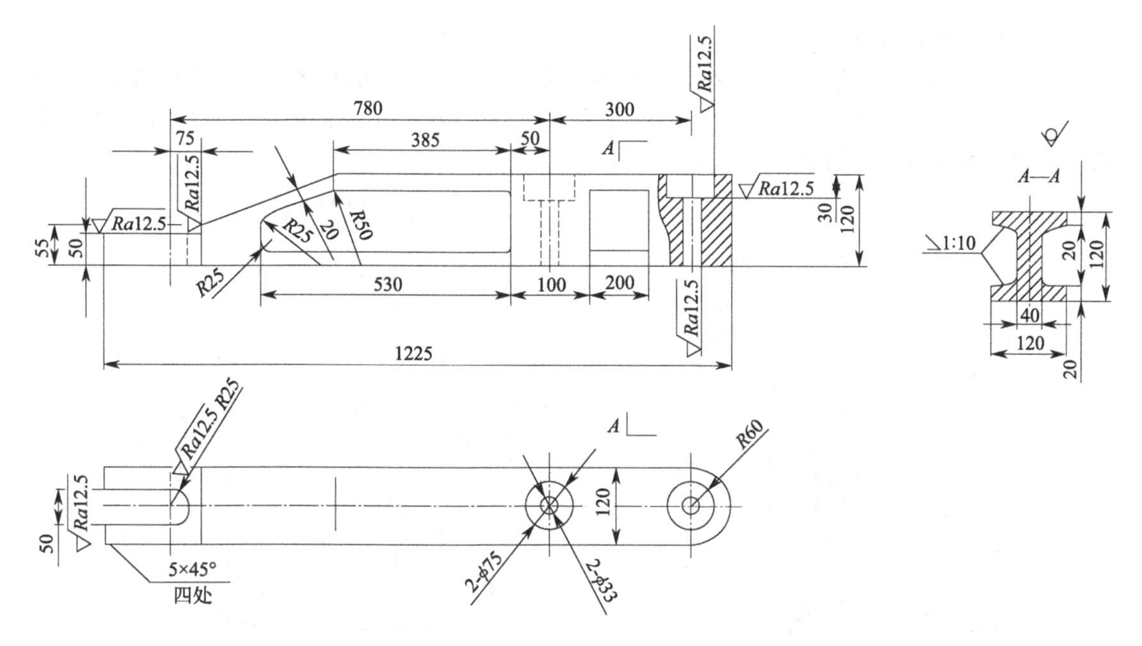

图 6.11　炉门钩结构（单位：mm）

车削奥氏体耐热钢 ZG30Cr20Ni10 时，Ra 值随 v_c 值的增加而下降，在低、中切削速度的情况下，易产生积屑瘤及鳞刺，表面粗糙度较大。

当切削速度在较高的范围内时，对表面粗糙度值的影响较小。YW2 刀具在切削速度 v_c=40m/min 和 v_c=81.7m/min 时进行车削有不同程度的振动，随着速度的提高，振动逐渐消失；YG6X 刀具在 v_c=96.1m/min、Fe-Al/Al_2O_3 陶瓷刀具在 v_c=43.2m/min 时也有不同程度的振动，速度高于或低于这个范围，振动减弱或消失。因此，为了得到更好的表面质量，在选择速度时应避开这些切削速度范围。

从以上实验结果可知，进给量 f 对 Ra 值影响很大；随工件进给量的增加，加工表面粗糙度值增大。这是因为切屑沿前刀面流出时，切屑底层与前刀面发生剧烈挤压和摩擦，切屑进一步变形使得切屑底层的变化比上层大。所以，当工件进给量增大时，切屑厚度随之增加，f 也呈正比例增大，有时引起振动，使工件表面粗糙度值随着进给量的增加而增大。另外，已加工表面残留面积的高度随着 f 值的增大呈正比例增加。此外，进给量改变时，还通过切削深度 a_p 的变化影响 Ra 值：f 增大，a_p 增加；加大 f 会使表面粗糙度恶化。

可使用 PCBN 刀具进行精加工，切削速度 30～200m/min，切削深度 0.1mm，进给量 0.2mm/r，使用切削液。

6.2.3　汽轮机叶片的切削加工

汽轮机叶片工作在 450～620℃下，其蠕变强度、耐腐蚀性等要求较高。汽轮机前级叶片工作温度较高，一般选用 1Cr13；后级温度较低，冲刷磨损较大，常用 2Cr13。随着发电机组功率越来越大，对叶片钢的要求也越来越高，开发出了 1Cr12Ni2W1Mo1V 马氏体不锈钢。该钢经 980～1000℃加热 2h 空冷淬火，再经 670～690℃回火 5h。其力学性能为：抗拉强度 σ_b=980MPa，屈服强度 $\sigma_{0.2}$=803MPa，伸长率 δ=17.1%，冲击韧性 α_k>100J/cm^2。叶片是航空发动机中最关键的零件。叶身型面形状复杂且要求精度高，材料加工难，薄壁易变形。采用常规机械加工法的工艺过程为：精密铸造—机械加工—抛光—镶嵌至叶轮槽中—焊接。

(1) 叶片的铣削加工方法

图 6.12 所示为涡轮盘零件。在其中过渡圆弧 $R=22.5$mm 的轮毂上均带有厚度为 (1.4±0.05) mm 的叶片 (共 12 片)，外形尺寸为 $R=(15\pm0.1)$mm 的型面。对叶片的加工工艺方法为：铣削叶片—弯曲成型—车外型面。

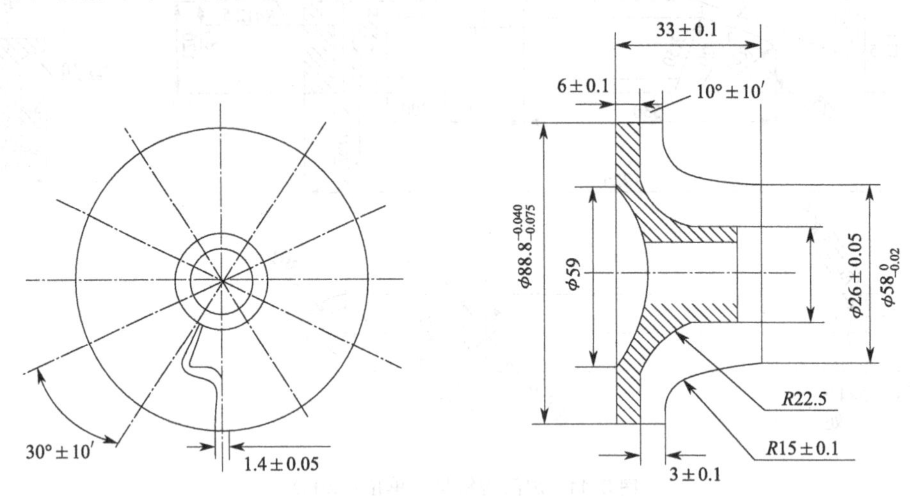

图 6.12 涡轮盘零件 (单位：mm)

铣削叶片根据零件轮毂的转接半径选用细齿铣刀 $\phi45$mm×3mm，则尺寸 $R=22.5$mm 由刀具保证。铣削叶片的一个面后，转动零件 30°，铣相邻叶片的同侧面，直至 12 片叶片的同一侧铣削完毕，再铣叶片的另一侧面。这时需转动一个角度，但转动轴心不是零件的轴线。铣叶片的两侧面时，铣刀厚度中心线的交点与零件轴线不重合，两个交点间有一个偏心距，偏心距及角度误差的积累会影响叶片厚度。为此设计了铣削夹具 (偏心盘)，再加上其他辅助工具，就可加工叶片的两侧面。当铣刀厚度为 3mm 时，经计算偏心距 $L=8.5$mm。偏心距示意如图 6.13 所示。铣削夹具如图 6.14 所示。

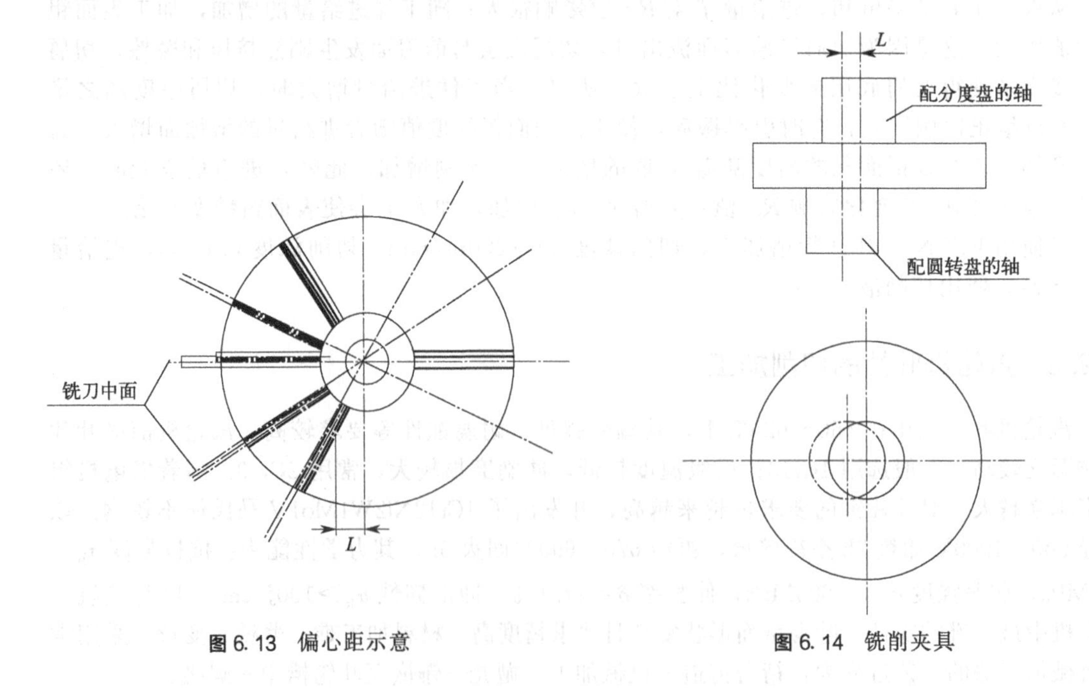

图 6.13 偏心距示意

图 6.14 铣削夹具

为了提高叶片在弯曲时的塑性，避免产生裂纹，在机加工后安排零件热处理（淬火）工序，热处理后将零件安装在弯曲模具上，用比零件材料软的木质工具均匀地进行弯曲，直到与模具吻合为止。考虑到在弯曲过程中有一定的回弹量，叶片不能与模具完全贴合，故在设计模具时应给零件留出 0.1mm 的回弹量，即零件的叶片和模具有 0.1mm 的间隙。为消除叶片弯曲过程中产生的内应力，应避免叶片产生恢复性蠕变，叶片弯曲后应及时进行时效处理。

（2）叶片数控加工原理

① 直纹面叶片加工。对于直纹面叶片加工，常用球头铣刀进行行切法铣削。所谓“行切法”，是指刀具与零件轮廓的切点的轨迹是一行一行的，行距按零件加工精度要求确定。叶片为敞开的曲面，其加工可采用两种走刀路线。图 6.15 所示为直纹曲面叶片加工的走刀路线，采用图 6.15(a) 所示方案。每次沿直线加工，刀具位置计算简单、程序少，加工过程符合直纹面的形成，可准确保证母线直线度。采用图 6.15(b) 所示方案时，沿曲线加工，叶形的准确度高，便于加工后检查，但程序多。由于曲面边界敞开，没有其他限制，故边界曲面可以延伸，球头铣刀可由边界外开始加工。

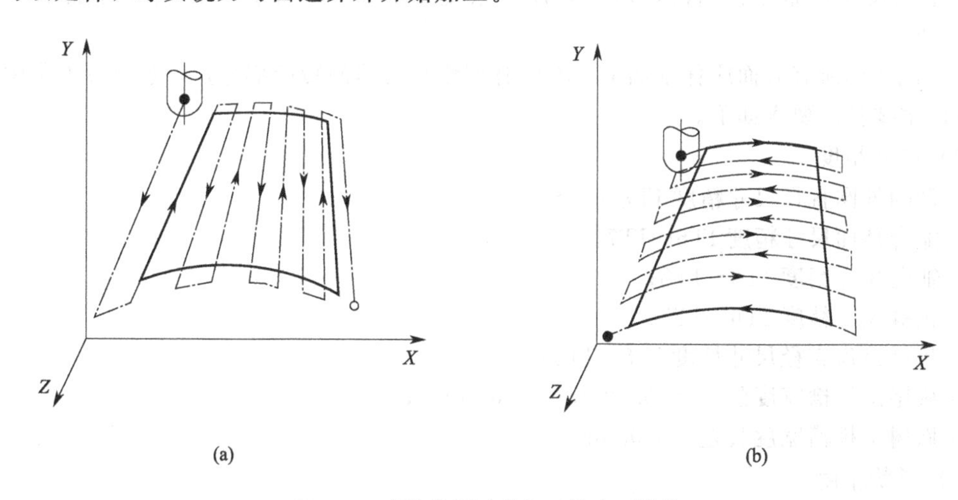

图 6.15　直纹曲面叶片加工的走刀路线

② 叶片五坐标加工。五坐标加工的典型零件之一是螺旋桨。其叶片的形状和加工原理如图 6.16 所示。在半径为 R_i 的圆柱面上与叶面的交线 AB 为螺旋线的一部分，螺旋角为

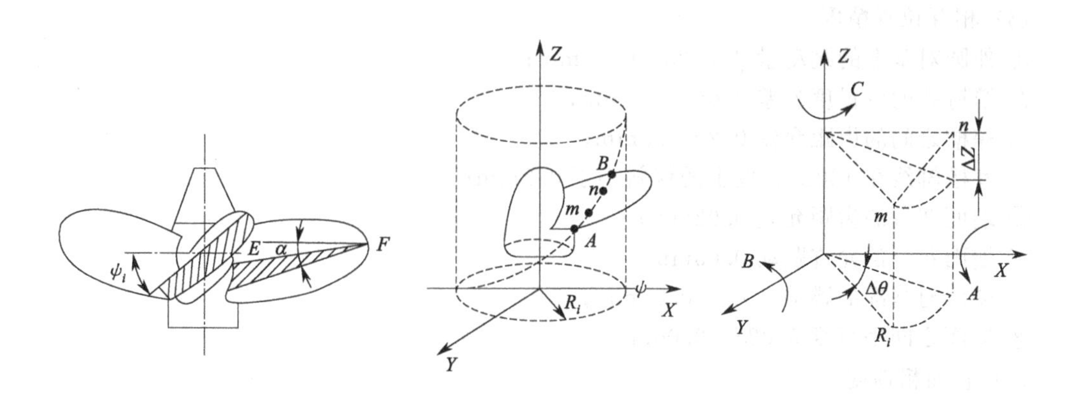

图 6.16　五坐标加工

ψ_i，叶片的径向叶形线（轴向割线）EF 的倾角 α 为后倾角。螺旋线 AB 用极坐标加工方法加工，并且以折线段逼近，逼近段 mn 是由 C 坐标旋转 $\Delta\theta$ 与 Z 坐标位移 ΔZ 合成的。当 AB 加工完成后，刀具径向位移 ΔX（改变 R_i），再加工相邻的另一条叶形线，依次加工即可形成整个叶面。由于叶面的曲率半径较大，因此常采用端面铣刀加工，以提高生产率并简化程序。为保证铣刀端面始终与曲面贴合，铣刀还应做由坐标 A 和坐标 B 形成的 θ_1 和 α_1 的摆角运动。在摆角的同时，还应做直角坐标的附加运动，以保证铣刀端面中心始终位于编程值所规定的位置上，所以需要五坐标加工。

6.2.4 压气机盘的加工

压气机盘、涡轮盘都是发动机的主要零件，是在高温高速下工作的，一般转速在10000～20000r/min之间。涡轮盘工作温度是500～800℃，压气机盘为0～430℃。图6.17所示为压气机盘，材料为耐热钢1Cr11Ni2W2MoV模锻件。由于压气机盘的直径较大，而轮缘及腹板部分相当薄，因此，加工余量不能太大；不过，某些部分加工余量可达10～12mm。

压气机盘的所有表面应仔细加工，不应有划痕和突然的转接部分，以避免应力集中。压气机盘的主要技术要求如下。

(1) 尺寸精度

① 盘的外圆直径尺寸精度IT7～IT8；

② 配合环面尺寸精度IT6～IT7；

③ 轴向尺寸精度IT6～IT8；

④ 花键尺寸精度IT6～IT7；

⑤ 封严篦齿直径尺寸精度IT8～IT9；

⑥ 燕尾形榫槽宽度公差±(0.03mm～0.05mm)；

⑦ 枞树形榫槽宽度公差±0.05mm。

(2) 形状精度

① 径向配合表面圆度0.009～0.01mm；

② 轴向配合表面平面度0.01～0.015mm；

③ 腹板轮廓度0.10～0.15mm；

④ 枞树形榫槽面轮廓度0.02mm。

(3) 相互位置精度

① 外圆对基准的跳动量 ϕ0.025～0.04mm；

② 销钉孔的位置度公差0.05～0.2mm；

③ 榨槽之间的齿距允差0.2～0.3mm；

④ 榫槽轴线在100m长度上的偏斜小于0.2mm；

⑤ 端面花键的齿距允差0.02mm；

⑥ 端面花键的允许跳动0.05mm；

⑦ 端面对基准的跳动0.02～0.05mm；

⑧ 端面之间平行度0.025～0.06m。

(4) 表面粗糙度

① 配合表面 Ra=0.4～0.8μm；

② 榫槽表面 Ra=0.4～0.8μm；

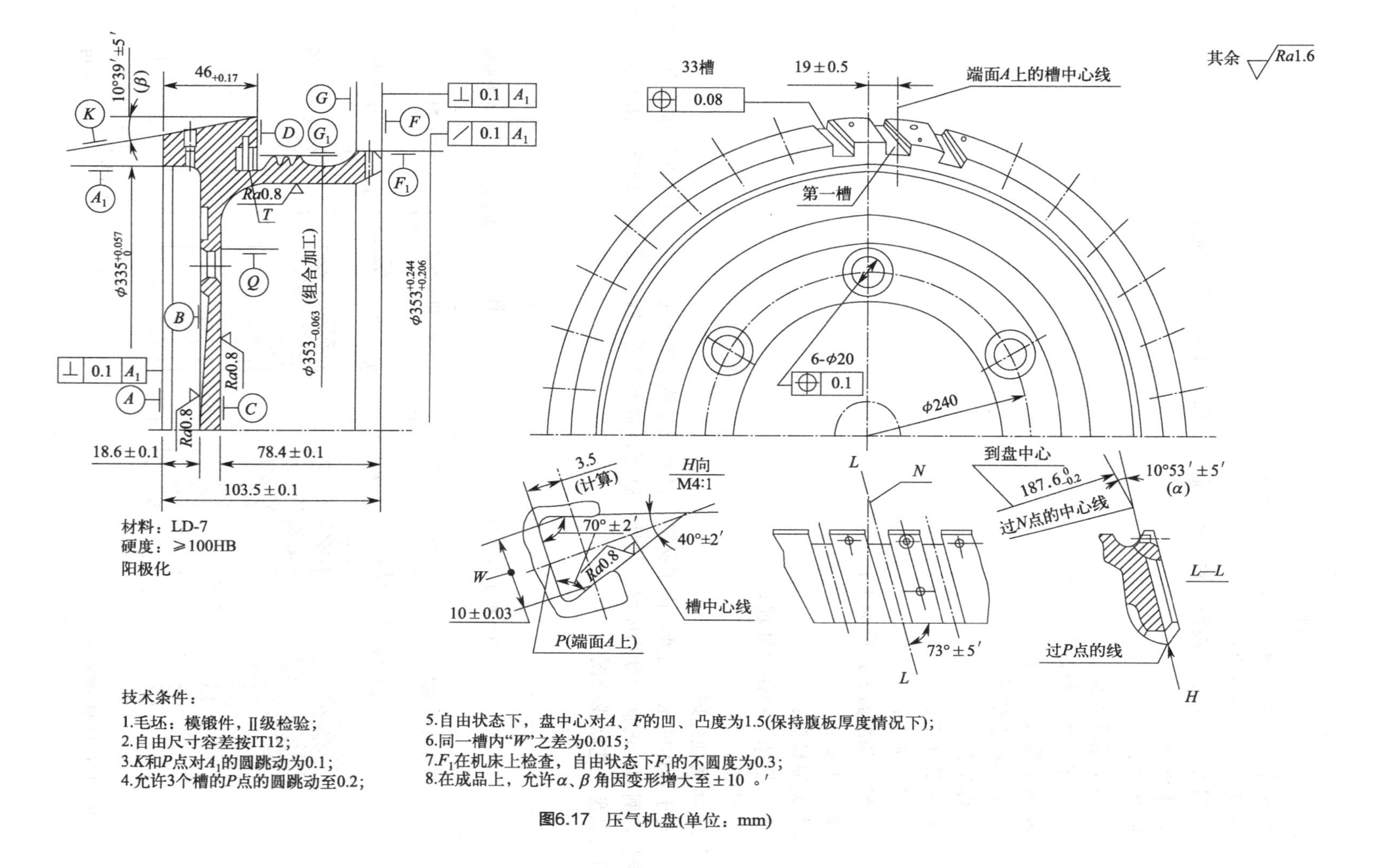

图6.17 压气机盘(单位：mm)

③ 非配合表面 $Ra=0.8\sim3.2\mu m$。

压气机盘工艺过程安排大致如下：

① 粗车端面和外圆（主要加工探伤表面）；

② 超声波探伤检验；

③ 粗加工外表面和端面，镗凹槽或盘中心孔（取决于盘的构造）；

④ 中间检验；

⑤ 热处理；

⑥ 加工基准表面；

⑦ 细加工外圆和端面；

⑧ 加工腹板型面；

⑨ 钻腹板上的孔；

⑩ 榫槽加工；

⑪ 花键加工；

⑫ 钳工加工；

⑬ 配合基准面的最后加工；

⑭ 静平衡；

⑮ 无损检验；

⑯ 光整加工和强化处理；

⑰ 终检；

⑱ 防腐蚀处理。

对于具体的压气机盘，由于材料、尺寸或结构上的差别，工艺过程的安排会有一些小的变化，例如小的涡轮盘刚度好，热处理就可以放在工艺过程的最前面进行。图 6.18 给出了压气机盘工艺路线简图。

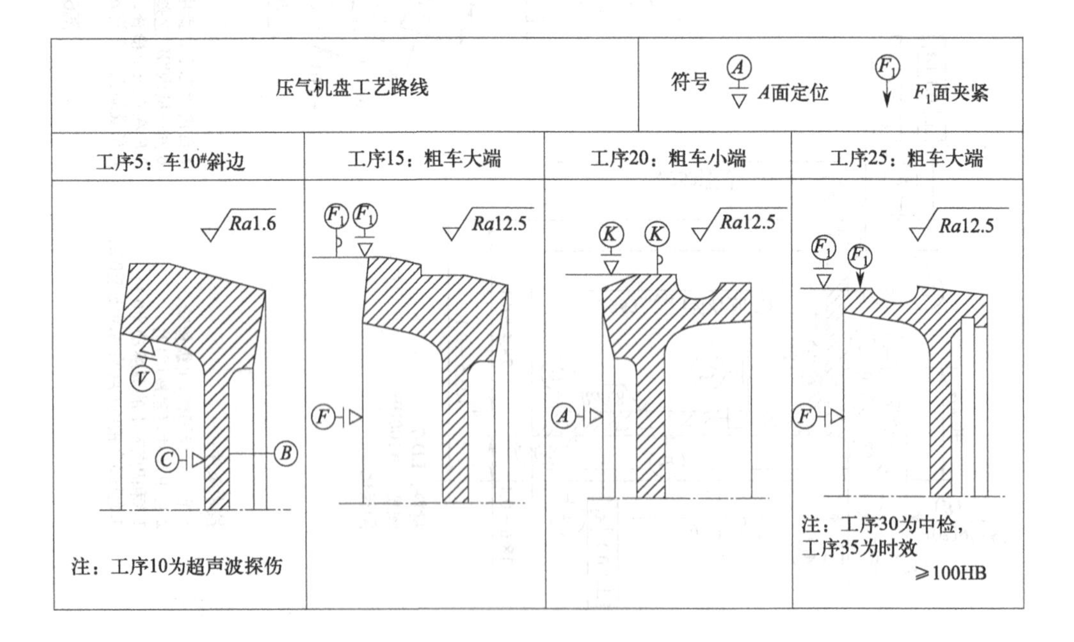

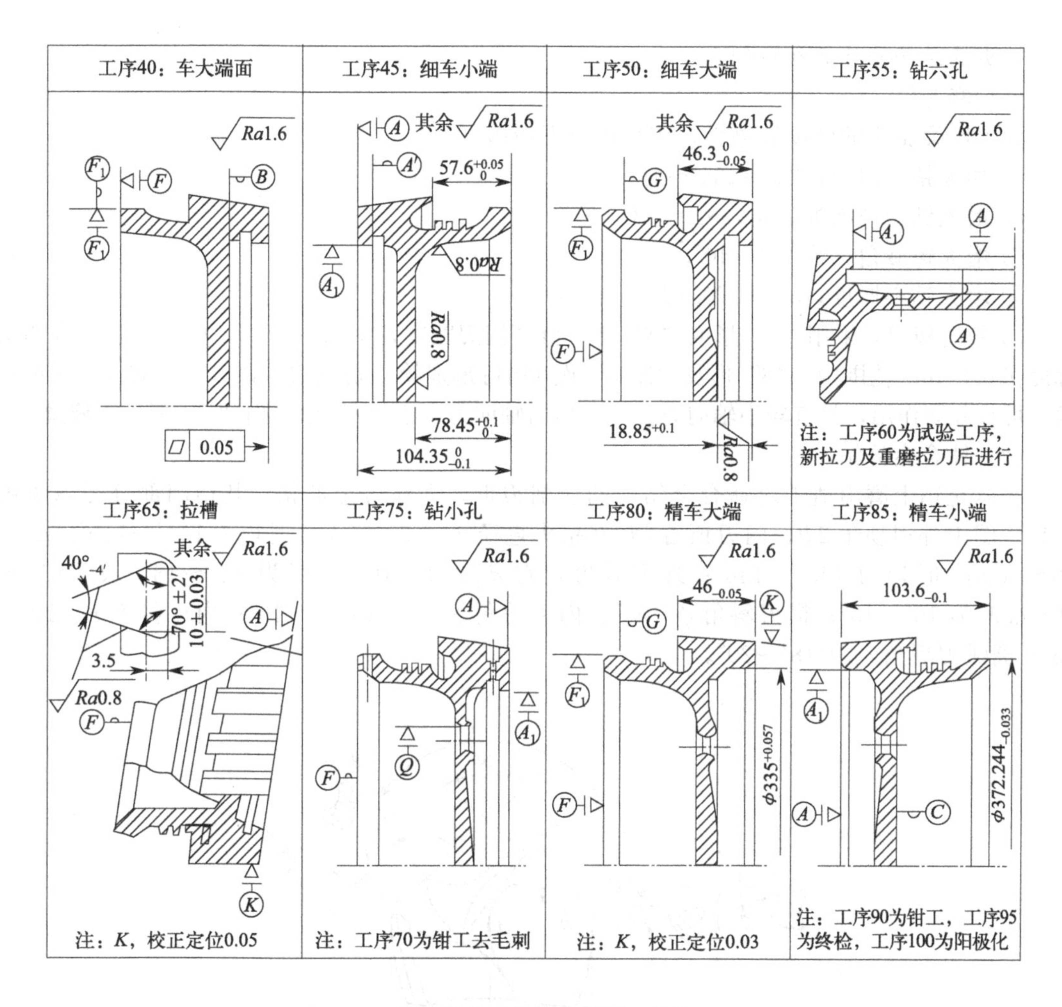

图 6.18　压气机盘工艺路线简图（单位：mm）

在上述工艺过程中，工序 15、20、25 为粗加工工序，主要去除大端部分加工余量。车削用刀具材料可选用 YM051、YM052、YD15 或 Al_2O_3 基陶瓷。工序 45、50 为细加工小大端。工序 80、85 为精加工工序。精加工工序选用 TiN（或 TiC）刀具，或选用 CBN 刀具。采用 CBN 刀具进行精加工切削效果优于硬质合金及陶瓷刀具。CBN 刀具切削用量为 $v_c=100\sim120\text{m/min}$，$f=0.05\sim0.30\text{mm/r}$，$a_p=0.1\sim0.5\text{mm}$。

6.3　钛合金的加工实例

6.3.1　钛合金的钻削加工

钻孔为半封闭式加工，对钛合金钻孔的过程中切削温度很高，钻孔后回弹大，钻屑长且易黏结而不易排出，经常造成钻头被咬住、扭断。钻孔时要求钻头具有较高的强度和刚性，钻头与钛合金的化学亲和性要小，最好采用硬质合金钻头。但目前最常用的仍是麻花钻及其改进结构。

钻头的结构和几何参数如下。

(1) 麻花钻

为了增强钻头的强度和刚性，应采用以下措施。

① 加大钻头顶角，$2\Phi=135°\sim140°$。

② 增大钻头外缘处后角，$\alpha_{fy}=12°\sim15°$。

③ 增大螺旋角，为 35°～40°。

④ 增大钻心厚度，$d_0=(0.22\sim0.4)D$。

⑤ 修磨横刃，采用“S”形或“X”形，修磨横刃宽度 $b_\psi=(0.08\sim0.1)D$。应保证横刃对称度在 0.06mm 范围内，“S”形及“X”形横刃均可形成第二切削刃。该刃上具有 3°～8°的前角，可起分屑作用，具有较小轴向力。“S”形的轴向力小于“X”形，但“X”形易于修磨。

(2) 钛合金群钻

在麻花钻上磨出适于对钛合金钻孔的切削刃形，即钛合金群钻，其切削部分形状见图 6.19。图中外刃顶角 2Φ、内刃顶角 $2\Phi'$ 在钻头直径 $d_0>3\sim10$mm 时均为 130°～140°，$d_0>10\sim30$mm 时均为 125°～140°；外刃后角 α 在 $d_0>3\sim10$mm 时为 12°～18°，$d_0>10\sim30$mm 时为 10°～15°；横刃斜角 $\psi=45°$；内刃前角 $\gamma_\tau=-15°\sim-10°$；内刃斜角 $\tau=10°\sim15°$；圆弧刃后角 $\alpha_R=18°\sim20°$。

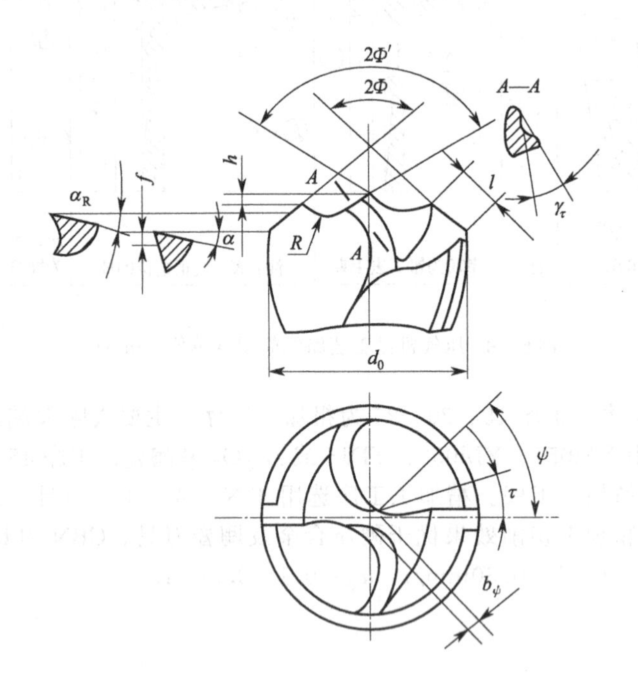

图 6.19 钛合金群钻

钛合金群钻的有关参数和钻削用量分别见表 6.6 和表 6.7。

(3) 四刃带麻花钻

为了加强小直径钻头的刚性，将钻头制作出四条导向刃带，如图 6.20 所示，以加强大钻头截面惯性矩，提高刚性。四刃带麻花钻钻头的寿命比标准麻花钻钻头高 2.5～3 倍，还可以降低钻头折断次数。在四刃带麻花钻钻头上自然地形成两条辅助冷却槽，加注切削液后，切削区的温度比标准钻头降低 15%～20%。同时，由于导向稳定而减小孔扩张量，如 ϕ3mm 的四刃带麻花钻钻头钻孔扩张量为 0.03～0.04mm，而标准钻头为 0.05～0.06mm。

表 6.6 钛合金群钻切削部分参数

钻头直径 d_0/mm	>3～6	>6～10	>10～18	>18～30
钻尖高 h/mm	—	0.6～1	1～1.5	1.5～2.5
内刃口圆弧半径 R/mm	—	2.5～3	3～4	4～6
横刃长度 b/mm	0.4～0.8	0.6～1	0.8～1.2	1～1.5
外刃长度 l/mm	—	1.5～2.5	2.5～4	4～6
外刃修磨长度 f/mm	0.6	0.8	1	1.5

表 6.7 钛合金群钻的钻削用量

钻头直径 d_0/mm	主轴转速 n/(r/min)	进给量 f/(mm/r)	钻头直径 d_0/mm	主轴转速 n/(r/min)	进给量 f/(mm/r)
≤3	1000～600	手动进给	>15～20	300～150	0.09～0.15
>3～6	700～500	0.05～0.09	>20～25	200～100	0.09～0.20
>6～10	550～350	0.07～0.12	>25～30	150～50	0.09～0.20
>10～15	400～200	0.07～0.15			

注：1. 表中数据为在钻床上加工时的用量，在车床上加工时因冷却条件差，主轴转速和进给量应适当减小。
2. 工件材料硬度低时取大值，硬度高时取小值。

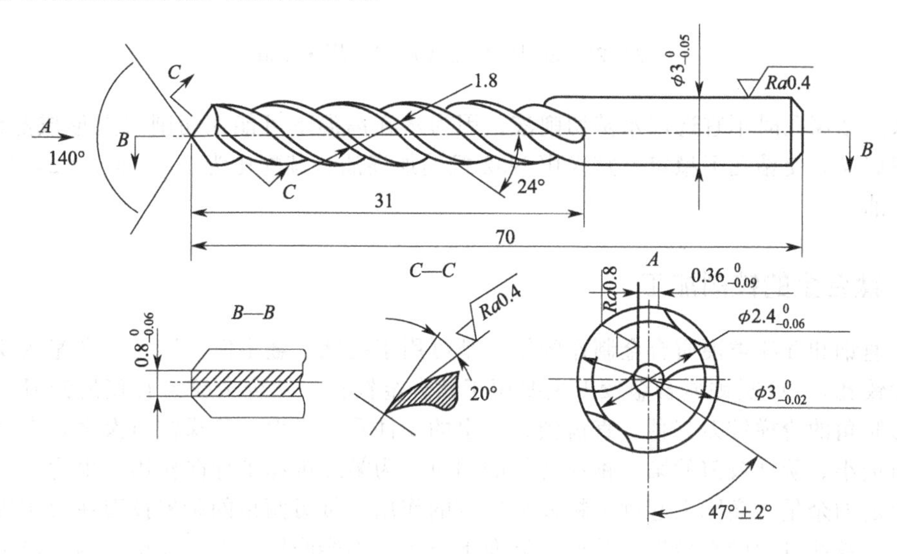

图 6.20 四刃带麻花钻

(4) 深孔钻

在钻钛合金 $L/D>5$ 的深孔时，当孔径小于等于 30mm 时，一般采用硬质合金枪钻。当孔径大于 30mm 时，采用硬质合金 BTA 钻头或喷吸钻等。图 6.21 所示为钻削钛合金 (TC11) 用深孔钻。采用这种深孔钻钻削 $D=8.62$mm、孔深 224mm ($L/D\approx26$) 的孔，在选定的切削用量下，可保证 $Ra=1.6\mu$m 的表面粗糙度，生产率提高 4 倍，切屑成为“梅花”形、“C”形碎屑；在压力为 2.45MPa、流量为 30L/min 的切削液浇注条件下，排屑正常。

用硬质合金枪钻钻长径比大于 30 的深孔时，在轴向施加小于 100Hz 的振动进行振动钻削，可使工件表面粗糙度 Ra 为 0.3μm，生产率提高 5 倍。具体参数为 $v_c=17$m/min，$f=0.033$mm/r，振幅为 0.07mm，频率为 35Hz，工件圆度为 4μm。

钻孔时切削液的选择：钻浅孔时可选用电解切削液，其成分（质量分数）为葵二酸 7%～10%，三乙醇胺 7%～10%，甘油 7%～10%，硼酸 7%～10%，亚硝酸钠 3%～5%，

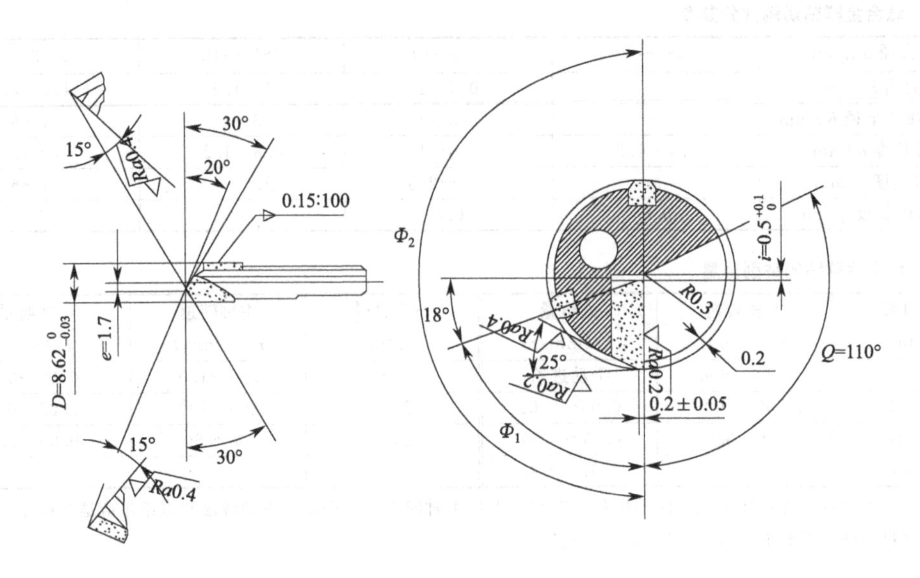

图 6.21　钻削钛合金（TC11）用深孔钻

其余为水。钻深孔时不宜选用水基切削液，因为水在高温下可能在切削刃上形成蒸汽气泡，易产生积屑瘤，使钻孔不稳定。宜采用 N32 机油加煤油，其配比为 3∶1 或 3∶2，也可采用硫化切削油。

6.3.2　钛合金的铰削加工

用高速钢和 YG 类硬质合金制作的铰刀都可用于在钛合金零件上铰孔。高速钢铰刀主要用于纯钛铰孔，YG 类硬质合金铰刀主要用于钛合金铰孔。钛合金铰刀有直齿铰刀、阶梯铰刀和带刃倾角的阶梯铰刀三种。直齿铰刀铰出的工件孔径最大，阶梯铰刀次之，带刃倾角的阶梯铰刀最小。阶梯铰刀的第一锥在切削的同时，为第二锥起了导向作用，也为第二锥留下了极为稳定的余量，实际上起到了粗铰和精铰的作用。带刃倾角的阶梯铰刀在刃倾角的作用下，可提高铰孔过程的平稳性，并使切屑向下排出，不会摩擦、划伤孔壁，因而铰出的孔径精度比阶梯铰刀更高些。

钛合金铰刀的几何参数一般选用前角 $\gamma_0=0°\sim5°$，硬质合金铰刀取小值；后角 $\alpha_0=15°$；切削锥角 $\kappa_r=15°\sim30°$。阶梯铰刀的第二锥角为 15°，刃倾角 $\lambda_s=-15°$，为了加大钛合金铰刀的容屑空间，齿数应少于标准铰刀，齿槽角为 85°～90°。各种钛合金铰刀与相关参数见表 6.8 和图 6.22～图 6.24。

表 6.8　铰刀的几何参数

刀具材料	前角 γ_0	后角 α_0	切削锥角 κ_r	刃倾角 λ_s
高速钢	3°～5°	8°～12°	15°	15°
硬质合金	0°～2°	10°～15°		

钛合金铰刀的直径由铰出孔的扩张量大小来确定。一般高速钢铰刀扩张量取 0.008mm，硬质合金铰刀扩张量取 0.006mm。在对钛合金铰孔时，粗铰余量 $2a_p=0.15\sim0.5$mm，精铰余量 $2a_p=0.1\sim0.4$mm，直径小时取小值，反之取大值。硬质合金铰刀的切削速度 $v=15\sim50$m/min，$f=0.1\sim0.5$mm/r，铰孔直径大时取大值，反之取小值。高速钢铰刀的铰

削用量见表 6.9。

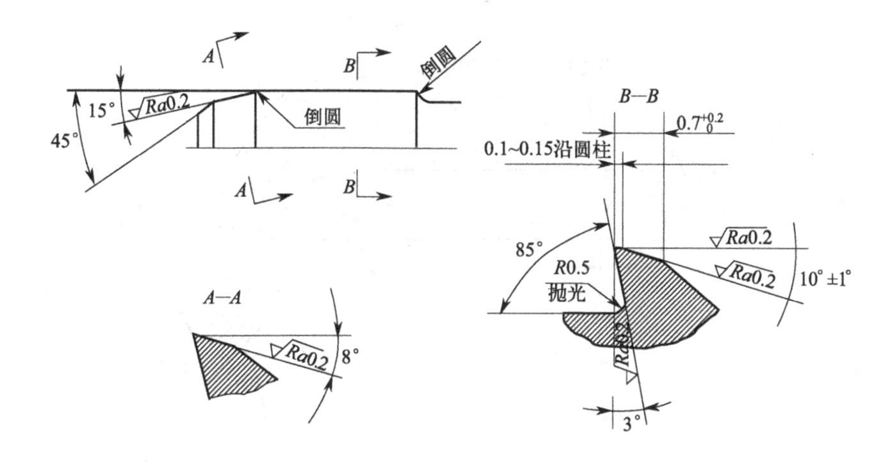

图 6.22 铰削钛合金的高速钢直齿铰刀

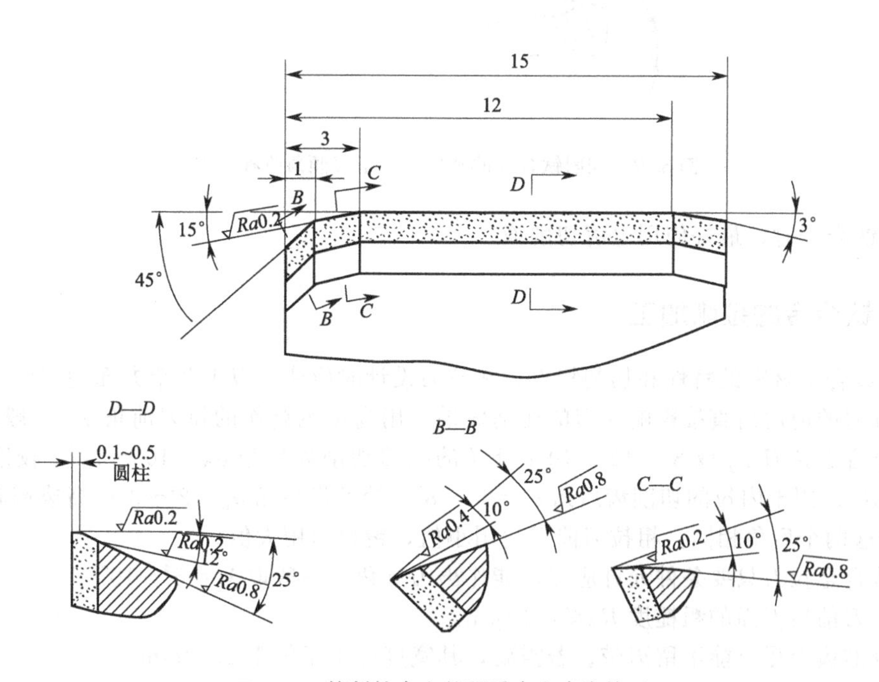

图 6.23 铰削钛合金的硬质合金直齿铰刀

表 6.9 高速钢铰刀的铰削用量

铰刀直径 d_0/mm	切削速度 v/(m/min)	进给量 f/(mm/r)	铰刀直径 d_0/mm	切削速度 v/(mm/min)	进给量 f/(mm/r)
6	7～9	0.15	＞15～20	9.5～12	0.30
9	7～9	0.20	＞20～25	14～18	0.38
12	9.5～12	0.25	＞25～30	14～18	0.50
15	9.5～12	0.25			

注：1. 当工件硬度高时，切削速度取较小值，反之取较大值。

2. 若β钛合金硬度＞350HB，切削速度应比表中数值小 12%～25%。

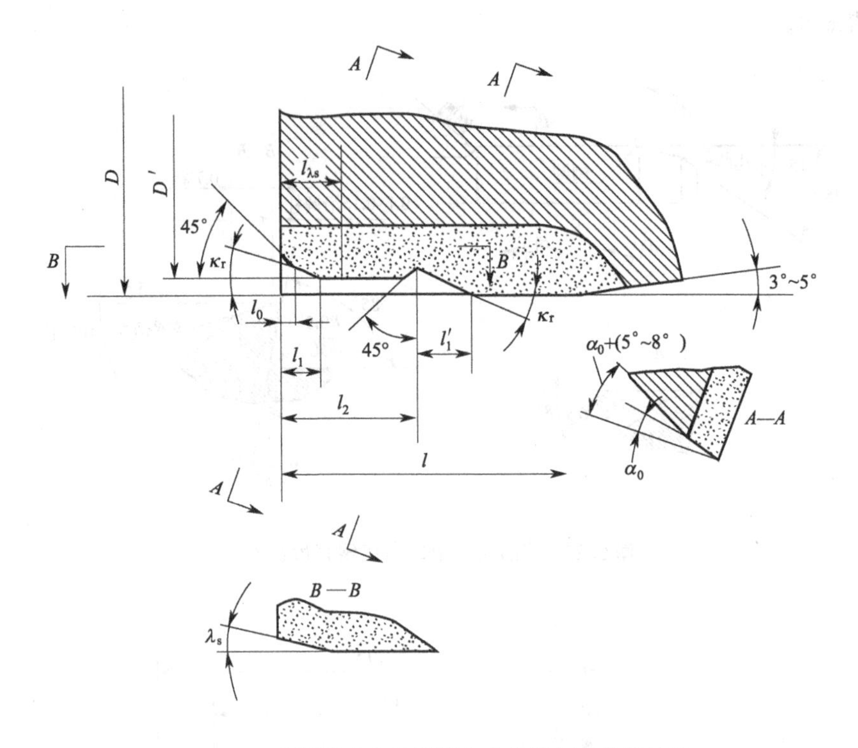

图 6.24 铰削钛合金的硬质合金带刃倾角阶梯铰刀

铰削钛合金时，最好使用电解切削液。

6.3.3 钛合金的拉削加工

根据钛合金材料的特性和切削特点，在拉刀设计时应注意以下几个方面的问题。

① 拉刀的前后角直接影响拉刀的切削效果。用高速钢制作的拉刀前角 γ_0 一般取 10°～20°，硬质合金拉刀 γ_0 取 8°～15°。用于外拉的拉刀切削齿后角 α_0＝10°～12°，校准齿后角 α_0＝8°～10°；用于内拉的切削齿后角 α_0＝5°～8°，校准齿后角 α_0＝2°～3°；高速钢和硬质合金拉刀的这两个后角相同。粗拉刀前后角用小值，精拉刀用大值。

② 钛合金拉刀只要条件允许应尽可能作出刃倾角，一般取 λ_s＝5°～10°。

③ 拉刀前后刀面的粗糙度 $Ra \leqslant 0.32\mu m$。

④ 校准齿上尽可能不留刃带。若需要，其宽度应小于等于 0.12mm。

⑤ 由于钛合金的弹性模量小，加工后回弹大，开槽拉刀刀齿宽度至少应等于或稍大于槽宽的下限尺寸，以免达不到要求。

⑥ 拉刀卷屑台的形式与拉削高温合金的形式基本相同。

⑦ 钛合金拉刀的磨钝标准一般为：粗拉刀 $VB \leqslant 0.3$～0.4mm，精拉刀 $VB \leqslant 0.15$～0.2mm。

在保证刀具耐用度的前提下，为提高拉削效率，要合理选择拉削用量。高速钢拉刀的拉削速度 v_c＝4.5～6m/min，粗拉刀齿升量为 0.06～0.10mm，精拉刀齿升量为 0.02～0.04mm；硬质合金拉刀的拉削速度 v_c＝15～30m/min，粗拉刀齿升量为 0.08～0.12mm，精拉刀齿升量为 0.03～0.04mm。

拉削钛合金时拉刀几何参数见表 6.10。钛合金的拉削用量见表 6.11。

⊡ 表 6.10　拉削钛合金时拉刀几何参数

刀具材料	前角 γ_0	外拉		内拉		刃倾角 λ_s	前后刀面粗糙度 Ra/mm
		切削齿后角 α_0	校准齿后角 α_0	切削齿后角 α_0	校准齿后角 α_0		
高速钢	10°～20°	10°～12°	8°～10°	5°～8°	2°～3°	15°	≤0.32
硬质合金	8°～15°						

⊡ 表 6.11　钛合金的拉削用量

刀具材料	拉削速度 v_c/(mm/min)	齿升量/mm		切削液(质量分数)
		粗拉	精拉	
高速钢	4.5～6	0.06～0.10	0.02～0.04	混合油(蓖麻油60%,煤油40%)
硬质合金	15～30	0.08～0.12	0.02～0.04	—

拉削钛合金工件时必须使用切削液。一般采用油基切削液，常用的是混合油（蓖麻油60%，煤油40%)。还可选用另一种切削油，其成分（质量分数）为：聚醚30%，酯类油30%，N7机械油30%，防锈添加剂和抗泡沫添加剂10%。

6.3.4　钛合金的螺纹加工

钛合金攻螺纹是钛合金切削加工中最困难的工序，特别是攻制小螺纹。这种困难主要表现在攻螺纹时的总转矩大，约为45钢的2倍，丝锥刀齿过快地磨损、崩刃，甚至被“咬死”在螺纹孔内而折断。这是由于钛合金的弹性模量太小，螺纹表面产生很大的回弹，使丝锥与工件接触的面积增大，造成很大的摩擦转矩，磨损加剧。另外，切屑细小不易卷曲，有黏结刀具现象，造成排屑困难。因此，解决钛合金攻螺纹问题的关键是减小攻螺纹时丝锥与工件的接触面积。

① 标准丝锥。必须经过技术处理后方能攻制钛合金螺纹，对标准丝锥进行处理的措施为：增大容屑空间，减少齿数；在校准齿上留出0.2～0.3mm的刃带，将后角加大到20°～30°，并沿丝锥全长磨去齿背中段；保留2～3扣校准齿后将后部的倒锥量由0.05～0.2mm/100mm增大至0.16～0.32mm/100mm。当其他条件完全相同时，若将齿背宽度减小（磨去）1/2～2/3，则攻螺纹转矩下降1/4～1/3。

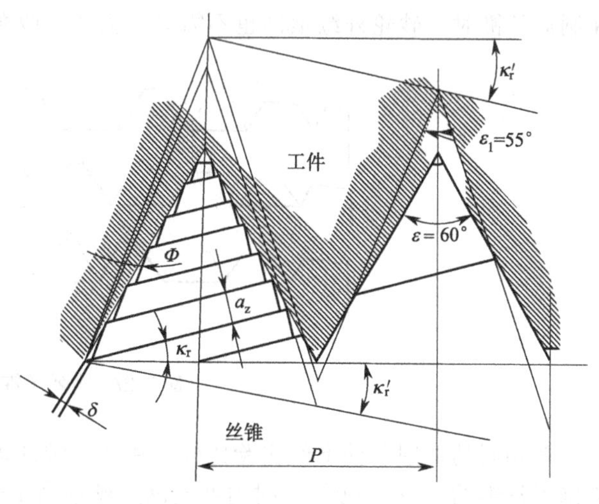

图 6.25　修正丝锥切削图形

② 修正丝锥。修正丝锥是把标准丝锥的成型法加工螺纹改为渐成法，其切削图形见图6.25。为了避免丝锥刀齿侧刃全面接触工件，将丝锥的牙型角减小为$\varepsilon_1=55°$，并将丝锥螺纹作出较大的倒锥，倒锥角为κ_r'。它与锥角κ_r、螺纹牙型角ε、丝锥牙型角ε_1的关系式为

$$\tan\kappa_r' = \tan\kappa_r[\tan(\varepsilon/2)\cot(\varepsilon_1/2) - 1]$$

丝锥刀齿的侧刃与被切螺纹侧表面形成了一个侧隙角 Φ（当 $\varepsilon_1=55°$时，$\Phi=2°30'$），使得摩擦转矩大幅度减小；同时，也利于切削液的冷却润滑。

修正丝锥的倒锥量是从第一个切削齿开始的，而标准丝锥的倒锥量是从校准齿开始的，倒锥量通常为 0.05～0.2mm/100mm。修正丝锥的倒锥数值远大于标准丝锥，如 $\kappa_r=7°30'$ 的修正丝锥倒锥量可达 1.437mm/100mm。由于倒锥量加大，修正丝锥的校准部分便起不了导向作用，在切削锥前端时必须作出圆柱导向部，以避免丝锥刚攻入时产生歪斜。圆柱导向部的公称尺寸及公差取决于攻螺纹前的底孔尺寸。图 6.26 所示是修正丝锥结构和几何参数，修正丝锥攻制的螺纹表面粗糙度不如成型式丝锥。

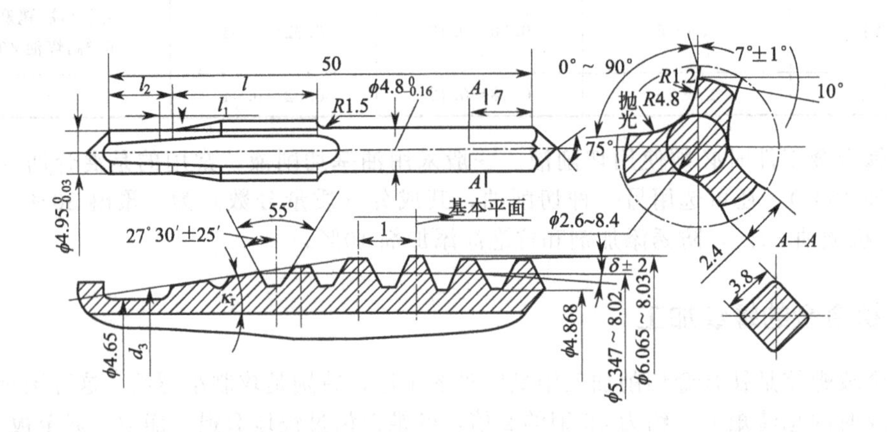

图 6.26　修正丝锥结构和几何参数

③ 跳牙丝锥。跳牙丝锥是在切削齿和校准齿上相间地去掉螺扣，其最大的特点是有效减小了丝锥与工件的接触面积，使攻螺纹转矩显著下降。由于间齿攻螺纹，相邻螺扣侧刃之间有较宽绰的空间，改善了容屑和切削液进入切削区的条件，提高了丝锥的耐用度；同时，在制造丝锥时，砂轮外缘顶部也不需过分尖锐，改善了磨削条件。跳牙丝锥示意见图 6.27。

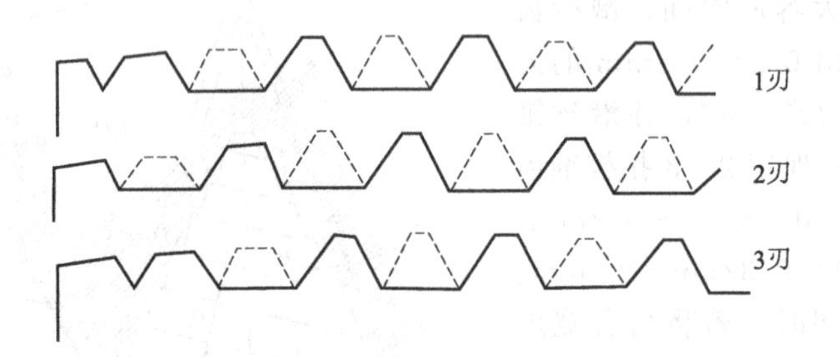

图 6.27　跳牙丝锥示意

在相同的切削条件下经实验比较，跳牙丝锥的攻螺纹转矩约为标准丝锥的 30%～50%，为修正丝锥的 35%～60%，耐用度比修正丝锥高 1～3 倍。采用跳牙丝锥对钛合金攻螺纹效果最好。

以上三种丝锥攻制 TC4 螺孔时，在相同的切削条件下，转矩参考数据见表 6.12。

修正丝锥和跳牙丝锥在相同切削条件下，切削 M10×1.5、孔深 $L=20$mm 的 TC4 螺孔时，刀具寿命参见表 6.13。

⊡ 表 6.12　钛合金攻螺纹转矩参考数据

丝锥结构	编号	实测攻螺纹转矩/(N·m)	切削液(质量分数)	备注
标准丝锥	头攻	5.9	混合油(蓖麻油60%,煤油40%)	加工中有尖叫声,丝锥磨损严重
	二攻	6.4		比头攻声音更大,螺纹基本合格,但丝锥无法再用
修正丝锥	1#	5.4		有轻微叫声,丝锥有磨损痕迹,螺纹合格
	2#	4.7		
	3#	4.9		
跳牙丝锥	1#	2.1		切削平稳,丝锥无明显磨损,螺纹合格
	2#	2.3		
	3#	2.5		
	4#	1.8		
	5#	2.8		

⊡ 表 6.13　钛合金攻螺纹刀具寿命对比参考数据

丝锥结构	v=3.5m/min		v=5.7m/min		v=8.8m/min	
	孔数/个	后刀面磨损 VB/mm	孔数/个	后刀面磨损 VB/mm	孔数/个	后刀面磨损 VB/mm
修正丝锥	160	0.09	110	0.11		
	200	0.10	140	0.12		
	240	0.11	170	0.13		
	270	0.13	200	0.13		
	300	0.13	260	0.14		
	350	0.15	295	0.16		
跳牙丝锥	270	0.09	350	0.08	310	0.08
	350	0.09	400	0.09	360	0.085
	400	0.10	445	0.095	385	0.095

④ 底孔直径。攻制钛合金螺纹时，牙高率一般不应超过标准值的70%。牙高率超过70%时，攻螺纹转矩将急剧上升，而70%的牙高率并不影响螺纹连接强度。因此，在确定钛合金螺纹底孔直径时，通常用70%牙高率来进行计算。

螺纹直径较小或粗牙螺纹，牙高率可取小一些；被加工材料强度小时，牙高率也可取大一些。

除合理确定底孔直径外，还应考虑底孔的精度和表面粗糙度。为保证攻螺纹精度和表面质量，螺纹底孔应为铰后的孔。

钛合金攻螺纹的速度要根据材料的类型和硬度来确定。α钛合金的攻螺纹速度一般取 v_c 为7.5～12m/min，α+β钛合金取 v_c 为4.5～6m/min，β钛合金取 v_c 为2～3.5m/min。钛合金的硬度≤350HB时选取较高的切削速度；反之，选用较低的切削速度。

对钛合金攻螺纹时，一般用含Cl、P的极压切削液效果较好，但含Cl的极压切削液攻螺纹后必须清洗干净，避免造成零件晶间腐蚀；也可以采用质量分数为蓖麻油60%、煤油40%的混合油作为切削液。

6.4　工程陶瓷材料的加工实例

6.4.1　工程陶瓷材料的车削、铣削

陶瓷是典型的难加工材料，工程中常用的加工方式是磨削。陶瓷的切削加工常用在陶瓷

材料的精密及超精密切削加工、预烧结陶瓷或可切削陶瓷材料的切削加工及陶瓷材料的特种切削加工三种情况下。除此三种情况外，在普通切削条件下，很难实现陶瓷材料的切削加工。

（1）工程陶瓷材料的车削加工

由于陶瓷材料的高硬度特征，其切削加工过程很难进行，为了减少烧结后陶瓷的加工余量，则对陶瓷材料成型后的生坯进行切削加工，或者对预烧结的陶瓷材料进行切削加工，从而减少加工时间，提高材料去除率，降低刀具磨损，降低加工成本，有利于复杂形状产品的制造。陶瓷材料的生坯加工在实际工程中得到应用。由于各类陶瓷材料具有不同的烧结温度，呈现不同的性能，应相应选用不同的切削工具。

在600℃和1000℃分别对预烧结氧化铝陶瓷生坯进行切削加工的条件为 $v_c=120m/min$、$f=0.1mm/r$、$a_p=0.5mm$，刀具磨损标准为 $VB_{max}=0.3mm$。加工1000℃预烧结 Al_2O_3 陶瓷生坯时，金刚石刀具的磨损较显著，其次是CBN刀具，陶瓷刀具的磨损则较小。而在加工600℃预烧结 $A1_2O_3$ 陶瓷生坯时，刀具磨损由大到小的顺序依次是：陶瓷刀具、CBN刀具、PCD刀具。天然金刚石刀具对烧结温度高、硬度高的预烧结材料进行切削时，磨损较多；而切削烧结温度低、硬度低的预烧结材料时，磨损相对下降。刀具磨损还与刀尖处的切削温度密切相关，如刀尖处温度高于800℃时，则会引起金刚石刀具石墨化，刀具磨损显著增加。

在车削预烧结陶瓷生坯或低温烧结陶瓷材料时，适当改变刀具角度，增大负前角或后角，可减少刀具磨损，延长刀具寿命。在切削条件 $v_c=120m/min$、$f=0.1mm/r$、$a_p=0.5mm$、刀具后角 $\alpha_0=5°$ 条件下，加工500℃预烧结 Al_2O_3 陶瓷材料，负前角越大，刀具磨损进程变得越缓慢。同样，增大后角也可减少刀具磨损。

在车削陶瓷材料过程中使用切削液进行冷却可减少刀具磨损，切削液对于刀具磨损有影响。如切削条件为 $v_c=120m/min$、$f=0.1mm/r$、$a_p=0.5mm$，切削1000℃预烧结 Al_2O_3 陶瓷，在无冷却条件下，陶瓷刀具（Si_3N_4）的磨损最小；但在有冷却条件下，Si_3N_4 陶瓷刀具磨损最大。相反，金刚石刀具在无冷却条件下磨损最大，而在有冷却条件下磨损量最小。对于烧结陶瓷材料的切削，在有冷却条件下，用金刚石刀具进行切削是有效的。

切削条件为 $v_c=120m/min$、$a_p=0.5mm$，切削600℃预烧结 Al_2O_3 陶瓷，增大进给量，金刚石刀具磨损减少的效果更为显著。使用DA100型圆形聚晶金刚石刀具（PCD），在 $f=0.025mm/r$、$a_p=0.2mm$ 条件下，改变切削速度 v_c，随着 v_c 提高，切削温度和切削力增加，加大了刀具磨损。同样，a_p 增大也会使刀具磨损增加。

加热辅助切削技术是实现陶瓷材料高效率切削加工的有效技术。加热辅助切削技术是把工件的整体或局部通过各种方式加热，使切削区表层或整体达到一个合适的温度后再进行切削的特种加工技术。加热辅助切削可以降低陶瓷材料的硬度和强度，改善材料的可加工性，以塑性切削方式去除材料，减小了切削力，从而提高了材料的加工效率，改善了加工表面粗糙度。加热方式分为整体加热与局部加热。整体加热方式有炉内加热和电阻加热。局部加热方式有火焰加热、感应加热、电弧加热、等离子加热、激光加热等。加热辅助切削技术在车削陶瓷中得到成功应用，车刀磨损得到改善，陶瓷表面粗糙度值呈下降趋势。

（2）工程陶瓷材料的铣削加工

① 金刚石刀具铣削 Al_2O_3 耐火砖。Al_2O_3 耐火砖尺寸为230mm×110mm×15mm，抗弯强度为176MPa，压缩强度为705MPa，相对密度为1.53。使用FC型烧结金刚石刀具（粒度为5～10μm）和DA100型烧结金刚石刀具（是由粗粒、细粒金刚石烧结体和含有细粒金刚石的结合剂组成的优质烧结金刚石刀具）。切削条件为：端铣刀直径为160mm，机床主

轴转速 $n=430\mathrm{r/min}$，铣削速度 $v_c=3.6\mathrm{m/s}$，$a_p=0.5\mathrm{mm}$，进行三次铣削。每齿进给量分别为 $0.05\mathrm{mm}/z$、$0.07\mathrm{mm}/z$、$0.12\mathrm{mm}/z$。铣削结果表明，FC 型烧结金刚石刀具在刀尖处出现金刚石颗粒的剥落损伤，在前刀面上的结合剂和金刚石颗粒均有磨损。这是由于高速铣削时，Al_2O_3 材料中的硬质颗粒对刀具表面产生刻划和侵蚀作用。而 DA100 型烧结金刚石刀具的耐磨性及强韧性好，在给定条件下能顺利地对 Al_2O_3 陶瓷进行铣削加工，刀具后刀面磨损很小，刀具寿命很长。

② 金刚石铣削 ZrO_2 陶瓷。ZrO_2 陶瓷工件尺寸为 100mm×35mm×15mm，密度为 $6.03\mathrm{g/cm^3}$，维氏硬度为 1200～1300HV；使用 ϕ160mm 端铣刀，机床主轴转速 $n=430\mathrm{r/min}$，铣削速度 $v_c=3.6\mathrm{m/s}$，$a_p=0.1\mathrm{mm}$，$f_z=0.05\mathrm{mm}/z$，刀具材料为 FC 型及 DA100 型烧结金刚石，进行湿式铣削加工。DA100 型金刚石刀具韧性好，耐磨能力强，刀尖处很少出现剥落式磨损，加工过程平稳，能顺利地对 ZrO_2 陶瓷进行湿式铣削。当选取适宜的 v_c 及较小的 f_z 和 a_p 时，铣削质量可进一步改善。而 FC 型金刚石刀具湿式铣削 ZrO_2 后，刀尖和前刀面上将出现金刚石颗粒的剥落和损伤，铣削质量较差。

③ 金刚石刀具铣削纯 SiO_2 绝热瓦 L1900 。纯 SiO_2 绝热瓦 L1900 体积为 $0.01\mathrm{m^3}$，重约 8kg。使用直径为 25.4mm、铣削力 80N、100# 的金刚石颗粒镀层制成的端铣刀对绝热瓦进行铣削加工。铣床主轴转速为 $n=1400\mathrm{r/min}$，$a_p=12.7\mathrm{mm}$，$v_f=3048\mathrm{mm/min}$。加工结果表明，金刚石铣刀寿命长，可实现对陶瓷材料的高速铣削。

④ 金刚石多齿镀层铣刀的高效率铣削。采用金刚石多齿镀层铣刀在立铣机床上对 ZrO_2 和 Al_2O_3 陶瓷材料进行平面铣削。主轴转速为 $n=710\sim1400\mathrm{r/min}$，$a_p=0.5\sim2\mathrm{mm}$，$v_f=28\sim112\mathrm{mm/min}$。湿式铣削可得到满意的加工结果。已知加工表面粗糙度 $Ra=1\sim2\mu\mathrm{m}$，加工效率是普通磨削的 3～8 倍，刀具寿命很长。

金刚石多齿镀层铣刀结构如图 6.28 所示。铣刀基体为 45 钢，采用内孔及端面定位，刀具前角为 $\gamma_0=-60°\sim-45°$，8 个刀齿，后角 $\alpha_0=0°$，主偏角 $\kappa_r=45°$，刃口圆弧半径为 2mm。电镀金刚石粒度为 120#～240#，金刚石浓度为 100%。

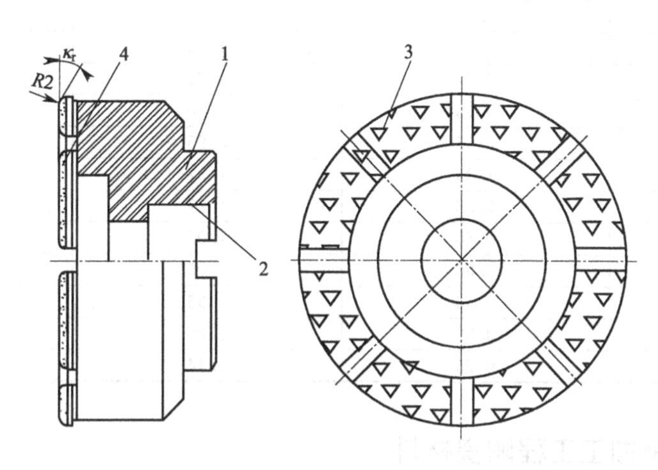

图 6.28　金刚石多齿镀层铣刀结构

1—刀体；2—定位面；3—金刚石颗粒；4—金刚石镀层

用金刚石多齿镀层铣刀在 X53T 立铣机床上湿铣 PSZ 氧化锆陶瓷，其断裂强度为 500MPa，断裂韧性为 $8\mathrm{MPa\cdot m^{1/2}}$，弹性模量为 205GPa，维氏硬度为 1500HV，密度为 $5.2\mathrm{g/cm^3}$。铣削 Al_2O_3 陶瓷，其断裂强度为 300MPa，断裂韧性为 $4\mathrm{MPa\cdot m^{1/2}}$，弹性模量

为 390GPa，维氏硬度为 1100HV，密度为 3.9g/cm^3。二者的铣削用量与铣削力的关系见表 6.14，铣削用量与表面粗糙度的关系见表 6.15。

表 6.14 铣削用量与铣削力的关系

$n \times v_w \times a_p$ 分力 /(r/min)×(m/s)×mm	铣削力/N					
	ZrO_2			Al_2O_3		
	X	*Y*	*Z*	*X*	*Y*	*Z*
560×20×0.2	49	107	310	18	58	182
710×20×0.2	37	98	260	13	48	136
900×20×0.2	33	86	230	9	37	110
1120×20×0.2	30	86	203	8	34	98
1400×20×0.2	27	81	180	8	31	92
1120×20×0.2	30	86	230	8	34	98
1120×20×0.2	40	100	270	9	42	114
1120×28×0.2	60	138	340	17	63	190
1120×40×0.2	76	142	370	19	80	196
1120×56×0.2	100	160	400	24	102	260
1120×80×0.1	18	51	144	7	25	65
1120×20×0.2	30	86	203	8	34	98
1120×20×0.3	38	104	270	11	42	104
1120×20×0.4	57	133	330	12	57	142
1120×20×0.5	65	164	370	14	64	150

表 6.15 铣削用量与表面粗糙度的关系

$n \times v_w \times a_p$ 分力 /(r/min)×(m/s)×mm	表面粗糙度/μm		铣刀进给量/(mm/r)
	ZrO_2	Al_2O_3	
560×10×0.2	0.88	1.25	0.0179
710×10×0.2	0.86	1.16	0.0141
900×10×0.2	0.77	1.05	0.0111
560×14×0.2	1.41	2.10	0.0250
710×14×0.2	0.98	1.21	0.0192
900×14×0.2	0.91	1.05	0.0155
710×20×0.2	0.97	1.21	0.0282
900×20×0.2	0.93	1.10	0.0222
1120×20×0.2	0.63	0.95	0.0178
710×28×0.2	1.03	1.37	0.0394
900×28×0.2	0.98	1.27	0.0311
1120×28×0.2	0.80	1.05	0.0250
1120×20×0.1	0.60	1.05	0.0178
1120×20×0.2	0.53	0.95	0.0178
1120×20×0.3	0.89	1.20	0.0178
1120×20×0.4	0.95	1.44	0.0178

6.4.2 高速磨削加工工程陶瓷材料

根据磨削加工工程陶瓷材料的砂轮速度 v_s 的高低，分为普通磨削（$v_s<45$m/s）、高速磨削（45m/s$\leqslant v_s<150$m/s）、超高速磨削（$v_s\geqslant150$m/s）。高速磨削加工受到各国广泛关注。

高速/超高速磨削加工磨削效率高、磨削力小、砂轮磨损小、磨削深度小，可充分发挥超硬磨料的高硬度、高耐磨性，实现难加工材料的高性能磨削加工。

高速/超高速磨削加工技术是指采用超硬磨料砂轮和实现可靠的高速运动的高精度、高自动化、高柔性的机床设备，在磨削过程中以极高的磨削速度来达到提高材料去除率、加工精度和质量的现代制造加工技术。其显著特点是使被加工材料在磨除过程中的剪切滑移速度达到或超过某一阈值，开始趋向最佳磨削磨除条件，使得磨除材料所消耗的能量、磨削力、工件表面温度、砂轮磨损、加工表面质量、加工效率等都明显优于传统磨削速度的指标。

① 高速磨削。高速磨削中砂轮速度 v_s 可达 60～250m/s，工件速度 v_w 为 1000～10000m/min。使用普通砂轮 v_s 为 60～120m/s，采用 CBN 砂轮 v_s 为 120～150m/s。高速磨削为陶瓷、单晶硅、人工晶体等硬脆、难加工材料的高效高质量加工提供了新的加工方法。采用金刚石砂轮在 v_s=160m/s 条件下，磨削 Si_3N_4 陶瓷，其磨削效率比 v_s=80m/s 磨削提高 1 倍，砂轮寿命为 v_s=80m/s 时的 1.56 倍，v_s=30m/s 时的 7 倍，并且可获得良好的表面加工质量。

② 高效深切磨削 。高速深切磨削是在超高速下，大切深（背吃刀量）、快速进给并吸收了高速磨削与缓进给磨削的优点形成的一种高速高效率磨削技术。高效深切磨削（HEDG）在 a_p=0.1～30mm，v_w=0.510m/min，v_s=80～200m/s 条件下进行磨削加工，能获得高的材料去除率和良好的表面加工质量。

③ 快速点磨削。快速点磨削工艺是集 CNC 数控技术、超硬磨料磨具、超高速磨削三大先进技术于一身的高效率、高柔性、大批量生产、高质量及稳定性好的先进加工工艺，主要用于轴类零件的加工。采用超薄的人造金刚石砂轮或 CBN 砂轮，砂轮速度达 90～160m/s。该工艺既有数控车床的通用性和高柔性，又有高的效率和加工精度；砂轮寿命长，质量稳定，是新一代数控车削和高速/超高速磨削的极佳结合，也是高速/超高速磨削先进技术之一。

快速点磨削加工中砂轮与工件轴线并不是始终处于平行状态的，而是在水平和垂直两个方向旋转一定角度，即存在点磨变量角，以便使砂轮和工件接触面积减小，实现“点磨削”。磨削加工圆粒表面时，根据工作台进给方向，在垂直方向砂轮轴线与工件轴线的点磨变量角为 0.5°～ 6°，在水平方向砂轮轴线与工件轴线的点磨变量角则根据工件母线特征在 0°～30°范围内变化，以最大限度减小砂轮与工件的接触面积，避免砂轮端面与工作台肩发生干涉。快速点磨削以单向磨削为主。通过数控系统来控制两个方向的角度数值（点磨变量角）以及在 x、y 方向的轨迹来实现对不同形状表面的快速点磨削加工。快速点磨削加工一般使用金属黏结剂超硬磨料（CBN 或人造金刚石）超薄砂轮，厚度为 4～6mm，砂轮速度 v_s 可达 90～160m/s，工件转速通常为 1000～12000r/min，工件转向与砂轮相反。接触的实际磨削速度是砂轮速度与工件速度的叠加，可达 200m/s，快速点磨削需要安装“三点定位安装系统”，其重复定位精度高，径向跳动精度在 0.002mm 以内，可保证高的磨削质量；在 v_s=90～160m/s 时，使用 CBN 砂轮，磨削比可达 16000～60000。可实现无磨削液或少磨削液磨削。快速点磨削磨削力小，比磨削能低，磨削发热量低，磨削温度大幅度降低，能实现高精度、低表面粗糙度的磨削。由于磨削力小，工件变形小，夹紧方便，砂轮寿命长，采用 CNC 控制系统实现两坐标联动，增加了加工柔性，减少了加工成本，提高了加工效率和零件加工精度。快速点磨削的砂轮磨损主要在侧面，砂轮周边磨损极其微小。因此，砂轮形状精度长时间保持性好，保证了大批量生产极高的质量稳定性。

6.4.3 工程陶瓷的镜面磨削

工程陶瓷的镜面创成（即磨削）工艺方案有三种。①粗磨→粗研→精研→抛光，使用游离磨粒进行加工。②使用金刚石砂轮进行粗磨→精磨→精细磨→镜面磨削，选用金刚石磨具的磨粒粒径依次减小，创成周期长、成本高。③日本市田良夫等提出的一次走刀镜面磨削法，是一种使用金刚石砂轮加工的高效率、高品位质量镜面创成方法。

（1）金刚石砂轮磨削镜面

分别采用6000#（0.5～2μm，平均粒径d'=1.77μm）、3000#（2～6μm，d'=3.91μm）、1500#（5～12μm，d'=8.73μm）、800#（12～25μm，d'=18.21μm）四种粒度的金刚石砂轮，砂轮速度v_s=1800m/min，工件速度v_w=0.1～0.5m/min，磨削深度a_p=2.5～100mm，磨削宽度b=5mm，对SiC、Si_3N_4（尺寸100mm×5mm×25mm）进行平面磨削实验，研究磨削加工表面的形状及磨削形态、加工表面生成过程中从脆性向塑性迁移的机理。工程陶瓷磨削加工表面生成过程中发生脆性破碎及塑性变形，磨削加工表面呈现条状磨痕，生成凹凸不平的表面。表面的塑性及脆性性质决定了磨削加工表面质量。镜面不应呈现脆性破碎。可用脆性破碎面积率S_t来评价加工表面塑性与脆性。对于镜面要求脆性破碎面积率S_t趋于零，即镜面呈现塑性的光滑长条磨痕，其切削形态为微细带状。实验表明，金刚石砂轮磨粒粒度越小，脆性破碎面积率S_t越小，其表面越光滑。实验表明，分别使用800#、1500#、3000#和6000#的磨料加工Si_3N_4，用SEM观察，脆性破碎面积率S_t依次为3.6%、0.07%、0.022%和0.019%，S_t依次减小。3000#及6000#微粒砂轮可以创成粗糙度Ry为2～25μm的镜面。加工SiC时，测量脆性破碎面积率分别为22.3%、8.1%、0.43%和0.27%，用3000#以上的微粒可获得粗糙度Ry为40nm的镜面。由此可以看出，金刚石砂轮磨料的平均直径d'变小，其加工表面脆性破碎面积率S_t及粗糙度Ry均减小，加工表面从脆性破碎型表面向塑性表面迁移。

一般认为，脆性破碎面积率S_t<2.5%时，其加工表面被认为是塑性表面。加工Si_3N_4时，表面脆性破碎面积率S_t为2.5%时所对应的金刚石磨粒平均直径d'为12～16μm；加工SiC时，磨粒平均直径d'为5～7μm。S_t为2.5%时的磨粒平均直径称为临界平均直径d'_c。用小于1500#的金刚石磨料加工SiC，磨削中主要生成破碎切屑，伴随有带状切屑。使用比d_c'更为微细的金刚石磨料进行磨削加工，其表面材料主要是塑性变形。以塑性变形为主体的材料切除的切削形态是塑性破坏的磨削。以脆性破碎型切削为主的材料切除的磨削是脆性破碎型磨削。

从脆性破碎型向塑性变形型迁移，在相应的砂轮速度、工件速度条件下，存在临界磨削深度a_{pc}。当v_s=1800m/min、v_w=0.4m/min时，用粒度1500#金刚石砂轮磨削SiC，其砂轮临界磨削深度a_{pc}约为2.8μm。

（2）工程陶瓷的一次走刀镜面磨削

工程陶瓷、玻璃等脆性材料的镜面磨削，使用数微米或更细粒度的金刚石砂轮进行加工，一般经过粗磨（80#～230#，Ry为2μm以上）→半精磨（270#～600#，Ry为0.5～2μm）→精磨（800#～1500#，Ry为0.1～0.5μm）→镜面磨削（2000#～10000#，Ry为0.5μm以下）的多工序过程，实现镜面加工。一次走刀镜面磨削法是从粗磨（80#～230#）到镜面（600#～1000#，Ry为0.5μm以下）的镜面加工方法。

一次走刀镜面磨削法镜面生成原理如图6.29所示。一次走刀镜面磨削法是一次磨削形成切除材料厚度a_p，切除粗磨工序引起的加工变质层δ，同时一举创成镜面的工艺方法。为实现高效率的镜面加工，一般前工序粗磨或半精磨后表面加工变质层深度为20～40μm。

每单位宽度上磨削去除率Z_w'为

$$Z_w'=v_s\times a_p$$

有效磨刃间距为λ_s、直径为d_s的砂轮，以v_s为砂轮速度，a_p为磨削深度，Z_w'为去

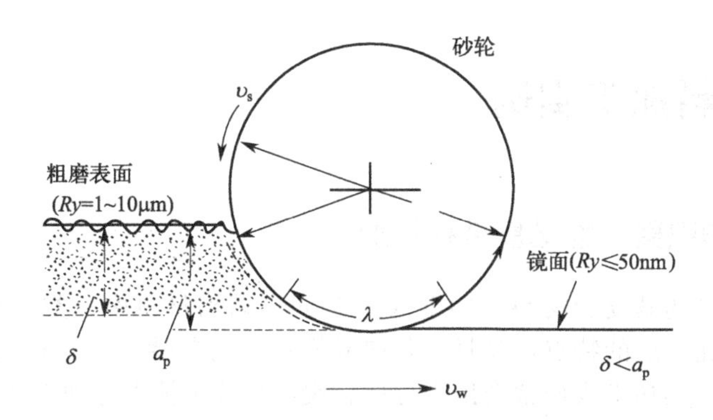

图 6.29 一次走刀镜面磨削法镜面生成原理

除率，进行连续磨削，则磨削的最大切削深度 a_{pmax} 及接触弧长 l_c 为

$$a_{pmax}=\frac{2l_cZ_w'}{v_s\sqrt{d_s}}\times\frac{1}{\sqrt{a_p}}$$

$$l_c=\sqrt{d_sa_p}$$

a_{pmax} 与$\sqrt{a_p}$成反比，l_c 与$\sqrt{a_p}$成正比。

在 Z'_w一定的条件下，采用大的切深进行一次走刀镜面磨削，生成的切屑要比小切深镜面磨削法的磨屑薄而长。其有利于生成塑性模型的磨屑，降低表面脆性破碎面积率 S_t，实现 $Ry<50nm$ 的镜面。

一次走刀镜面磨削所使用的金刚石砂轮采用铜锡黏结剂，Cu（铜）与 Sn（锡）的质量比为 3∶1，主要是由 ε 相（Cu_6Sn）与 η 相（Cu_3Sn_5）构成硬脆性的黏结剂，再添加微量的 Ni 粉，以强化晶界；或采用电解铜粉（99.8%）、雾化锡粉（99.6%）、羰基镍粉（99.8%）与金刚石微粉混合、搅拌。以 294MPa 的压力冷却成型，然后在 600℃氢气气氛中经 60min 预烧结后，再在同样气氛中用 196MPa 压力、625℃温度，经 70min 热压成型。经观察，黏结剂由粒径达 8～10μm 的 ε 相及 η 相结晶粒构成。断面主要是晶界的破碎面形态。黏结剂的平均硬度为 300～320HV，是一般 Cu+（10%～20%）Sn 黏结剂的 2～3 倍。若磨粒是 5000# 金刚石微粒，平均直径 $d'=3.13\mu m$，砂轮的集中度为 150，则该砂轮表示为 SCD5000N150MUI，简称 MU 砂轮。

一次走刀镜面磨削实验是在卧式平面磨床上进行。使用 MU 砂轮和同一粒度的 SCD5000N100BP 聚氨酯黏结剂的金刚石砂轮，砂轮尺寸为 200mm×50.8mm，砂轮含 Al_2O_3 及 30%TiC（密度 $\rho=4.2g/cm^3$），硬度为 94HRA，抗弯强度为 284MPa，弹性模量 E 为 372MPa，线膨胀系数 α 为 $7.9\times10^{-4}K^{-1}$，热导率 λ 为 21W/（m·K）。当试件尺寸为 50mm×5mm×25mm 时，砂轮速度 $v_s=1800m/min$，工件速度 $v_w=0.01\sim1.2m/min$，磨削深度 $a_p=3\sim150\mu m$，磨削宽度 $b=5mm$，采用水基磨削液。

实验考察理论磨削深度 a_p 对磨削去除率 Z'_w、磨削力（F_n、F_t）、比磨削能 E_s、粗糙度 Ry 的影响；同时，考察单位宽度上去除率 Z'_w对磨削力（F_n、F_t）、粗糙度 Ry、砂轮损耗体积的影响，以及对临界磨削深度 a_{pc} 与理论切削深度 a_p 之比（a_{pc}/a_p）的影响。其实验结果显示：比磨削能呈下降趋势，比磨削能数值较小而表面粗糙度 Ry 值却较大；Z'_w增加，而 F_n、F_t、Ry 均变化不大，砂轮磨损稍有增加。

6.5 复合材料加工实例

6.5.1 长纤维增强聚合物基复合材料加工

长纤维增强聚合物基复合材料（LFRPC）是先进结构材料中一类重要的材料，具有轻质、高比模量和高比强度的特点，又具有各向异性和非均匀性，是一种典型的难加工材料。在机械加工过程中，其加工表面常会出现分层、裂纹和纤维抽出等加工缺陷。

切削加工（正交切削）采用两种商用树脂体系——F593 和 MTM56 预浸料。为研究不同的切削条件对其切削加工性能的影响，将 F593 和 MTM56 预浸料制备成 4mm 厚的单向/环氧复合材料板料。在 0.6MPa 的压力和 177℃温度下保持 2h 固化成型，固化成型后按照切削实验所需要的纤维方向，将 300mm×500mm 预制板切成 15mm×45mm 的样件。纤维方向角 θ 定义为切削方向沿顺时针与纤维方向的夹角，如图 6.30 所示。实验所采用的刀具为硬质合金材料，后角 7°，前角选−20°、0°、20°、40°，采用 Kistler 9257B 型测力仪，切削速度为 1m/min。

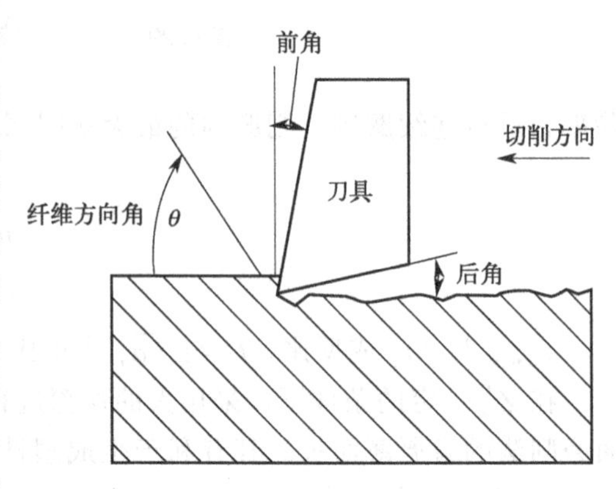

图 6.30 正交切削 LFRPC 单向层合板示意图

表 6.16 列出了详细的 F593 工件切削参数。为研究切削深度与纤维直径的比值对切削的影响，对小切削深度下切削行为进行了研究。

表 6.16 F593 工件切削参数

纤维方向角/(°)	0,30,60,90,120,150
前角/(°)	−20,0,20,40
切削深度/mm	0.001,0.050,0.100

表 6.17 列出了 MTM56 预浸料固化条件，表 6.18 列出了 MTM56 预浸料试样切削条件。

表 6.17 MTM56 预浸料固化条件

固化方法	温度/℃	保持时间/min
T1(不完全固化)	110	0
T2(标准固化)	120	10
T3(过度固化)	120	20

表 6.18 MTM56 预浸料试样切削条件

纤维方向角/(°)	0,30,60,90,120,150
前角/(°)	0
切削深度/mm	0.0025,0.050,0.075,0.100,0.125,0.150,0.175,0.200,0.250
固化方法	T1,T2,T3

加工表面粗糙度由表面轮廓仪测量得出，加工表面的宏观或微观形态则由光学显微镜和扫描电子显微镜来进行观察。

① 表面粗糙度。图 6.31 给出了随纤维方向角 θ 变化的已加工表面的表面粗糙度曲线，工件材料为由 F593 预浸料制成的单向层合板。可以看出，纤维方向角对表面粗糙度具有重要影响，而且存在一个临界角 $\theta=90°$。超过此临界角度，表面粗糙度变化显著。在切削深度小于纤维直径（7～9μm）时，比如 1μm，表面粗糙度在 $\theta>90°$时会急剧增加，但在 θ 达到 120°时又会下降。

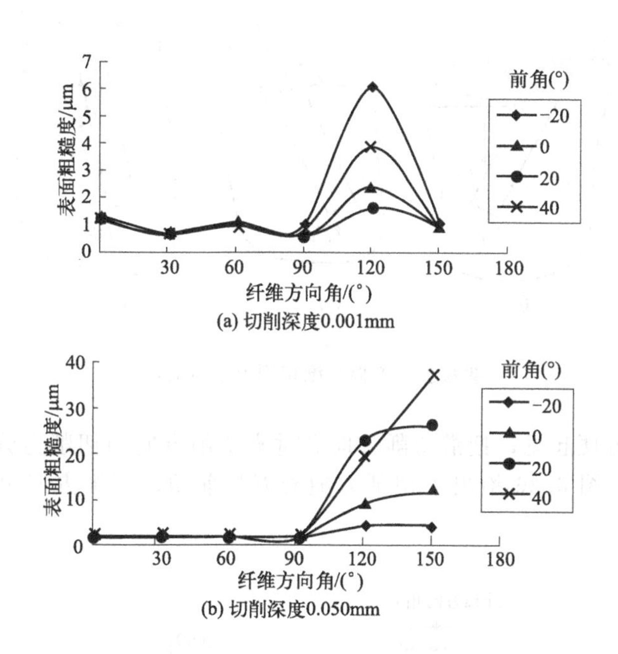

图 6.31　纤维方向角对表面粗糙度的影响

在达到临界角度 90°之前，表面粗糙度的变化量非常小（变化量从 0.6μm 到 1.2μm），此时刀具前角和纤维方向角对表面粗糙度的影响非常小。在 $\theta=120°$时，表面粗糙度依赖于刀具前角 γ_0 变化。当 $\gamma_0=20°$时，表面粗糙度最小；当 $\gamma_0=-20°$时，表面粗糙度最大。

当切削深度大于纤维直径时，将会产生不一样的切削机理。例如，切深为 0.050mm 时，表面粗糙度并没有在 θ 角大于 120°时减小，如图 6.31(b) 所示；而且前角对表面粗糙度产生的影响更为显著，越锋利的刀具（大的正前角 γ_0）会产生越粗糙的表面。尽管如此，$\theta=90°$依然是临界角度。小于此临界角时，前角和纤维方向角对表面粗糙度的影响很小，表面粗糙度的变化范围为 1～1.5μm，这和切削深度小于纤维直径时的情况较接近。

上述现象可以由切削深度和纤维方向角的变化所引起的切削区域变形机理的改变来解释，如图 6.32 所示。当 $\theta<90°$时，如图 6.32(a) 所示，无论切削深度多大，纤维被刀具（力 F_1）沿着垂直于纤维轴向并指向工件次表层的方向所推动。在这种情况下，纤维可以从其后侧的材料中得到很好的支撑作用。因此，纤维的弯曲程度很小。同时，沿着纤维轴向的分力（F_2）会对纤维产生拉应力使得其更容易断裂并与周围的材料分离。这样得到的已加工表面的表面粗糙度和次表层损伤都很小。

当 $\theta>90°$时，情况变得更加复杂。当切削深度小于 $d\sin(\theta-90°)$ 时（d 为纤维直径），刀具正好在纤维的末端切削，此时纤维将受到沿纤维轴向的压力，如图 6.32(b) 所示。在这种情况下，即使纤维周围的基体材料断裂，纤维本身也不容易折断，因而得到的加工表面通常会有许多被抽出的纤维，导致表面粗糙度值大幅增加。当切削深度大于 $d\sin(\theta-90°)$ 时，纤维受到的力如图 6.32(c) 所示。其中，推力 F_1 垂直于纤维轴向，并指向工件外侧，因而纤维从周围材料中得到的支撑作用降低，导致严重的纤维弯曲以及纤维-基体分离。这些最终会导致更粗糙的表面以及更深的次表层的损伤。上述就是表面粗糙度的生成机理随纤维方向的变化规律。

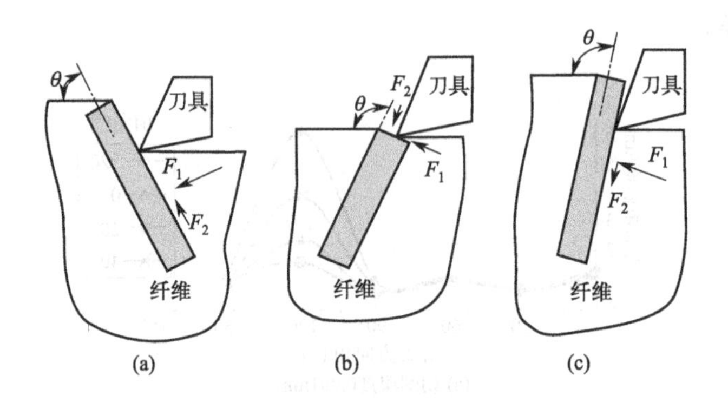

图 6.32 单根纤维切削模型示意图

② 切削力。为方便起见，把沿切削方向和垂直切削方向的切削力分别称为水平分力和垂直分力，图 6.33～图 6.36 给出了切削力随着刀具前角、纤维方向角和切削深度变化的曲线。

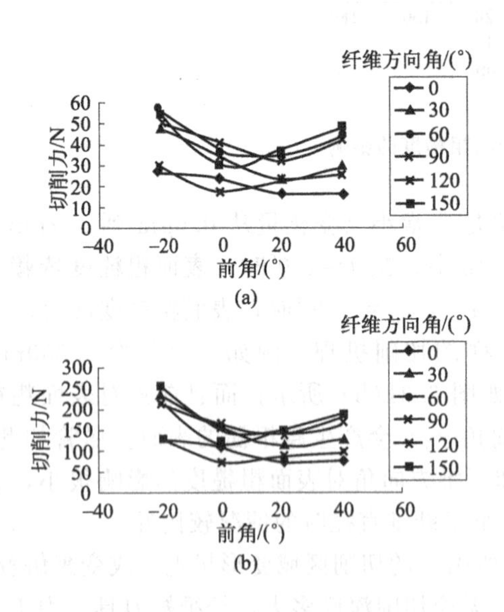

图 6.33 刀具前角对切削力影响

（材料：F593。切削深度：0.001mm）

(a) 水平分力；(b) 垂直分力

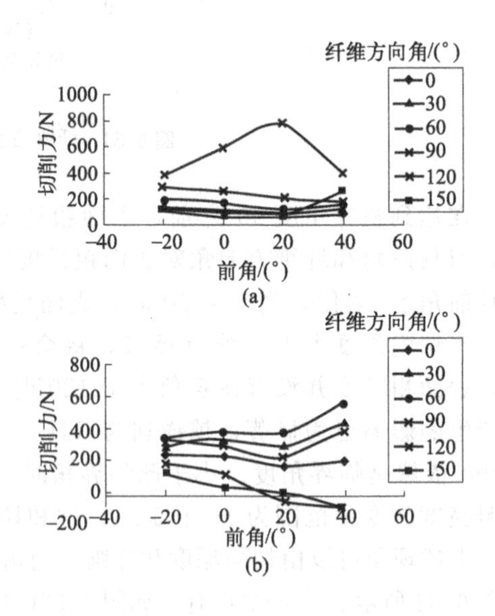

图 6.34 刀具前角对切削力影响

（材料：F593。切削深度：0.050mm）

(a) 水平分力；(b) 垂直分力

相比纤维方向角和切削深度（切深），刀具前角对切削力的影响没有那么显著。当采用较小切深时（比如 1μm，即 0.001mm），前角在 0°～20°之间，会得到较小的切削力，如图 6.33 所示。

当采用较大切深时（比如 50μm，即 0.05mm），除了纤维方向角 $\theta=120°$和 $\theta=150°$外，刀具前角增大时水平分力略有减小，如图 6.34 所示，这与合力随纤维方向和前角变化而改变有关系。垂直分力在纤维方向角为 120°和 150°时随着前角的增大而减小，如图 6.34(b) 所示。结合图 6.32(c) 所示的切削模型，容易理解上述现象。当采用更大的纤维方向角、更大的前角和更大的切深时，工件材料将对刀具产生拉力作用，此时垂直分力变成负值，如图 6.34(b) 和图 6.36(b) 所示。当这种情况发生时，工件的加工质量，包括表面粗糙度和次表层损伤都将增大，这与图 6.32 的结论相符。

从图 6.35 和图 6.36 可以看出，纤维方向对切削力的影响非常显著。在小切深时，比如 1μm，如图 6.35 所示，水平分力和垂直分力都会随着 θ 的增加而发生变化，当 θ 达到 60°时，两个分力都会减小；当 $\theta>120°$时，又开始增大。在切深大于 50μm 而小于 100μm 的情况下，水平分力将持续增加直到 $\theta=120°$。

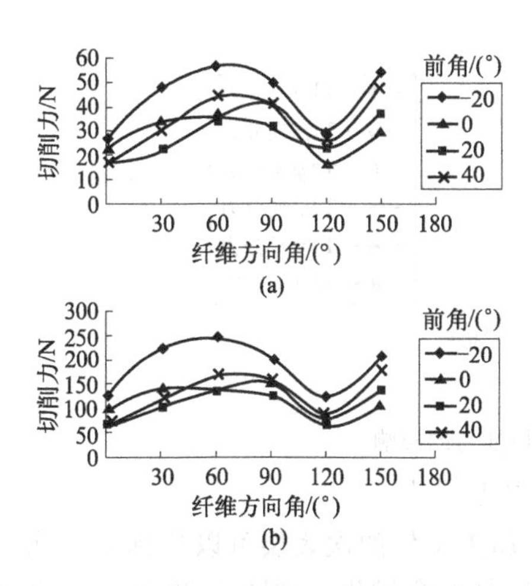

图 6.35 纤维方向角对切削力影响

（材料：F593。切削深度：0.001mm）

(a) 水平分力；(b) 垂直分力

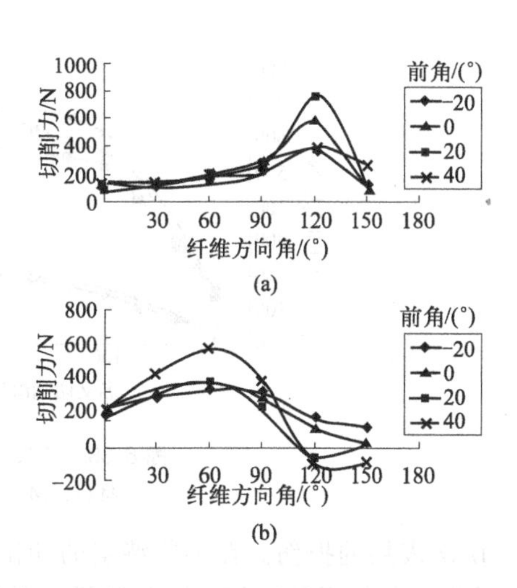

图 6.36 纤维方向角对切削力影响

（材料：F593。切酮深度：0.050mm）

(a) 水平分力；(b) 垂直分力

③ 回弹现象。研究发现，实际切削深度和名义切削深度在切削 LFRPC 时是不一样的，如图 6.37 所示。在切削过程中，部分工件材料被压缩而在刀具离开后又在一定程度上发生回弹现象，即切削回弹。图 6.38 给出了切削力随名义切削深度变化的曲线（其中，T1 和 T2 曲线基本重合，差异不大）。由于材料的回弹，垂直分力以大于切削深度增长速率的斜率增大，并与回弹厚度的增长（图 6.37）一致。当名义切削深度达到某一确定值时，例如本例中的 100μm，回弹的大小基本不再增大，同时法向切削力的增长速率也变得很小。图 6.38 表明，尽管切削回弹对水平切削分力也有影响，但其影响并不显著。上述现象证明切削回弹是影响切削深度的关键因素。

研究表明，当切削条件相同时，切削回弹的大小与刀具刃口圆弧半径相关。一系列的测量结果显示，当纤维方向角 $\theta<90°$时，回弹的大小正好等于刃口圆弧半径或者稍稍大于刃口圆弧半径。如果 $\theta>90°$，回弹大小可以达到刃口圆弧半径的两倍以上，这取决于值的大小。正如本节所讨论的结果以及从图 6.32 中可以看出，对于更大的 θ 角，大量的纤维被挤压而变得弯曲（但并不是在切削点断裂）。当刀具移开时，这部分纤维的弹性变形得以恢复，使得回弹现象更加严重。

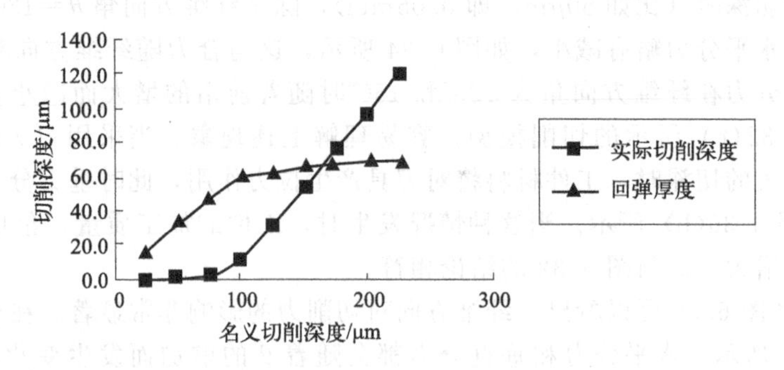

图 6.37　名义切削深度与回弹厚度及实际切削深度之间的关系

（材料：MTM56。纤维方向角：30°）

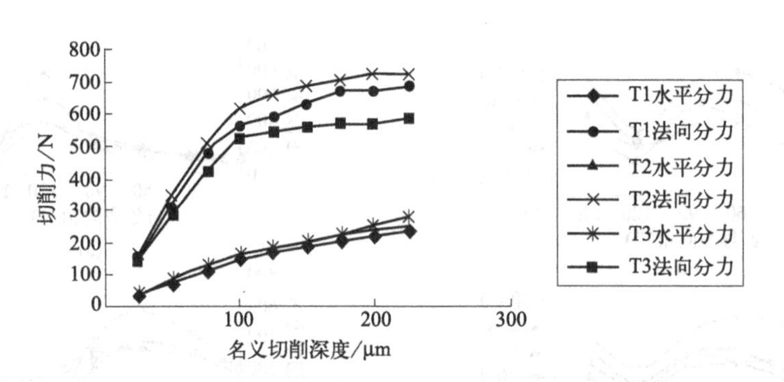

图 6.38　名义切削深度对切削力的影响

（材料：MTM56。纤维方向角：30°）

④ 次表层的损伤。在某些特定的切削条件下，加工工件的次表层可以达到无损伤，但是在另外一些切削条件下，脱黏和纤维断裂现象很容易就会发生。如图 6.39 所示，次表层的损伤与切削深度、纤维方向角和前角都有关系。观察结果显示，通常更小的切削深度会产生更少的次表层损伤。当采用大切削深度（例如 50～100μm）并且纤维方向角 θ 处在 120°～150°时，产生的次表层损伤变得更加严重。这就解释了为什么表面粗糙度在这样的切削条件下很大。纤维的方向起到了重要作用。举例来说，当 $\theta=150°$时，次表层仅在前角为 40°时会出现微裂纹。但是，当 $\theta=120°$时，不管前角多大，次表层总是会出现微裂纹。有趣的一点是，尽管采用不同的切削深度，例如 50～100μm 之间，如果纤维方向和前角都相同，则会导致相似的次表层特征。

从加工表面的扫描电镜结果可以得出和表面粗糙度观察实验相一致的结论。当 $\theta\leqslant 90°$ 时，纤维方向角、切削深度和前角对已加工表面的质量影响不大。

6.5.2　复合材料的磨料水射流加工

磨料水射流（AWJ）技术适用于复合材料切削加工。磨料水射流技术的重要优势有：工件材料所受冲击应力小；加工温度低；切削速度高；所需工具少；复合材料不易发生分层。

（1）磨料水射流加工过程

磨料水射流技术如图 6.40 所示。它是在 400MPa 压力下让水通过一个直径为 0.33mm 的小口，获得的 750m/s 的高速水流，颗粒大小为 80 目的石榴石（磨料）通过空气在一个直径 1mm 的聚焦管中被高速水流混合并喷射在被加工对象上。

(a) 前角为-20°

(b) 前角为20°

图 6.39　F593 试样次表层微观结构（纤维方向角：120°。切削深度：0.100mm）

通常根据特定的材料、加工件厚度和加工精度的要求适当地调整进给速度。射流成分按体积比，主要包括 93%的空气、6.5%的水和低于 0.5%的磨料颗粒。

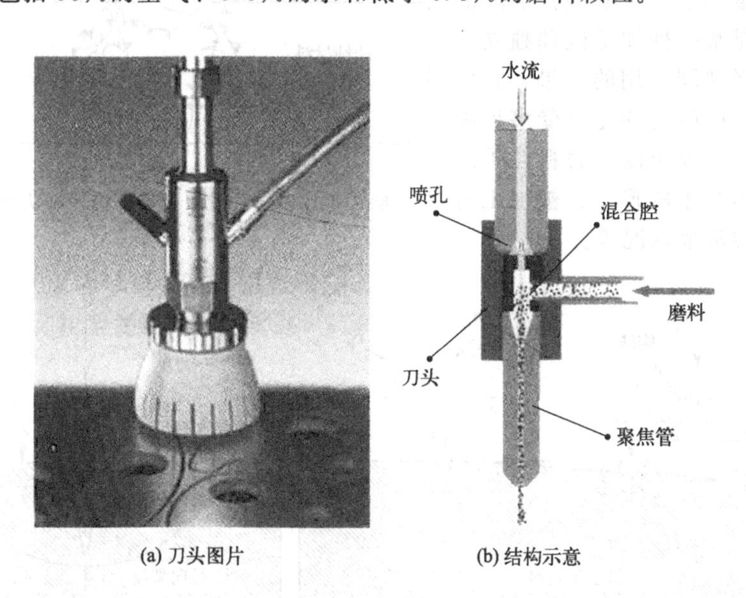

(a) 刀头图片　　(b) 结构示意

图 6.40　磨料水射流技术

磨料水射流技术可以认为是高速局部打磨，实际上只有磨料能进行切削，水流只是加速磨料来提高其动量。在聚焦管的出口处，射流的初始能量分布于流体和磨料颗粒之中。然后，磨料射流作用于被加工件上，其质量流速可按下式求出：

$$m_\omega v_\omega = \eta \rho_\omega \frac{\pi \phi_\omega^2}{4} \left(\frac{2p}{\rho_\omega} \right)$$

式中，m_ω 为水的质量流率；v_ω 为水流速度；η 为一个效率系数；ρ_ω 为水的密度；ϕ_ω 为小口直径。

① 水楔机制。当水射流作用于被加工材料时，水射流渗透到上表层的微细裂纹中直至材料被去除（图 6.41）。为了满足常规速度水射流加工要求，被加工部分需要有微细裂纹，而且微细裂纹的最小扩展能量要小于水射流的冲击能量以冲蚀材料。

对复合材料来说，Ⅰ型分层的最小能量仍小于其他方向上的裂纹扩展能量，这表明水射流能量必须比分层能量低。

② 磨料磨损机理。Finnie 发明了描述磨料粒子冲蚀材料机理的两种模型（图 6.42）：一种是微细加工模型；另一种是横向裂纹扩展模型。微细加工模型通常应用于塑性材料的小冲蚀角度加工。横向裂纹扩展模型通常用于脆性材料的大冲蚀角度加工。很明显，实际的加工过程并不是某一种加工机理独立完成的，而是二者共同作用的结果。它们在特定冲蚀加工中所占的比重受多种因素影响。例如，冲蚀角度、磨料粒子的初始动能、磨料粒子的形状、被加工材料的特性和外界环境状况等。

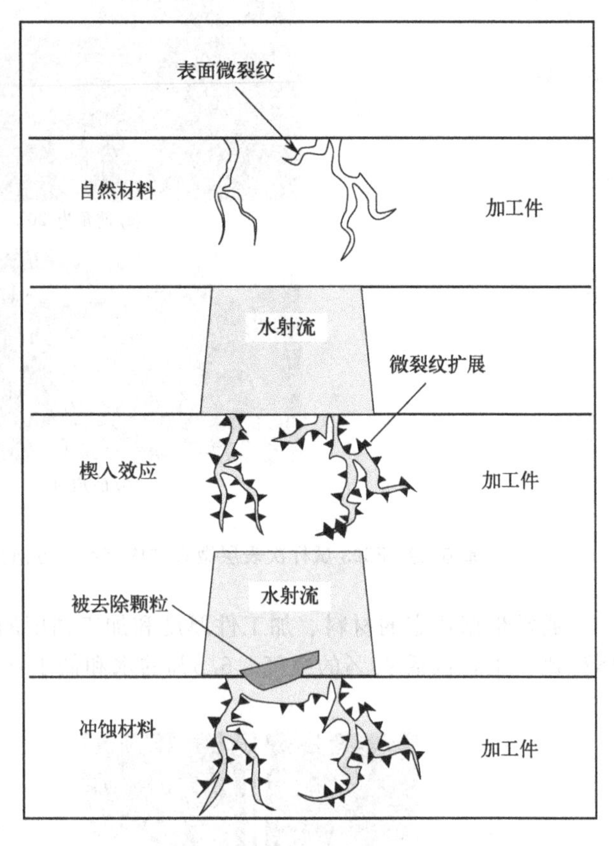

图 6.41　不同阶段水楔冲蚀机理（从上向下演变）

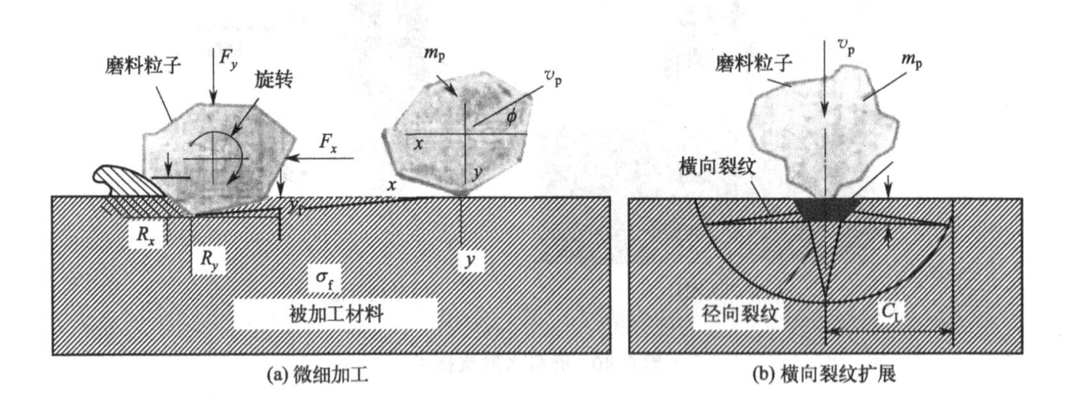

图 6.42　磨料粒子冲蚀材料的两种模型

（2）磨料水射流切削过程

磨料水射流切削的切头是固定在一个由计算机控制的可移动系统中。根据精度要求，采用经过过滤的纯净水作为水射流，然后在增压器作用下加压到 400MPa（最大可以加压到 600MPa）。在压力的作用下，水射流到达切头进行切削。当切削完成后，水射流被储存在一个水槽中（图 6.43）。水射流混合溶液经过过滤将水和磨料粒子分离。在大多数情况下，磨料粒子可回收再利用。

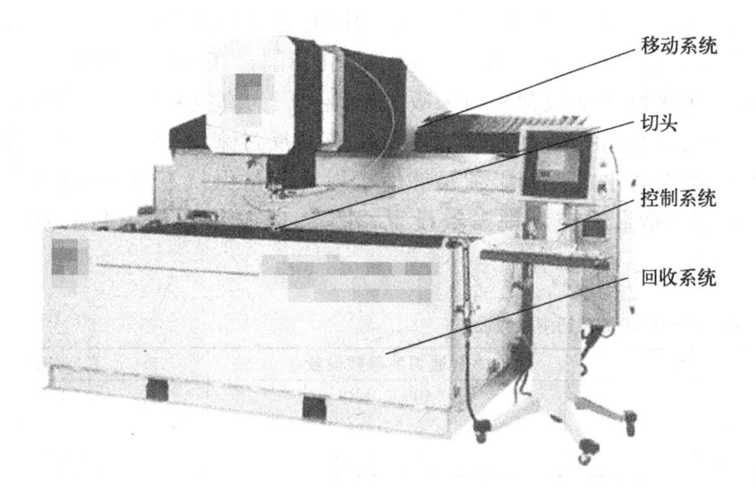

图 6.43　磨料水射流切削机床

通常，磨料水射流最重要的参数是进给速度。根据特定射流参数和被加工件的材料和尺寸，可获得该条件下的最大进给速度。磨料水射流切削的重点在于：切边质量是由设定的进给速度和最大进给速度的比例函数所决定。加工纹理是磨料水射流切口质量评判的重要标准。

图 6.44 所示为磨料水射流切削硬质钢获得材料剖面条纹的主视图，进给速度百分比为 80%。可以看出，切口的上表面主要是微观切削结果。当射流贯穿材料时，射流能量逐渐降低，产生了一定的偏差，出现了阶梯状切口；接着，阶梯状切口在射流作用下，以横向裂纹的形式向下移动。

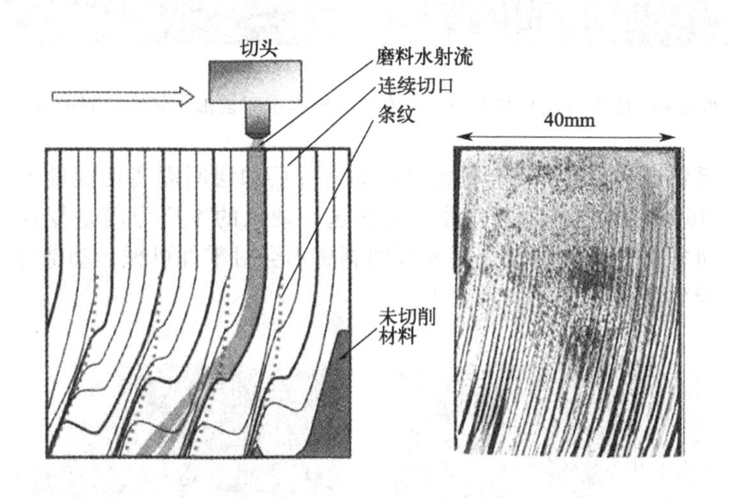

图 6.44　切口条纹现象（左）和实际工件切口条纹图片（右）

（3）复合材料的 AWJ 切削

磨料水射流（AWJ）在合理的参数条件下能够有效地避免复合材料切削过程中产生的分层缺陷。目前，AWJ 切削技术仍处于起步阶段。正确、合理和快速地切削复合材料并获得高质量的被加工表面，仍需大量的实践经验。材料的冲孔和拉毛现象是 AWJ 切削复合材料的两大关键点，它们都与水流的冲击能量有关。水射流引起的局部偏摆是产生斜楔效应和材料分层的主要原因。为避免这一现象，需在工件上施加支撑静压力。

① 复合材料冲孔。复合材料冲孔是 AWJ 切削复合材料过程中的一大难题。对于外部表面加工来说，AWJ 切削相对容易。然而，对于内孔切削，在切削开始前须经 AWJ 冲孔。为了做到这点，第一次喷射必须包含磨料来吸收水能，因为真空系统可以在加水之前将磨料吸入混合腔。第二个问题是当孔为盲孔时，喷射头必须反过来。因此，AWJ 的全部能量必须保持在低位，同时磨料和水的比例必须足够使水射流能量保持在分层极限之内。表 6.19 展示了 AWJ 普通切削参数和真空切削参数设置，图 6.45 显示了使用和不使用真空系统时被加工复合材料的表面。

表 6.19 AWJ 普通切削参数和真空切削参数设置

AWJ 切削主要参数	普通切削参数设置	真空切削参数设置
压力	400000kPa	100000kPa
直径	0.33mm	0.25mm
磨料质量比例	11%(350g/min)	16%(150g/min)

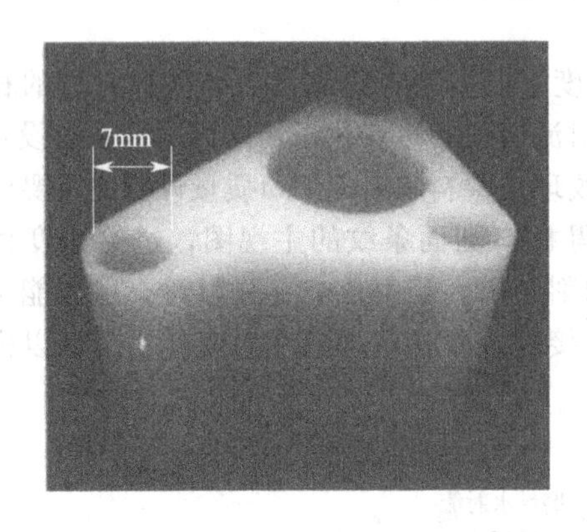

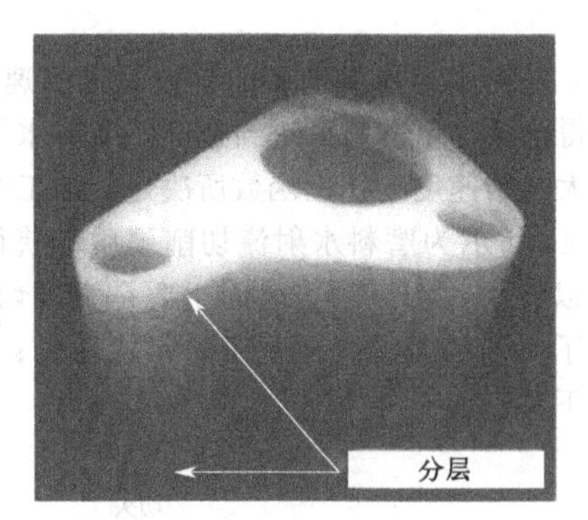

图 6.45 使用（左）和不使用（右）真空系统时被加工复合材料的表面

当采用真空系统 AWJ 加工复合材料时，局部分层和层间剥离可能发生在冲孔的下表面出口处，如图 6.46 所示，这不利于观察。造成这一现象的本质原因是复合材料出口处外表层的 I 型分层能量很低。虽然局部分层和层间剥离不会对零件机械运动造成不利影响，但是这种现象确实会导致零件的表面质量变差。

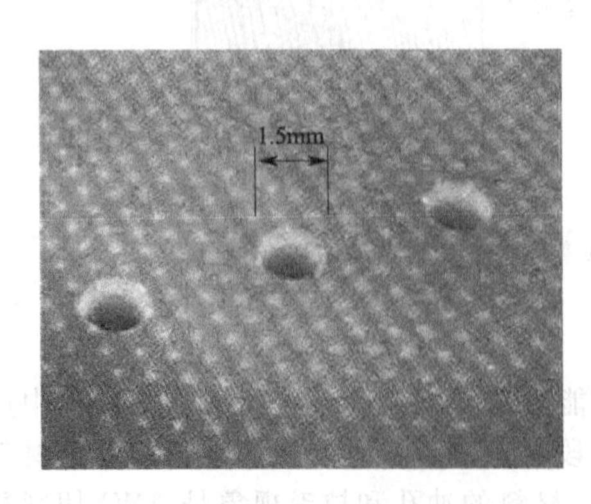

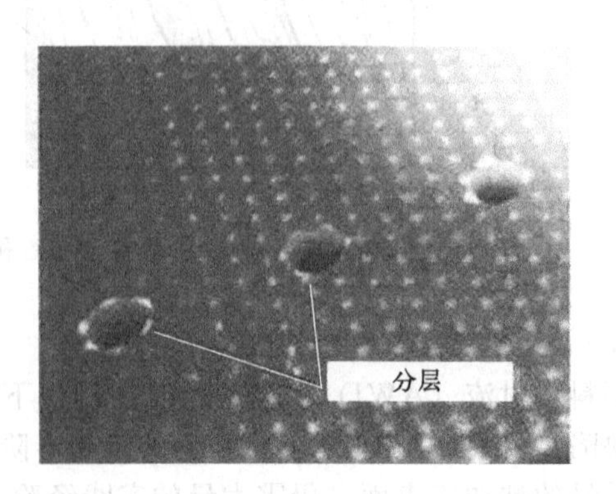

图 6.46 复合材料工件冲孔上表面（左）及下表面（右）

② 条纹现象。进给速度百分比必须保持足够低的水平以避免出现大的条纹现象。条纹和水射流的偏差有关。当磨料比例不够高（因压力太大、孔太大等引起）时，水射流会产生偏差并导致材料分层。图 6.47 展示了在玻璃纤维/环氧复合材料上，以相同的水射流功率和成分组成，但以不同的进给速度百分比获得的切口。结果表明，若进给速度百分比过高，水射流的变形会增大，并在切口的底部发生分层。

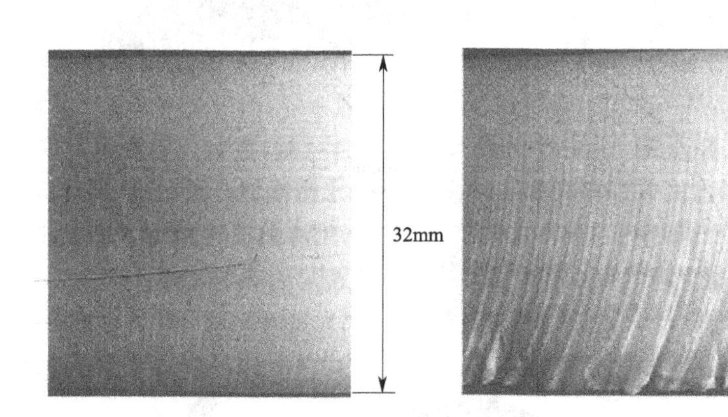

图 6.47　低进给速度百分比（$f_{max}=40\%$）切口条纹形貌（左）和高进给速度百分比（$f_{max}=80\%$）切口条纹形貌和底部分层（右）

（4）应用

AWJ 冲孔的主要优势如下。

① 工具的厚度约为 1mm。对于贵重材料，在一块板上可以节省更多的材料，加工出更多的零件。

② 混合材料与同质材料一样，可以被 AWJ 加工，且不存在与此材料有关的最优切削速度。若材料差异很大，考虑到 AWJ 的加工性能，质量会有所降低。

③ 由进给速度百分比决定的材料切削载荷能保持低值。在最坏的情况下（进给速度百分比=100%），在轴向方向施加的最大载荷仅为 50kg。对于一个有 400MPa 气压的 AWJ 装置，当喷嘴移动时，被加工的平板不需要保持在固定位置。

④ 加工的温度低。当加工很硬并且很厚的材料时，温度可以仅为 100℃。

⑤ 切割头的磨损与加工材料无关，只与加工时间有关。

⑥ 切削速度快。对于 5mm 厚的碳纤维环氧树脂复合材料仅需 5m/min 左右的速度即可获得高质量的表面。

另外，AWJ 冲孔的不利因素如下。

① AWJ 技术主要限制在 2D 切削领域。五轴机器中存在一个捕捉器，当喷嘴穿过零件之后可把喷嘴带回来；然而，相关技术仍在研究中。

② 即便在有预防措施的前提下，被加工件的表面粗糙度小于 2μm 时，加工公差也达到 ±0.05mm，技术难度大。

③ AWJ 技术用的是水。根据材料和应用场合的不同，这将会是一个问题。

④ 磨料颗粒可能污染部件。对于某些多孔材料，残留磨料颗粒需要清洗。

⑤ AWJ 可视化程度低。使用磨料水射流加工复合材料还没有被广泛接受。

⑥ AWJ 仍然不十分成熟，涉及新的制造工艺，难以整合。

图 6.48 为磨料水射流切削不同复合材料部件的照片。

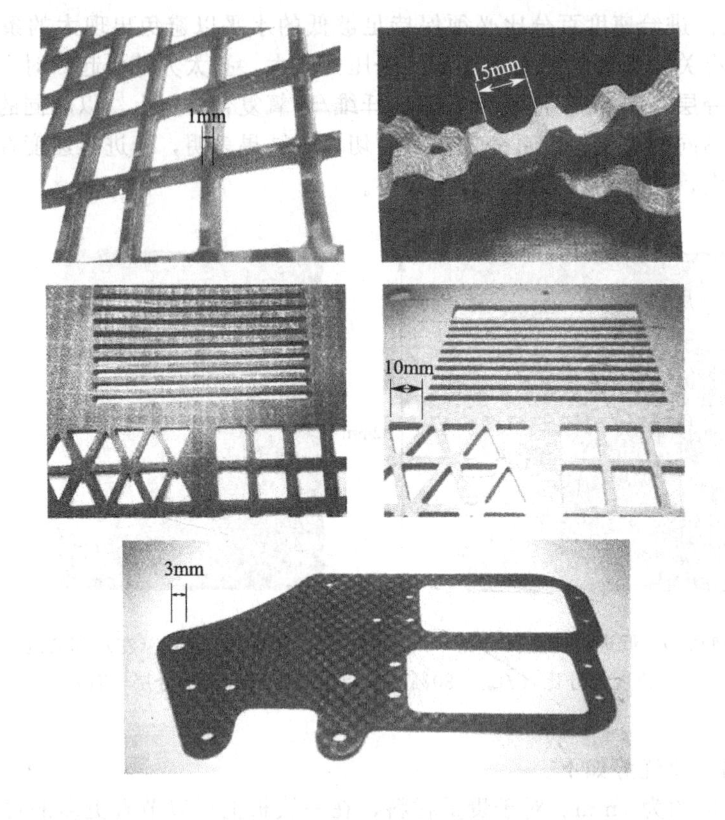

图 6.48　AWJ 切削有机复合材料和陶瓷基复合材料部件

（5）复合材料的 AWJ 铣削

AWJ 技术适用于复合材料的切削，具有广阔的发展前景。但是尽管其看上去很有前途，目前还没有应用到盲型腔加工。

AWJ 铣削复合材料原理（图 6.49）是通过降低水力功率（控制水压或者口径）和降低驻留时间（控制进给速度）来减少冲击能量，在复合材料表面产生一个切口。切口的大小随喷射距离的增大而增大。为了获得良好的几何形状，铣削区域需要通过罩子分隔开。最终通过扫描部件完成铣削。

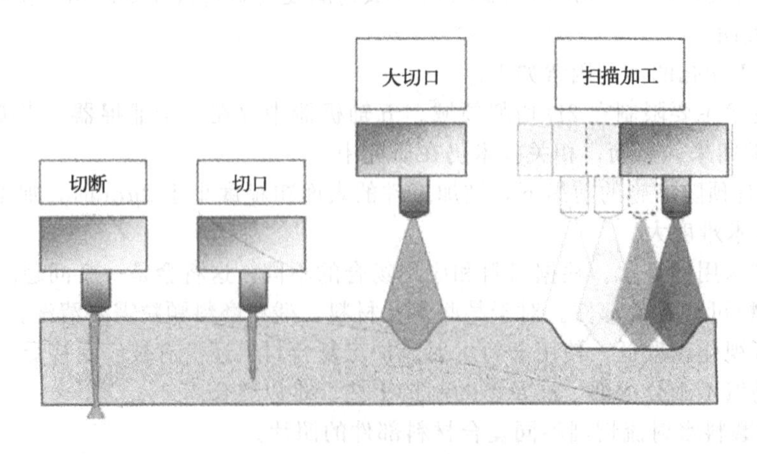

图 6.49　AWJ 铣削复合材料原理

AWJ 铣削复合材料的优势如下。

① AWJ 铣削是直接在材料表面冲击成型，而传统的铣削是以某一尺寸为参考加工成型。

② 不同的 AWJ 喷射距离会形成不同的铣削深度，因此，可在两轴 AWJ 机床上完成弯曲件加工。

③ 通过控制水射流能量和磨粒颗粒，能够有效避免复合材料铣削中的分层。

AWJ 铣削复合材料的局限性如下。

① 相关文献少。

② 目前还不能很好地应用于复合材料铣削。

然而，AWJ 铣削开拓了复合材料弯曲件逐层铣削的研究领域，并且能够完成阶梯状零件的铣削（图 6.50）。

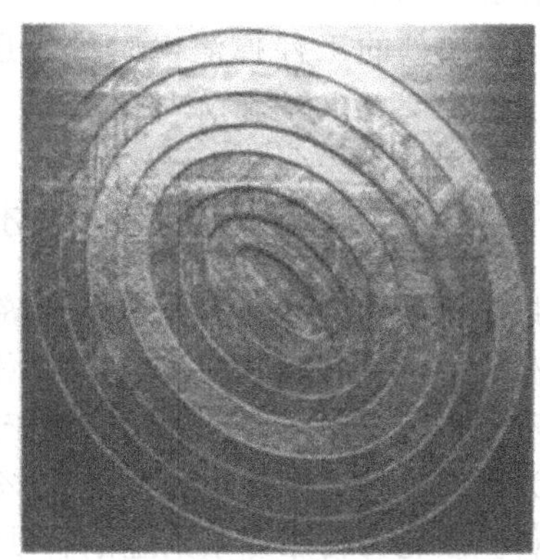

图 6.50 AWJ 铣削复合材料（左）和 AWJ 铣削 M21T700 复合材料 8 层阶梯轴（右）

6.5.3 纤维增强金属基复合材料的切削加工

金属基复合材料可分为颗粒增强复合材料、长纤维增强复合材料和短纤维（或晶须）增强复合材料。这类材料中长纤维增强复合材料的切削加工有与通常的 FRP（纤维增强复合材料）相似的特点。对于短纤维（或晶须）增强复合材料，切削加工时则有着独特的特点，如在加工表面上出现许多与增强纤维直径相对应的孔沟、纤维破断面露出、纤维从基体拔出或被压入加工表面等。

切削纤维增强金属基复合材料时，可采用 YG 类（K 类）硬质合金。刀具磨损的形式以后刀面磨损为主，副后刀面稍有边界磨损。当刀具材料硬度很高时，呈单纯的磨料磨损。刀具磨损与纤维体积掺量有关，纤维体积掺量越高，刀具磨损越大。

在铣削时，为防止切离时工件掉渣，以采用顺铣为好。在钻孔时，钻头一定要锋利，并要减小钻头的横刃。在钻出时要减小进给量，以免轴向力大将钻出的孔在出口处崩边。磨削铝复合材料时，因砂轮堵塞严重造成磨削困难，宜采用碳化硅砂轮，并要勤修整，保持砂轮锋利。也可采用 CBN 砂轮和金刚石砂轮。磨削时一定要供给切削液，以防止砂轮堵塞和磨削温度过高而使加工表面产生变质。

6.5.4 晶须增强复合材料 SiC_w/6061 的平面铣削

铣削 SiC_w/6061 时，宜用 K 类硬质合金铣刀。

(1) 刀具磨损

刀具磨损值取决于切削路程 l_m，l_m 越大，刀具磨损越大。纤维体积掺量 V_f 也影响刀具磨损，V_f 越大，刀具磨损越大。

(2) 表面粗糙度

纤维体积掺量 V_f 越多，Rz 越小；进给量 f 越大，Rz 越大。当 $V_f>0$ 时，切削速度 v 对 Rz 的影响不大；使用切削油可明显减小表面粗糙度 Rz。

(3) 切屑形态

切屑呈锯齿形挤裂屑，易于处理。

(4) 切削变形

V_f、f 增大，变形系数 ξ 减小，切削比 $r_c(=1/\xi)$ 增大。

(5) 边缘轮廓的完整性

为避免铣刀切离处的工件掉渣，应尽量选用顺铣。在即将铣完时，采用小（或手动）进给。

6.5.5 碳纤维增强碳化硅陶瓷基复合材料的磨削

碳纤维增强碳化硅陶瓷基复合材料具有密度低，抗氧化性好，耐腐蚀、耐磨损性能良好，以及耐高温等优点。其能够满足防热-结构一体化设计的需要，成为航空航天飞行器等关键热结构的重要候选材料，并已成功应用于航空航天领域。

工件材料为碳纤维，其为体积分数约45%、密度约 $2.0\mathrm{g/cm^3}$ 的二维碳纤维增强碳化硅陶瓷基复合材料。砂轮为树脂黏结剂金刚石砂轮，砂轮粒度120#，砂轮直径300mm，砂轮宽度20mm。金刚石砂轮修整采用普通SiC砂轮与金刚石砂轮对磨的方法实现。磨削方式为顺磨，冷却液为普通水基冷却液。磨削参数：进给速度为20～50mm/s，磨削速度为60～90m/s，切削深度为0.1～0.3mm。为了观察工件的亚表面损伤效果，可首先对垂直于磨削方向的面依次采用800#、1200#、1500#及2000#的金刚石研磨粉进行研磨直至镜面，材料去除厚度大于200μm，然后采用超声波清洗器对试样进行清洗，再用烘箱烘干试样。最后，再通过扫描电镜（SEM）对磨削表面和亚表面进行观察。

第7章

难加工材料3D打印技术

全球正在迎来新一轮数字化、智能化制造浪潮。作为“第四次工业革命”的前沿代表技术——3D打印技术（简称3D打印），成功地将虚拟的数字智能化技术与工业产品的个性化制造“桥接”在一起，并被集成到制造业和人们日常生活中。与传统的“切削材料去除”加工不同，3D打印以经过智能化处理后的3D数字模型文件为基础，运用粉末状金属、塑料等材料，通过分层加工、叠加成型的方式“逐层增加材料”来生成3D实体。各种各样的材料（液体、粉末、塑料丝、金属、纸张，甚至巧克力、人体干细胞等）均可作为3D打印材料，而且可以自由成型（任意复杂的中空、多孔、镶嵌形状），3D打印机可谓是“万能制造机”。

3D打印正在以不可思议的速度渗入到“衣食住行”等生活的方方面面。3D打印可广泛用于工业制造、珠宝首饰、玩具设计、机器人、生物医学、建筑与城市规划、食品制作、航空航天等领域。

3D打印产品的设计过程将从仅仅是由成熟的工程师创造，转变为消费者和制造商一起创造，从而使得所设计的产品在世界各地被快速地制造出来。

3D打印具有无可比拟的工艺优势，可以随心所欲地进行设计。其逐层加工、累积成型的特点，免除了模具，制造几乎不受结构复杂度的限制，结合智能数字化设计，可轻松实现产品的个性化定制。

3D打印具有“即需即印”的优势，可以快捷实现个性化定制，从而对未来生产、生活方式产生深刻影响，带给人们无限遐想。

尽管3D打印深受资本市场和媒体的热捧和追逐，但对3D打印的质疑从来没有停止过。3D打印精度和表面质量、材料成本、成型效率、制造成本与传统减材制造技术相比尚有差距。3D打印仍面临诸多挑战和技术难题。

7.1 3D打印技术原理

3D打印，又称快速成型（rapid prototyping，RP）、增材制造（additive manufacturing，AM），是一种以3D数字模型文件为基础，运用粉末状金属或塑料等可粘接材料，通过逐层打印方式来构造物体的技术。

3D打印采用分层加工、叠加成型，即通过逐层增加材料来生成3D实体，与传统的材料去除加工技术完全不同。3D打印设备之所以被称为“3D打印机”，是因为其分层加工的过程与喷墨打印十分相似，其组成上也是由控制组件、机械组件、打印头、耗材和介质等构成。

在将3D数字化模型输入到3D打印机之前，需要对3D模型进行分层，切成数百上千片薄片。3D打印就是一片一片地进行打印，逐渐叠加到一起，成为一个立体物体，如图7.1所示。在打印时，软件通过计算机辅助设计（CAD）技术完成一系列数字“切片”（slice），并将这些切片的信息传送到3D打印机上，然后将连续的薄层堆叠起来，直到一个固态物体成型。本质上，3D打印将一个复杂的三维加工转变为一系列二维切片的加工，这种“降维制造”方式大幅度降低了加工难度。此外，3D打印机与传统2D（二维）打印机最大的区别在于它使用的“墨水”是实实在在的原材料。

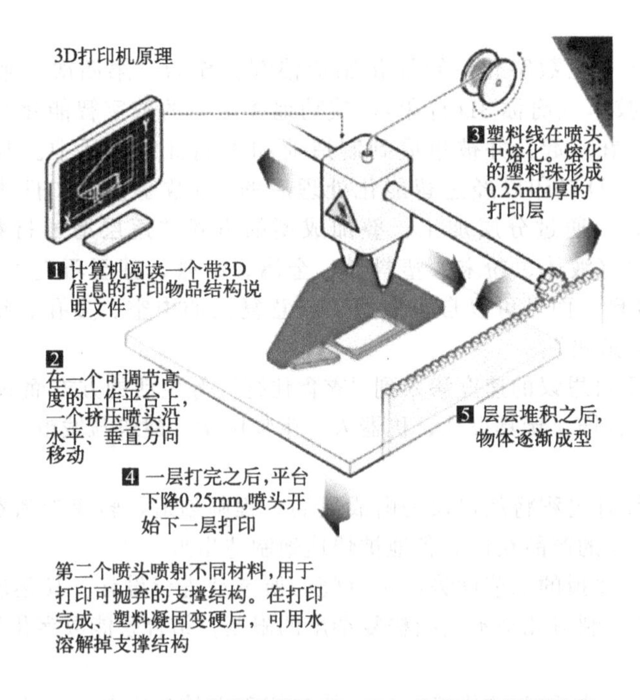

图7.1 3D打印机分层加工、叠加成型工作原理示意

传统的“减材加工”机床是在做“减法”（减材成型），即通过车、铣、刨、磨等工艺将一块物料上不需要的地方去掉，但这就存在着“伸不进、够不着”的问题，因此，不能加工任意复杂的中空形状，而且去掉的物料也被浪费掉了。作为对比，3D打印这种一层一层堆积起来做“加法”的工艺（增材成型）具有如下优点：不需要刀具、模具，所需工装、夹具大幅度减少；生产周期大幅度缩短；可制造出传统工艺方法难以加工，甚至无法加工的结构；材料利用率大幅度提高。因此，3D打印特别适合复杂结构的快速制造、个性化定制、高附加值的产品制造。同时，由于其可以生成任意复杂的产品形状，因此在零部件的设计上可以采用最优的结构设计，而不必考虑加工问题，解决了复杂精细零部件的设计和制造难题。

7.2 3D 打印技术分类

3D 打印是“增材制造”的主要实现形式。增材制造之前被称为快速成型。增材制造被美国材料与试验协会（ASTM）定义为“一种利用三维模型数据通过连接材料获得实体的工艺，通常为逐层叠加，是与材料去除的制造方法截然不同的工艺”。

快速成型作为增材制造的早期子技术，侧重于形体观测的样品成型；3D 打印则是增材制造在当今发展的子技术，侧重的是成型功能构件。

根据成型工艺，增材制造技术可以概括为 7 种成型工艺，如表 7.1 所示。其中，前五种是在增材制造发展初期出现的子技术（快速成型）所产生和发展的工艺，后两种是增材制造当今发展的子技术——3D 打印所产生的工艺。

表 7.1 增材制造技术成型工艺分类

序号	成型工艺	原用名	代表性公司
1	立体光固化(vat photopolymerization)	SLA	3D Systems,Envision TEC
2	粉末床烧结/熔化(powder bed fusion)	SLS/SLM/EBM	EOS,3D Systems,Arcam AB
3	片层压(sheet lamination)	LOM	Solido,Fabrisonic
4	黏结剂喷射(binder jetting)	3DP	3D Systems,ExOne,Voxeljet
5	材料挤压(material extrusion)	FDM	Stratasys, RepRap, Bits from Bytes
6	材料喷射(material jetting)	—	Objet,3D Systems ,Solidscape
7	定向能量沉积(directed energy deposition)	—	Optomec,POM

3D 打印是快速成型的延续与发展。3D 打印技术继承了快速成型技术的增材制造法，而且 3D 打印机大幅度打破了快速成型机运用成型材料的局限，成为一种新型增材制造装备。可以将快速成型与 3D 打印统称为广义的 3D 打印。按采用材料和工艺实现方法，可将 3D 打印分为如图 7.2 所示的五大类。

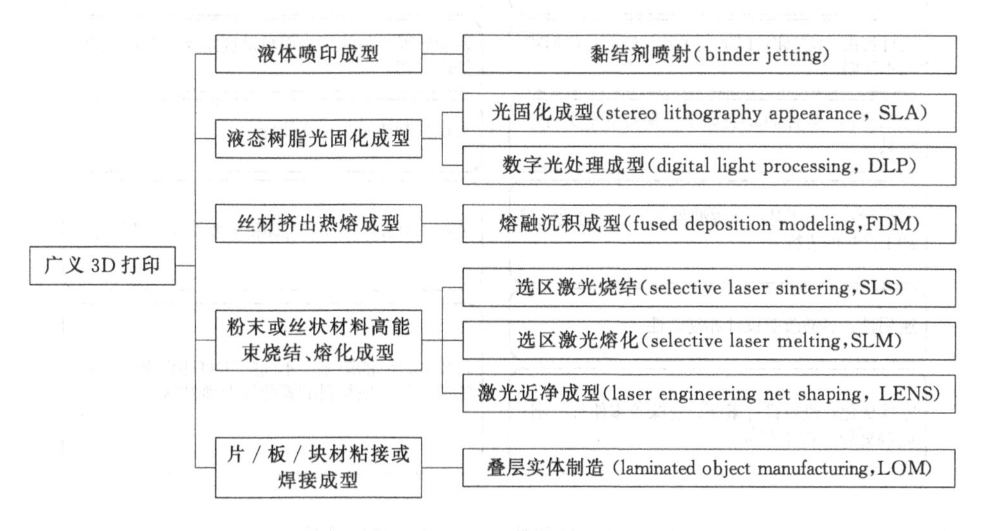

图 7.2 广义 3D 打印分类

7.3 3D 打印技术优势与面临的挑战

3D 打印之所以具有革命性的意义，主要是集两大突出优势于一身。

① 可以随心所欲地进行设计。个人只需在计算机中进行智能化设计，然后将复杂作业流程转化为数字化文件，发送到 3D 打印机打印即可实现制造。在整个过程中，用户不必掌握各种复杂的制造工艺和加工技能，这样大幅度降低了制造业的技术门槛。

② 3D 打印的分层加工、叠加成型的特点，可以免除模具制造，制造几乎不受结构复杂度的限制，结合智能数字化设计，通过云端制造，可以实现"即需即印"，可轻松实现产品的个性化定制。

免除模具的特点使得 3D 打印适合产品原型、试制零件、备品备件、个性化定制、零件修复、医疗植入物、医疗导板、牙科产品等小批量个性化产品的制造。而传统制造工艺，如果产品的设计过于复杂，那么对应的制造成本就会十分昂贵。

3D 打印对所用的材料的成本敏感，而对设计的复杂性并不敏感。也就是说，3D 打印适合制造复杂形状的产品，包括一体化结构、仿生学设计、异形结构、轻量化点阵结构、薄壁结构、梯度合金、复合材料、超材料等。

3D 打印目前面临着以下几个主要问题亟待解决。

① 与传统切削加工技术相比，产品尺寸精度和表面质量相差较大（制造精度一般仅相当于铸型），产品性能还达不到许多高端金属结构件的要求。

② 加工速度、大批量生产效率还比较低，不能完全满足工业领域的需求。

③ 设备和耗材成本仍然很高，如基于金属粉末的打印成本远高于传统制造。

图 7.3 列出了 3D 打印的优势和面临的挑战。由此可见，3D 打印技术虽然是对传统制

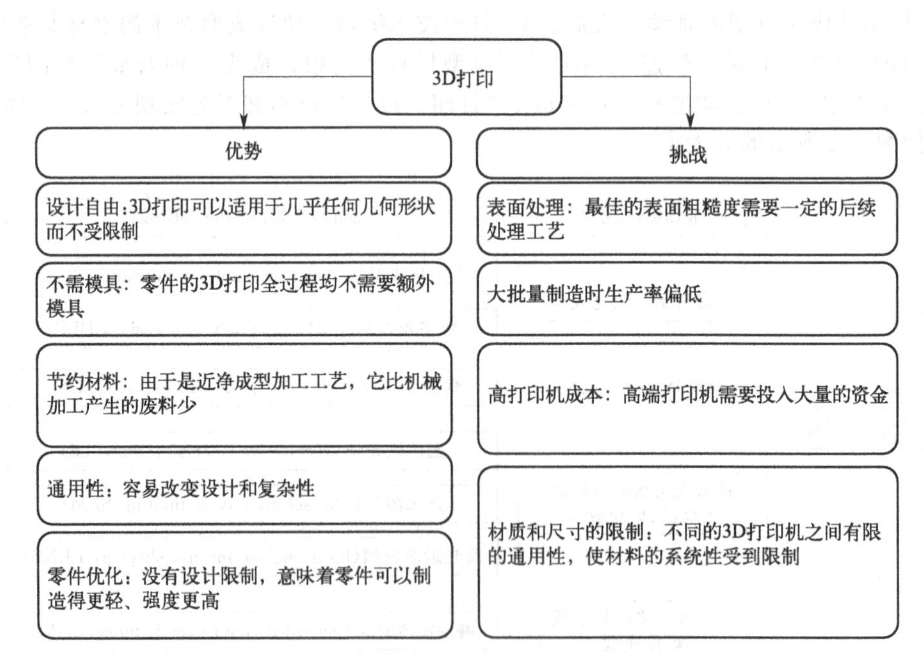

图 7.3　3D 打印技术优势和面临的挑战

造技术的一次革命性突破，但它却不可能完全取代锻造、切削等传统制造技术，二者之间应是一种相互支持与补充、共同完善与发展的良性合作关系。特别是在现阶段，3D 打印不能只是“花架子”（如制造玩具和艺术品），而是要扎根于在传统行业中的应用，充分发挥自身的优势去高效地解决传统行业中某些工序的难点和不足，成为这些环节的颠覆性的新工具和新装置，如取代开模、制坯方面的应用等。

7.4 3D 打印用难加工材料

近年来，3D 打印技术逐渐应用于实际产品的制造。其中，金属材料的 3D 打印技术发展尤其迅速。在国防领域，欧美发达国家及地区非常重视 3D 打印技术的发展，不惜投入巨资加以研究，而 3D 打印金属零部件一直是研究和应用的重点。3D 打印所使用的金属粉末一般要求纯净度高、球形度好、粒径分布窄、氧含量低。目前，应用于 3D 打印的金属粉末材料主要有钛合金、钴铬合金、高温合金、不锈钢和铝镁合金等。

钛合金因具有强度高、耐腐蚀性好、耐热性高等特点而被广泛用于制作飞机发动机压气机部件，以及火箭、导弹和飞机的各种结构件。钴铬合金是一种以钴和铬为主要成分的高温合金，它的耐腐蚀性能和力学性能都非常优异，用其制作的零部件强度高、耐高温。采用 3D 打印技术制造的钛合金和钴铬合金零部件，强度非常高，尺寸精确，能制作的最小尺寸可达 1mm，而且其零部件力学性能优于锻造工艺。

不锈钢以耐空气、蒸汽、水等弱腐蚀介质和酸、碱、盐等化学浸蚀性介质腐蚀而得到广泛应用。不锈钢粉末是金属 3D 打印经常使用的一类性价比较高的金属粉末材料。3D 打印的不锈钢模型具有较高的强度，而且适合打印尺寸较大的物品。

7.4.1 钛合金

钛的密度约为 4.5g/cm^3，比钢轻约 43%，比轻金属镁稍重一些。但它的机械强度却与钢相差不多，比铝大约两倍，比镁大约五倍。钛耐高温，钛合金熔点可达 1678℃。钛的性能与所含碳、氮、氢、氧等杂质的含量有关，最纯的碘化钛杂质含量不超过 0.1%，但其强度低、塑性高。钛合金是以钛元素为基础加入其他元素组成的合金。钛合金具有如下优良的特性。

① 比强度高。钛合金的密度一般在 4.5g/cm^3 左右，仅为钢的约 60%，纯钛的强度接近普通钢的强度，一些高强度钛合金超过了许多合金结构钢的强度。因此，钛合金的比强度（强度/密度）远大于其他金属结构材料，可制出单位强度高、刚性好、质轻的零部件。目前飞机的发动机构件、骨架、蒙皮、紧固件及起落架等都使用钛合金。

② 热强度高。使用温度比铝合金高几百度，在中等温度下仍能保持所要求的强度，可在 450～500℃的温度下长期工作。将这两类合金相比，钛合金在 150～500℃范围内仍有很高的比强度，而铝合金在 150℃时比强度明显下降；钛合金的工作温度可达 500℃，铝合金则在 200℃以下。

③ 耐腐蚀性好。钛合金在潮湿的大气和海水介质中工作，其耐腐蚀性远优于不锈钢；对点蚀、酸蚀、应力腐蚀的抵抗力特别强；对碱、氯化物、氯的有机物以及硝酸、硫酸等有

优良的耐腐蚀能力。

④ 低温性能好。钛合金在低温和超低温下，仍能保持其力学性能，低温性能好；间隙元素含量极低的钛合金，如 TA7，在−253℃下还能保持一定的塑性。因此，钛合金是一种重要的低温结构材料。表 7.2 列举了钛合金的力学性能。

⊡ **表 7.2 钛合金的力学性能**

牌号	室温力学性能,不小于					高温力学性能,不小于		
	抗拉强度 σ_b/MPa	屈服强度 $\sigma_{0.2}$/MPa	伸长率 δ/%	收缩率 ψ/%	冲击韧性 α_k/(J/cm^2)	实验温度/℃	抗拉强度 σ_b/MPa	持久强度 σ_{100}/MPa
TA1	343	275	25	50	—	—	—	—
TA2	441	373	20	40	—	—	—	—
TA3	539	461	15	35	—	—	—	—
TA5	686	—	15	40	58.8	—	—	—
TA6	686	—	10	27	29.4	350	422	392
TA7	785	—	10	27	29.4	350	490	441
TC1	588	—	15	30	44.1	350	343	324
TC2	686	—	12	30	39.2	350	422	392
TC4	902	824	10	30	39.2	400	618	569
TC6	981	—	10	23	29.4	400	736	667
TC9	1059	—	9	25	29.4	500	785	588
TC10	1030	—	12	25～30	34.3	400	834	785
TC11	1030	—	10	30	29.4	500	686	588

钛合金因良好的生物相容性及优异的力学性能，主要应用于生物医用材料和航空航天等方面。

(1) 在生物医用材料中的应用

钛合金具有高强度、低密度、无毒性以及良好的生物相容性和耐腐蚀性等特性，已被广泛用于医学领域中，成为人工关节、骨创伤、脊柱矫形内固定系统、牙种植体、人工心脏瓣膜、介入性心血管支架、手术器械等医用产品的首选材料。

而这些植入材料对于每个人都是不同的，形态各异，如果使用模具铸造，必将造成资源浪费和成本提高等。但使用 3D 打印就完美地解决了这个问题。针对个体差异性的植入性材料，3D 打印不需要模具，可以根据个人不同的要求进行个性化设计，大幅度节约了时间和成本。鉴于钛合金在医学领域优良的使用效果，人们对其也越来越重视。随着医疗事业的不断发展，钛作为已知生物学性能最好的金属材料，其医用领域的市场需求将不断扩大，应用前景广阔。

(2) 在航空航天中的应用

从 20 世纪 50 年代开始，钛合金在航空航天领域中得到了迅速发展。该应用主要是利用了钛合金优异的综合力学性能、低密度以及良好的耐腐蚀性，例如航空构架要求的高抗拉强度及良好的疲劳强度和断裂韧性。而钛合金优异的高温抗拉强度、蠕变强度和高温稳定性也使之被应用于喷气式发动机上。钛合金是当代飞机机体和发动机的主要结构材料之一，应用它可以减轻飞机重量，提高结构效率。驾驶员座舱和通风道的部件、飞机起落架的支架、整个机翼等飞机零件都已经可以使用 3D 打印来生产。这些零部件产量较低，传统生产成本高，所以特别适合采用 3D 打印技术。

(3) 在汽车制造中的应用

钛及其合金可用于制造汽车发动机阀门、轴承座、阀簧、连杆以及半轴、螺栓、紧固件、悬簧和排气系统零部件等。在轿车中使用钛，可起到节油、降低发动机噪声及振动、提高发动机寿命的作用。对于精密零部件，传统的铸造方法往往达不到标准，产品合格率很低；而3D打印在制造精密零部件方面优势明显，既节约了成本，又提高了质量。

（4）其他方面的应用

钛合金凭借优异的性能，在运动器械领域，如自行车、摩托艇、网球拍和马具等，都获得了广泛应用。钛易于阳极化成各种颜色，这使其应用于建筑物、手表和珠宝等领域具有很好的视觉效果。图7.4所示为3D打印的钛合金模型。

图7.4　3D打印的钛合金模型

7.4.2　不锈钢

不锈钢材料具有很好的耐腐蚀及力学性能，适用于制造功能性原型件和系列零件，被广泛应用于工程和医疗领域。不锈钢打印在金属打印中是最便宜的打印形式，既具有高强度，又适合打印大物品。其应用范围包括家电、汽车、航空航天、医疗器械，材料颜色有玫瑰金色、钛金色、紫金色、银白色、蓝色等。图7.5、图7.6所示分别为3D打印的不锈钢零部件。

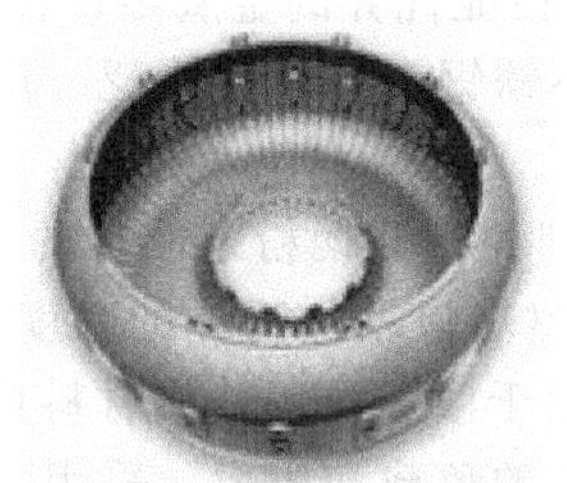

图7.5　涡轮发动机燃烧室，薄壁、复杂零部件

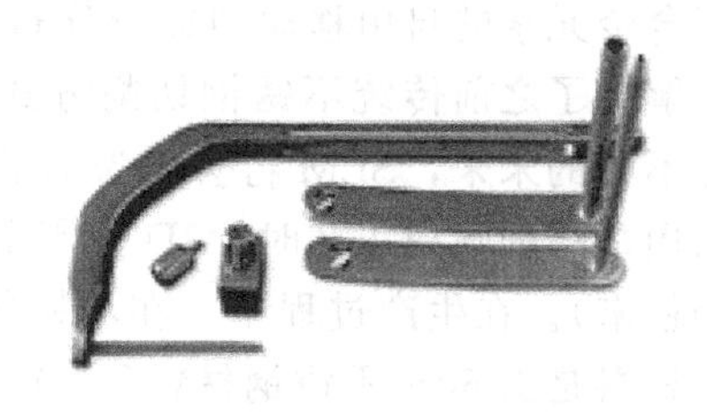

图7.6　中空的手术器械，个性化定制

316L是常用的3D打印不锈钢材料。该材料易于维护，主要由铁（66%～70%）、铬（16%～18%）、镍（11%～14%）和钼（2%～3%）组成的细金属粉末制成。该材料具有较强的耐腐蚀性，并且具有高延展性。这些功能使其成为一些行业的实践首选，如医疗行业的外科辅助、内窥镜手术或骨科领域，在航空航天工业中生产机械零件，在汽车工业中用于耐腐蚀部件。其也是制作手表和首饰的材料之一。图7.7所示为3D打印的316L不锈钢模型。

图7.7　3D打印的316L不锈钢模型

在采用直接金属激光烧结（DMLS）技术进行不锈钢3D打印的过程中，激光束使金属粉末接近其熔合点层，以产生物体。由于精细的涂层分辨率（30～40μm）和激光的精度，316L不锈钢打印得非常精确。没有经过特别整理，材料表现出粒状和粗糙的外观，适合大多数应用。通过精加工步骤打印后可获得光滑的表面，零件可以进行切削、钻孔、焊接、电蚀、造粒、抛光和涂层处理。与其他3D打印金属材料相比，不

锈钢是最光滑的材料。316L不锈钢的技术规格见表7.3。

⊡ 表7.3 316L不锈钢的技术规格

力学性能	条件	单位	值
激光烧结部分的密度	EOS-法	g/cm^3	7.9
抗拉强度(*XY*)	ISO 6892—1,ASTM E8M	MPa	640±50
抗拉强度(*Z*)	ISO 6892—1,ASTM E8M	MPa	540±55
屈服强度(*XY*)	ISO 6892—1,ASTM E8M	MPa	530±60
屈服强度(*Z*)	ISO 6892—1,ASTM E8M	MPa	470±90
弹性模量(*XY*)	ISO 6892—1,ASTM E8M	GPa	185
弹性模量(*XY*)	ISO 6892—1,ASTM E8M	GPa	180
断裂伸长率(*XY*)	ISO 6892—1,ASTM E8M	%	40±15
断裂伸长率(*Z*)	ISO 6892—1,ASTM E8M	%	50±20
熔点	—	℃	1400

采用选区激光熔化（SLM）进行不锈钢3D打印，成型过程中，高能激光将金属粉末快速熔化形成一个个小的熔池，能够促进合金元素的分布，快速冷却抑制了晶粒的长大及合金元素的偏析，致使金属基体中固溶的合金元素无法析出而均匀分布在基体中，从而获得了晶粒细小、组织均匀的微观结构。与传统的铸造工艺不同，SLM工艺过程中高能激光将金属粉末完全熔化形成一个个小的熔池。该液相环境中金属原子的迁移速度比固相扩散快得多，有利于合金元素的自由移动和重新分布，由此可得到力学性能优异的金属零部件。SLM成型技术解决了之前传统不锈钢切削方式加工的弊端，而不锈钢来源十分广泛、用途多种多样，在不久的未来，SLM将会成为加工不锈钢的主流技术。

采用黏结剂喷射工艺时，3D打印不锈钢材料是由精细的不锈钢粉末制成的（例如420不锈钢粉末）。在生产过程中，在不锈钢粉末中渗入青铜材料以增加物体的强度和抵抗力，即物体材料是由60%不锈钢材料和40%青铜材料组成。由于渗透过程，该材料具有相对较好的力学性能。然而，它不能像DMLS不锈钢那样承受大的负载和压力。采用不同的后续整理方法，可以获得镀镍和镀金的颜色以及抛光表面。黏结剂喷射不锈钢可以3D打印复杂的模型。该材料具有较好的力学性能，但更适用于装饰物品。由于镀金和镀镍、抛光选项，黏结剂喷射不锈钢非常适合首饰的装饰。黏结剂喷射不锈钢制造的物体可以喷涂、焊接，并可进行钻孔、攻螺纹等机械加工。表7.4所示为不锈钢420SS/BR的技术规格。

⊡ 表7.4 金属（黏结剂喷射）不锈钢420SS/BR的技术规格

力学性能	条件	单位	值
硬度	ASTM E18	HRB	93
拉伸模量	ASTM E8	GPa	147
抗拉强度	ASTM E8	MPa	496
断裂伸长率	ASTM E8	%	7
密度	MPIF 42	g/cm^3	7.86

7.4.3 钴铬钼耐热合金

钴铬钼耐热合金是一种耐高温、高强度、高耐腐蚀性、弹性好的金属材料，其化学性能稳定，对人体无刺激，完全符合植入人体材料的要求，广泛应用于人体关节的置换、制作牙齿模型等。其化学成分见表 7.5，力学性能见表 7.6。

表 7.5 钴铬钼耐热合金的化学成分（无镍合金，本化学组合物适用于生物医学应用）

元素	质量分数/%	元素	质量分数/%
Co	平衡	Mn	0.0～1.0
Cr	28～30	Fe	0.00～0.50
Mo	5～6	C	0.00～0.02
Si	0.0～1.0		

表 7.6 钴铬钼耐热合金的力学性能

技术性能	测试方法	打印成型	热处理后
极限抗拉强度	ASTM E8	(1200±100)MPa	(1260±100)MPa
屈服强度	ASTM E8	(850±100)MPa	(900±100)MPa
断裂伸长率	ASTM E8	10%±2%	15%±2%
硬度			(500±20)HV5
致密度		约 100%	

CobaltChrome MP1 是一种基于钴铬钼的超耐热合金材料。它具有优秀的力学性能、高耐腐蚀性及抗高温特性，被广泛应用于生物医学及航空航天领域，如图 7.8 所示。

CobaltChrome SP2 材料成分与 CobaltChrome MP1 基本相同，耐腐蚀性较 MP1 更强。目前其主要应用于牙科义齿的批量制造，包括牙冠、桥体等，如图 7.9 所示。

图 7.8 膝关节植入体

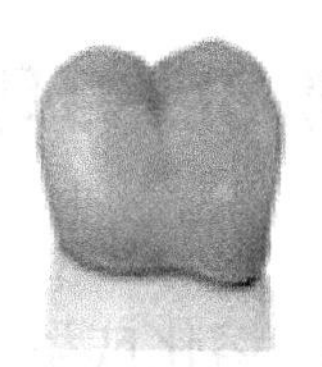

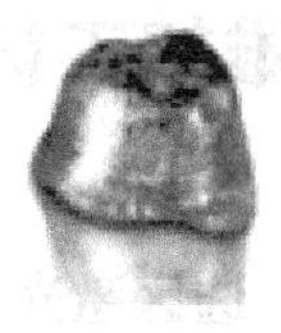

图 7.9 牙齿

7.4.4 高温合金

高温合金是指以铁、镍、钴为基体，能在 600℃以上的高温及一定应力环境中长期工作的一类金属材料，具有较高的高温强度、良好的抗热腐蚀性和抗氧化性以及良好的塑性和韧性。目前按合金基体种类可分为铁基、镍基和钴基高温合金三类。高温合金主要用于高性能发动机，在现代先进的航空发动机中，高温合金材料的使用量占发动机总质量的 40%～60%。现代高性能航空发动机的发展对高温合金的使用温度和性能要求越来越高，传统的铸锭冶金工艺冷却速度慢，铸锭中某些元素和第二相偏析严重，热加工性能差，组织不均匀，性能不稳定。而 3D 打印技术在高温合金成型中成为解决技术瓶颈的新方法。美国航空航天局（NASA）声称，在 2014 年 8 月进行的高温点火实验中，通过 3D 打印技术制造的火箭发动机喷嘴产生了创纪录的约 88263N 推力。

Inconel718 合金是镍基高温合金中应用最早的一种，也是目前航空发动机使用量最多的一种合金。研究发现，采用SLM工艺随着激光能量密度的增加，试样的微观组织经历了粗大柱状晶、聚集的枝晶、细长且均匀分布的柱状枝晶等组织变化过程，在优化工艺参数的前提下，可获得致密度达100%的试样。

7.4.5 陶瓷材料

陶瓷材料具有高强度、高硬度、耐高温、低密度、化学稳定性好、耐腐蚀等优异特性，在航空航天、汽车、生物等行业有着广泛应用。但陶瓷材料由于硬而脆的特点加工成型尤其困难，特别是复杂陶瓷件需要通过模具来成型。模具加工成本高、开发周期长，难以满足产品不断更新的需求。3D打印用的粉末材料是陶瓷粉末和黏结剂粉末组成的混合物。黏结剂粉末的熔点较低，激光烧结时只是将黏结剂粉末熔化而与陶瓷粉末黏结在一起。在激光烧结之后，需要将陶瓷制品放入温控炉中，在较高的温度下进行后处理。陶瓷粉末和黏结剂粉末的配比会影响陶瓷零部件的性能。黏结剂多，烧结比较容易，但在后处理过程中零件收缩比较大，会影响零件的尺寸精度。黏结剂少，则不易烧结成型。颗粒的表面形貌及原始尺寸对陶瓷材料的烧结性能影响非常大，陶瓷颗粒越小，其表面越接近球形，陶瓷层的烧结质量越好。

陶瓷粉末在激光直接快速烧结时液相表面张力大，在快速凝固过程中会产生较大的热应力，从而形成较多微裂纹。目前陶瓷直接快速成型工艺尚未成熟，国内外正处于研究阶段，还没有实现商业化。

7.5 难加工材料3D打印技术介绍

7.5.1 选区激光烧结/熔化成型

（1）选区激光烧结/熔化成型工作原理

选区激光烧结/熔化成型机包括选区激光烧结（selective laser sintering，SLS）成型机和选区激光熔化（selective laser melting，SLM）成型机两种。该工艺属于“粉末/丝状材料高能束烧结或熔化成型”这一大类。该工艺最早由美国得克萨斯大学的Deckard于1986年提出，并于1989年研制成功。凭借这一核心技术，Deckard组建了DTM公司，于1992年发布了第一台基于SLS的商业成型机。

选区激光烧结/熔化成型原理如图7.10所示。其采用二氧化碳激光器对粉末材料（塑料粉、陶瓷与黏结剂的混合粉、金属与黏结剂的混合粉等）进行选择性烧结、熔化，是一种由离散点一层层堆积成三维实体的工艺方法。在开始加工之前，先将充有氮气的工作室升温，并保持在粉末的熔点以下。成型时，送粉缸上升一定距离，铺粉辊移动，先在工作台上铺一层粉末材料，然后激光束在计算机控制下按照截面轮廓对实心部分的粉末进行烧结、熔化，继而形成一层固体轮廓。第一层烧结完成后，工作台下降一截面层的高度，再铺上一层粉末，进行下一层烧结，如此循环，形成三维的原型零件。最后经过5～10h冷却，即可从集粉缸中取出零件。未经烧结、熔化的粉末能支承正在烧结的工件。当烧结工序完成后，取出零件，未经烧结的粉末基本可由自动回收系统进行回收。

选区激光烧结/熔化成型工艺适合成型中小型物体，能直接成型塑料、陶瓷或金属零件，零件的翘曲变形比液态树脂光固化成型工艺要小，但这种工艺仍要对整个截面进行扫描和烧结，加上工作室需要升温和冷却，成型时间较长。此外，由于受到粉末颗粒大小及激光点的限制，零件的表面一般呈多孔性。在烧结陶瓷与黏结剂、金属与黏结剂混合粉并得到成型零件后，必须将它置于加热炉中，烧掉其中的黏结剂，并在孔隙中渗入填充物。选区激光烧结成型工艺能够实现产品设计的可视化，并能制作功能测试零件。由于它可采用各种不同成分的金属粉末进行烧结和渗铜等后处理，因而其制成的产品可具有与金属零件相近的力学性能，故可用于制作 EDM 电极、直接制造金属模以及进行小批量零件生产。

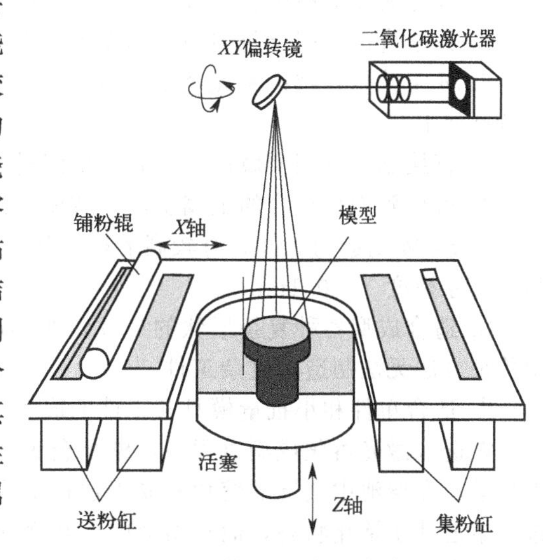

图 7.10 选区激光烧结/熔化成型原理

SLS 工艺主要支持粉末状原材料，包括金属粉末和非金属粉末，然后通过激光照射烧结原理堆积成型。SLS 工艺原理与 SLA（液态树脂光固化成型）十分相似，主要区别在于所使用的原材料及其形态不同。SLA 所用的原材料主要是液态的紫外光敏可凝固树脂，而 SLS 则使用粉末状的材料，这使得 SLS 工艺在原材料选择上具备非常广阔的空间。因为从理论上来讲，任何可熔的粉末都可以用来进行制作，并且打印的模型可以作为真实的成型制件使用。

（2）选区激光烧结/熔化成型技术特点

与其他 3D 打印技术相比，SLS 工艺最突出的优点在于它打印时可以使用的原材料十分广泛。目前，可成熟运用于 SLS 设备打印的材料主要有石蜡、高分子材料以及金属、陶瓷粉末和它们的复合粉末材料。因为 SLS 工艺具备成型材料品种多、用料节省、成型件性能好、适用性广以及不必设计和制造复杂的支撑系统等优点，所以 SLS 的应用越来越广泛。

SLM 与 SLS 的区别在于：SLS 成型时，粉末半固态液相烧结，粉粒表层熔化并保留其固相核心，其成型表面粗糙、内部疏松多孔、力学性能差，需要经过高温重熔或渗金属填补空隙等后处理才能使用；SLM 成型时，粉末完全熔化，SLM 成型方式虽然有时仍然采用与 SLS 成型相同的“烧结”（sintering）表述，但实际的成型机理已转变为粉末完全熔化机理，因此成型性能显著提高。SLS 的优点主要有以下几个方面。

① 成型材料广泛，包括高分子材料以及金属、陶瓷、砂等多种粉末材料。

② 零件的构建时间较短，可达到 1in/h 速度（1in＝2.54cm）。

③ 所有没用过的粉末都能在下一次打印中循环利用。所有未烧结过的粉末都保持原状并成为实物的支撑性结构。因此，这种方法不需要任何其他支撑材料。相比之下，FDM、SLA 等工艺则需要支撑结构。

④ 此技术最主要的优势在于金属成品的制作，其制成的产品可具有与金属零件相近的力学性能，故可用于直接制造金属模具以及进行小批量零件生产。

SLS 工艺的缺点如下。

① 关键部件损耗高，并需要专门的实验室环境。

② 打印时需要稳定的温度控制，打印前后还需要数小时预热和冷却，后处理也较麻烦。

③ 原材料价格及采购维护成本都较高。

④ 成型表面受粉末颗粒大小及激光光斑的限制，影响打印精度。

⑤ 无法直接打印全封闭中空的设计，需要留有孔洞去除粉材。

SLM 工艺是在选区激光烧结（SLS）工艺的基础上发展起来的，但又区别于 SLS 工艺。其特点如下。

① 直接制成终端金属产品，省掉中间过渡环节。

② 可得到冶金结合的金属实体，致密度接近 100%。

③ SLM 制造的工件具有较高的抗拉强度，较低的表面粗糙度值（$Rz=30\sim50\mu m$），较高的尺寸精度（<0.1mm）。

④ 适合成型各种复杂形状的工件，尤其适合成型内部有复杂异形结构（如空腔结构）、用传统方法无法制造的复杂工件。

⑤ 适合单件和小批量模具和工件的成型。

在选区激光熔化成型过程中，整个金属熔池的凝固结晶是一个动态过程。随着激光束向前移动，在熔池中金属的熔化和凝固过程是同时进行的。在熔池的前半部分，固态金属不断进入熔池处于熔化状态，而在熔池的后半部分，液态金属不断脱离熔池而处于凝固状态。由于熔池内各处的温度、熔体的流速和散热条件是不同的，在其冷却凝固过程中，各处的凝固特征也存在一定的差别。对多层多道激光熔化成型的样品，每道熔区分为熔化过渡区和熔化区。熔化过渡区是指熔池和基体的交界处，在这个区域内晶粒处于部分熔化状态，存在大量的晶粒残骸和微熔晶粒，它并不是一条线，而是一个区域，即半熔化区。半熔化区的晶粒残骸和微熔晶粒都有可能作为在凝固开始时的新晶粒形核核心。对镍基金属粉末熔化成型的试样分析表明：在熔化过渡区其主要机理为微熔晶核作为异质外延，形成的枝晶取向沿着固-液界面的法向方向。熔池中除熔化过渡区外，其余部分受到熔体对流的作用较强，金属原子迁移距离大，称为熔化区。该区域在对流熔体的作用下，将大量的金属粉末黏结到熔池中，由于粉末颗粒尺寸的不一致（粉末的粒径分布为 $15\sim130\mu m$），当激光功率不太大时，小尺寸粉末颗粒可能完全熔化，而大尺寸的粉末颗粒只能部分熔化，这样在熔化区中存在部分熔化的颗粒，这部分颗粒有可能作为异质形核核心。当激光功率较高时，能够完全熔化熔池中的粉末，在这种情况下，该区域主要为均质形核。在激光功率较小时，容易形成球形，且球形对熔化成型不利。因此，对镍基金属粉末熔化成型通常采用较大的功率密度，其熔化区主要为均质形核，形成等轴晶。

SLM 是极具发展前景的金属零件 3D 打印技术。SLM 成型材料多为单一组分金属粉末，包括奥氏体不锈钢、镍合金、钛合金、钴铬合金和贵金属等。激光束快速熔化金属粉末并获得连续的熔道，可以直接获得几乎任意形状、具有完全冶金结合、高精度、近乎致密的金属零件，其应用范围已经扩展到航空航天、微电子、医疗、珠宝首饰等领域。

（3）选区激光烧结/熔化成型典型设备

3D 打印技术中，金属粉末 SLS 技术一直是近年来人们研究的一个重要方向。实现使用高熔点金属直接烧结成型零件，有助于制作传统切削加工方法难以制造的高强度零件，对快速成型技术的更广泛应用具有特别重要的意义。

从未来发展来看，SLS 技术在金属材料领域中的研究方向主要集中在单金属体系零件的烧结成型、多元合金材料零件的烧结成型、先进金属材料（如金属纳米材料、非晶态金属合金等）的激光烧结成型等方向，尤其适合硬质合金材料微型元件的成型。此外，还可以根据零件的具体功能及经济要求来烧结成型具有功能梯度和结构梯度的零件。相信随着人们对激光烧结金属粉末成型机理的掌握，对各种金属材料最佳烧结参数的获得，以及专用的快速成型材料的出现，SLS 技术的研究和应用将会进入一个新的局面。

美国 3D Systems 公司、德国 EOS 公司以及我国武汉滨湖机电技术产业有限公司均推出了金属激光烧结打印机。3D Systems 公司在选区激光烧结技术上拥有多项专利，其打印机包括 sPro60，sPro140 和 sP230 SLS 系列打印机。

图 7.11 所示为 3D Systems 公司的 sPro60 HD 选区激光烧结打印机。其使用 CO_2 激光将粉末材料和复合材料逐层覆盖在固体截面上，适用于发动机、气动设备、航空等制造领域。成型件最大尺寸为 381mm×330mm×457mm。粉末压模工具采用精密对转轮，层厚范围为 0.08～0.15mm，体积建模速率为 0.9L/h。

图 7.12 所示为德国 EOS 公司生产的 EOSINT P700 金属激光烧结成型机，可以直接成型金属工件。图 7.13 所示为 3D 打印金属粉末烧结成型零件。

表 7.7 所示为德国 EOS 公司生产的 SLS/SLM 成型机的主要技术参数。表 7.8 所示为 EOSINT M280 成型机使用的金属粉材的特性。

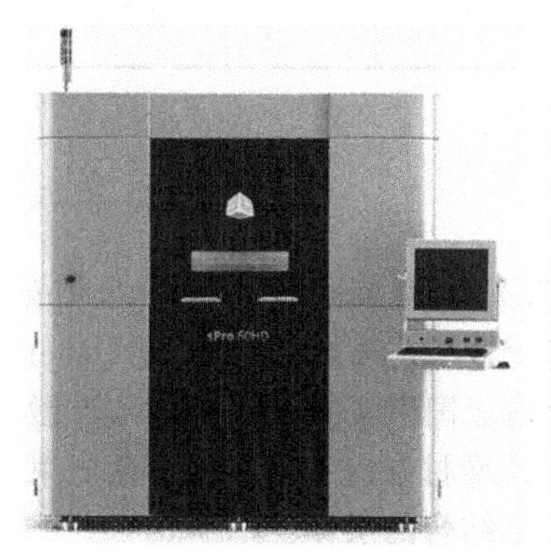

图 7.11 3D Systems 公司的 sPro60 HD 选区激光烧结打印机

图 7.12 EOSINT P700 金属激光烧结成型机

图 7.13 3D 打印金属粉末烧结成型零件

表 7.7 德国 EOS 公司生产的 SLS/SLM 成型机的主要技术参数

项目	成型机型号		
	EOSINT P800	EOSINT S750	EOSINT M280
成型室尺寸/mm	700×380×560	720×380×380	250×250×325
高度方向成型速度/(mm/h)	最大 7	—	最大 7
激光光斑直径/mm	—	—	0.10～0.50
体积成型率/(cm^3/h)	—	最大 2500	72
分层厚度/mm	0.12	0.20	0.02～0.10
激光器	2×50W,CO_2	2×100W,CO_2	200W 或 400W,Yb 光纤
扫描速度/(m/s)	最大 2×6	最大 3	最大 7
成型材料	塑料粉	树脂覆膜砂	金属粉
外形尺寸/mm	2250×1550×2100	1420×1400×2150	2200×1070×2290
质量/kg	2300	1050	1250

表 7.8 EOSINT M280 成型机使用的金属粉材的特性

材料牌号	成型件密度/(g/cm^3)	弹性模量/GPa	抗拉强度/MPa	屈服强度/MPa	硬度	最高工作温度/℃	熔点/℃	材质
EOS AlSi10Mg	2.67	70±5	445±20	275±10	(120±5) HBW	—	—	铝合金
EOS CobaltChrome MP1	8.29	220	1300	920	40～45 HRC	1150	1350～1430	钴铬钼合金

续表

材料牌号	成型件密度/(g/cm³)	弹性模量/GPa	抗拉强度/MPa	屈服强度/MPa	硬度	最高工作温度/℃	熔点/℃	材质
EOS Cobalt Chrome SP2	8.5	170	800	—	(360±20)HV	—	1380～1440	钴铬钼合金
EOS Maraging Steel MS1	8.0～8.1	180±20	1100±100	1000±100	33～37HRC	400	—	马氏体钢
EOS Nickel Alloy IN625	8.4	170±20	990±50	725±50	30HRC	650	—	耐热镍铬合金
EOS Nickel Alloy IN718	8.15	160±20	1060±50	780±50	30HRC	650	—	耐热镍合金
EOS Stainless Steel GP1	7.8	170±20	1050±50	540±50	230HV	550	—	不锈钢
EOS Stainless Steel PH1	7.8	—	1150±50	1050±50	30～35HRC	—	—	沉淀硬化不锈钢
EOS Titanium Ti64	4.43	110±7	1050±50	1030±70	41～44HRC	350	—	钛合金

7.5.2 激光熔覆成型

激光熔覆成型（laser cladding forming，LCF）又称为激光熔覆沉积（laser cladding deposition，LCD）、激光金属沉积（laser metal deposition，LMD）或激光近净成型（laser engineered net Shaping，LENS），于 20 世纪 90 年代由美国桑迪亚国家实验室首次提出。激光熔覆成型机采用的工艺为选区激光熔覆，属于定向凝固沉积式增材制造工艺，利用激光束将合金粉末迅速加热并熔化，快速凝固后形成稀释率低、呈冶金结合的层体。

（1）激光熔覆成型工作原理

激光熔覆成型技术是定向凝固沉积成型工艺的一种。其工作原理是：首先，大功率激光器产生的激光束聚焦于基板上，在基板表面产生熔池，同时由送粉系统将进入喷头的气-粉粒流中的金属粉末注入熔池并熔化；然后，工作台在计算机控制下实现坐标轴 X、Y 方向的移动，按照成型件截面层的图形轮廓要求相对喷头运动，Z 向的运动是由激光束及送粉系统共同运动实现；熔池中熔化的金属不断凝固，逐步形成金属截面层。激光熔覆成型系统主要由计算机、送粉系统、激光器和数控工作台组成，其成型工作原理如图 7.14 所示。

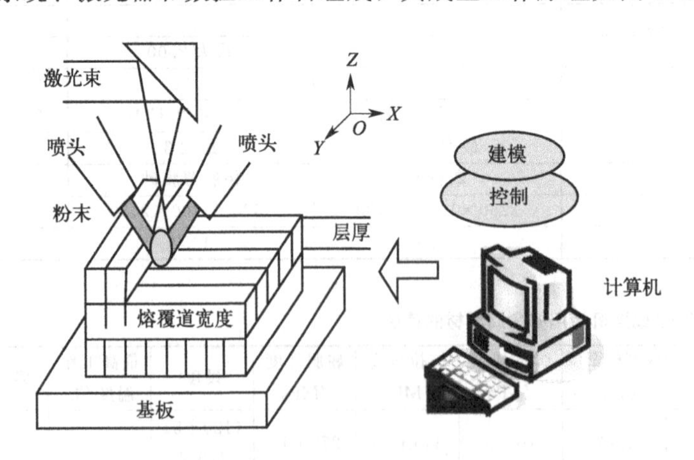

图 7.14 激光熔覆成型工作原理

激光熔覆成型工艺采用聚焦激光束作为热源熔化金属粉末。金属粉末在运载气体的作用下构成气-粉粒流，并按控制流速从喷头射出到达激光束的焦点处，金属粉末在此焦点熔化，然后随着激光束的移动，熔化金属液沉积在工作台基板的预定位置。按照气-粉粒流的喷头相对激光束的位置，可将气-粉粒流型气动喷头分为同轴送粉式与侧向送粉式两种，如图 7.15 所示。在这两种喷头中，气-粉粒流与激光束的照射同时存在，因此，这两种喷头也统称为同步送粉式喷头。同步送粉式激光熔覆成型技术，具有热影响区小、可获得具有良好性能的枝晶微观结构、熔覆件变形比较小、过程易于实现自动化等优点，已广泛应用于新材料制备和耐磨涂层涂覆。若同种金属材料多层熔覆，熔覆层间仍属于良好的冶金结合，则为制造和修复高性能致密金属零部件提供了可能。

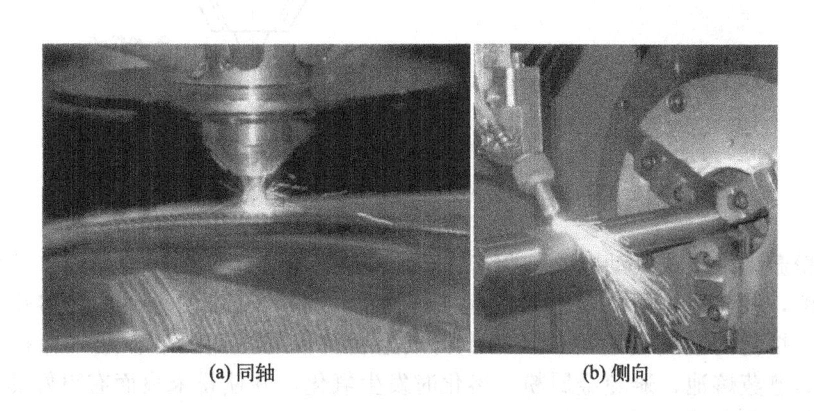

图 7.15　同步送粉式激光熔覆

同轴送粉激光熔覆式气动喷头原理如图 7.16 所示。由图可见，聚焦的大功率激光束从喷头的中央通过后投射至基板上，来自送粉系统的气-粉粒流通过送粉管将金属粉末输送至喷头的周围，并经喷头实时同步喷射沉积至基板，聚焦的激光束使基板上形成熔池并使注入的金属粉末熔化；当喷头和其中的激光束移开后，已熔化的粉末又迅速重新凝固成为固态，并且和基板（或已成型的前一层材料）牢固地结合在一起。图 7.17 所示为同轴送粉激光熔覆式气动喷头。图 7.18 所示为多送粉管路同轴送粉激光熔覆式气动喷头。

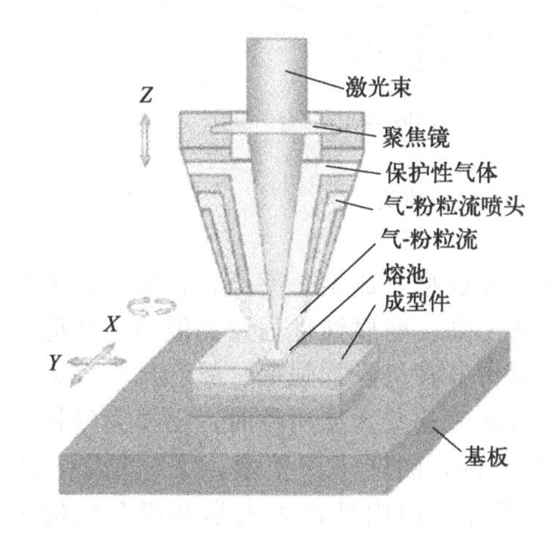

图 7.16　同轴送粉激光熔覆式气动喷头原理

图 7.17　同轴送粉激光熔覆式气动喷头

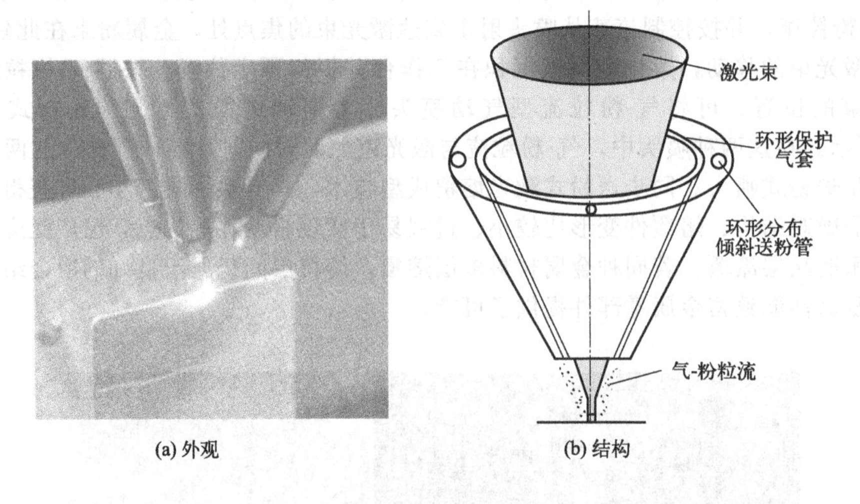

(a) 外观　　(b) 结构

图 7.18　多送粉管路同轴送粉激光熔覆式气动喷头

侧向送粉激光熔覆式气动喷头如图 7.19 所示。激光束通过反射镜和聚焦镜后，使基板上形成小熔池，并使由侧面供粉管同步射入熔池的气-粉粒流中的金属粉粒熔化，然后随着喷头的离开，熔化的金属迅速冷却，逐步构成金属构件的截面轮廓。通入保护性气体（氩气）的作用是遮蔽熔池，避免金属粉末熔化时发生氧化，并使粉末表面有更好的润湿性，以便层与层之间能更牢固地相互粘接。

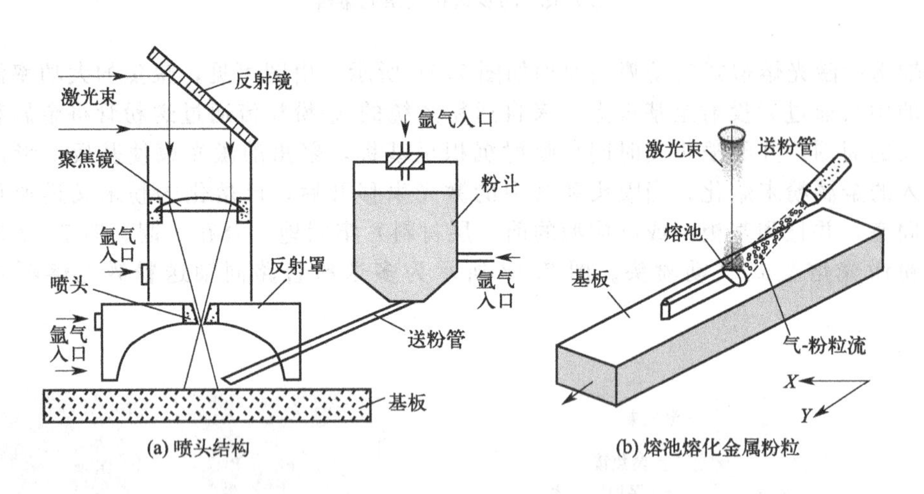

(a) 喷头结构　　(b) 熔池熔化金属粉粒

图 7.19　侧向送粉激光熔覆式气动喷头

激光熔覆成型技术可广泛应用于金属及合金的直接成型，成型效率高，特别适合大型钛合金件的成型。钛合金具有密度低、比强度高、屈强比高、耐腐蚀性强及高温力学性能好等突出特点，在工业装备中用量越来越大，广泛用来制作各种机身加强框、梁和接头等大型关键主承力复杂构件。采用锻造或机械加工等传统技术制造这些大型构件时，需要大型钛合金铸锭的熔铸与制坯装备，以及万吨级以上重型锻压设备，制造工序繁多，工艺复杂，周期长，材料利用率低（一般为 5%～10%），成本高。因此，国内外许多大学和研究机构正大力进行钛合金构件激光熔覆成型的应用研究。

（2）激光熔覆成型技术特点

激光熔覆成型技术与传统的切削加工技术相比，其优势如下。

① 加工成本低，没有前后的加工处理工序。

② 所选熔覆材料广泛，且可以使模具有更长的使用寿命。

③ 几乎是一次成型，材料利用率高。

④ 准确定位且面积较小的激光热加工区以及熔池能够得以快速冷却，是激光熔覆成型系统最大的特点：一方面，可以减少对工作底层的影响；另一方面，可以保证所成型的部分有精细的微观组织结构，成型件致密，保证有足够好的强度和韧性。

⑤ 该技术与激光焊接及激光表面喷涂相似，成型要在由氩气保护的密闭仓中进行；保护气氛系统是为了防止金属粉末在激光熔覆成型中发生氧化，降低沉积层的表面张力，提高层与层之间的浸润性，同时有利于提高工作环境的安全性。

激光熔覆成型技术与选区激光熔化（SLM）技术的比较如下。

LCF 技术与 SLM 技术都是采用大功率激光对金属粉末进行熔化后冷却成型。二者的基本原理是一致的，所不同的是前者采用的是同步送粉式激光熔覆，而后者采用预制送粉的激光熔覆。由于建造过程中设备系统可实现的精度控制以及建造方式上的差异，二者制造出来的金属构件的精度与性能等指标也存在着许多差异，具体对比如下。

① 成型精度。LCF 采用开环控制，属于自由成型，实际成型高度误差与 Z 轴增量有很大关系。因为 Z 轴增量决定了聚焦镜与制造工件之间的垂直距离，其大小直接影响激光光斑的大小，进而影响激光能量密度的大小。SLM 采用预制粉末铺层，其层厚比较均匀且层厚尺寸可以精确控制，在涂覆过程可以补偿粉层高度，且激光聚焦一直保持在固定的高度平面上。相比较而言，LCF 适于粗加工且加工尺寸较大的零件，而 SLM 适于加工尺寸相对较小且尺寸精度要求相对较高的零件。

② 成型效率。在大致相同的工艺条件及精度等要求下，由于 SLM 激光跳转速度与扫描速度较 LCF 高出一个数量级以上，因此 SLM 的加工效率较 LCF 要高。以 20mm×20mm×10mm 长方体成型为例，两种技术的加工参数见表 7.9，其成型时间见表 7.10。对于此长方体的加工时间，SLM 为 LCF 的 60%。

表 7.9　LCF 与 SLM 技术的加工参数

成型方法	切片层厚/mm	单道熔覆/mm	搭接率/%	加工层数	跳转速度/(mm/min)	扫描速度/(mm/min)
LCF	0.04	0.75	33	251	1500	900
SLM	0.04	0.12	33	251	60000	10000

表 7.10　LCF 与 SLM 技术加工时间对比

成型方法	单层加工时间/s	总加工时间/h
LCF	54	3.765
SLM	24	2.26

③ 微观结构与性能。两种技术制作的结构件的微观低倍形貌都清晰可见扫描路径，高倍形貌都可见层间的叠层痕迹。二者的金相组织均显示为枝晶状组织，且定向凝固特征明显，晶粒增长方向为温度梯度较大的方向。LCF 结构件的抗拉强度优于 SLM 结构件，但 SLM 结构件显微硬度要高于 LCF 结构件。

7.5.3 电子束熔化成型

(1) 电子束熔化成型工作原理

电子束熔化成型（electron beam melting，EBM）技术，是近年来新兴的一种先进金属成型制造技术。高能量密度电子束加工时将电子束的动能在材料表面转换成热能，能量密度高达 10^6～10^9 W/cm^3，功率可达到 100kW。由于能量与能量密度都非常大，电子束足以使任何材料迅速熔化或气化。因此，电子束不仅可以加工钨、钼、钽等难熔金属及其合金，而且可以对陶瓷、石英等材料进行加工。此外，电子束的高能量密度使得它在生产过程中的加工效率也非常高。

EBM 成型机类似于 SLM 成型机。其区别在于，EBM 成型机的熔化能量源是电子束，而不是激光束。EBM 成型机由电子束枪、真空成型室及真空系统、控制系统和电源等组成（图 7.20）。在电子束枪中，钨灯丝白热化并产生电子束，聚焦线圈产生的磁场将电子束聚集为适当的直径，偏转线圈产生的磁场将已聚焦的电子束偏向工作台粉末的靶点。因为电子束枪固定不动，不必移动机械构件来使电子束偏转扫描，所以有很高的扫描速度和体积成型率。电子束能量通过电流来控制，扫描速度可到 1000m/s，精度可达±0.05mm，粉层厚度一般为 0.05～0.20mm。

EBM 成型机工作过程（图 7.21）如下：首先在工作台上铺设一层粉末（如金属粉末）并压实；然后，电子束在计算机的控制下按照工件截面轮廓的信息进行选区扫描，金属粉末在电子束的轰击下被熔结在一起，构成工件的一层截面轮廓，并与下面已成型的部分粘接；一层扫描完成后，工作台向下或电子束向上移动一定距离，进行下一层的铺粉、扫描、熔结，构成工件新一层截面轮廓，并牢固地粘接在前一层上。如此重复，直至整个工件成型完成。最后，去除未烧结的多余粉末，便得到所需的 3D 成型件。

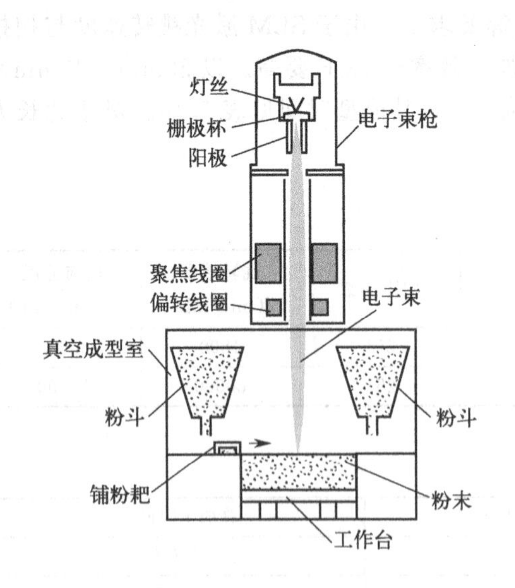

图 7.20 EBM 成型机工作原理

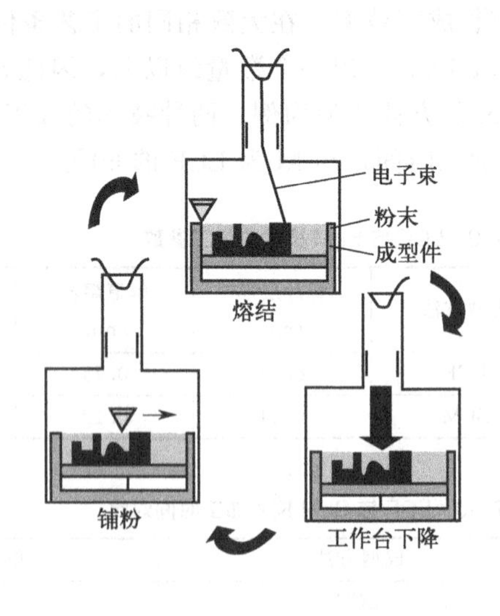

图 7.21 EBM 成型机工作过程

(2) 电子束熔化成型技术特点

与 SLS 和 SLM 技术相比，电子束熔化成型技术在真空环境中成型，金属氧化的程度大幅度降低；真空环境同时也提供了一个良好的热平衡系统，从而加大了成型的稳定性，零件的热平衡得到较好控制；成型速度得到较大提高。与传统工艺相比，电子束熔化成型技术具有零件材料利用率高，未熔化粉末可重新利用，不需要模具，节省制造成本，开发时间可显著缩短等优点。电子束熔化成型技术特点如下。

① 电子束能够极其微细地聚焦，甚至能聚焦到 0.1μm，所以加工面可以很小，是一种精密微细的加工方法。

② 电子束能量密度很高，属非接触式加工，可加工材料范围很广，对脆性、韧性、导体、非导体及半导体材料都可加工。

③ 电子束的能量密度高，因而加工生产率很高。例如，每秒钟可在 2.5mm 厚的钢板上钻 50 个直径为 0.4mm 的孔。

④ 由于电子束加工是在真空中进行，因而污染少，加工表面不氧化，特别适合加工易氧化的金属及合金材料，以及纯度要求极高的半导体材料。

⑤ 电子束加工需要一整套专用设备和真空系统，价格较贵，生产应用有一定的局限性。

与激光束相比，电子束具有如下诸多优点。

① 能量利用率高。电子束的能量转换效率一般为 75%以上，比激光要高许多。

② 无反射、加工材料广泛。金、银、铜、铝等对激光的反射率很高，且熔化潜热很高，不易熔化；电子束加工不受材料反射的影响，易加工激光束难加工的材料。

③ 功率高。电子束可以容易地做到几千瓦级的输出，而大多数激光器功率在 1～5kW 之间。

④ 对焦方便。激光束对焦时，因为透镜的焦距是固定的，所以必须移动工作台；而电子束则是通过调节聚束透镜的电流来对焦，因而可在任意位置上对焦。

⑤ 加工速度更快。电子束设备靠偏转线圈操纵电子束的移动来进行二维扫描，扫描频率可达 20kHz，不需要运动部件；而激光束设备必须转动反射镜或依靠数控工作台的运动来实现该功能。

⑥ 运行成本低。据国外统计，电子束运行成本是激光束运行成本的一半。激光器在使用过程中要消耗气体，如 N_2、CO_2、He 等，尤其是 He 的价格较高；电子束一般不消耗气体，仅消耗价格不算很高的灯丝，且消耗量不大。

⑦ 设备可维护性好。电子束加工设备零部件少的特点使得其维护非常方便，通常只需更换灯丝；激光器拥有的光学系统则需经常进行人工调整和擦拭，以便发挥最大作用。

7.5.4 电子束熔丝沉积成型

电子束熔丝沉积成型（EBF）是定向能量沉积式增材制造工艺的一种。这种打印机工作时，电子束聚焦于基板上，形成小熔池，熔化同步送入的金属丝。电子束因扫描运动而离开熔化点后，熔化的金属沉积、覆盖于基板上，然后电子束再在基板的下一个位置形成小熔池，继续熔化金属丝，逐步形成一条条所需的熔覆迹线和截面图形，直到金属构件成型完毕为止。图 7.22 所示为同步送丝电子束熔丝沉积式打印机原理。

电子束熔丝沉积成型具有能量功率高（几千瓦）、能量密度大（光斑直径＜0.1μm）、扫描速度快、对焦方便和加工材料广等优点。电子束熔丝沉积成型工艺能成型各种可焊接的合金构件，特别是航天用高反射率合金（如铝合金、铜合金和钛合金）构件。这种工艺的材料利用率几乎可达 100%，能源利用率接近 95%，可以用高于 $2500cm^3/h$ 的体积成型率来沉积金属构件的大块金属部分，用较低的体积成型率来沉积同一构件的精细部分。其效率仅取决于定位精度和送丝速率。图 7.23 所示为电子束熔丝沉积成型的金属构件。这些构件通过最终的机械加工后，可达到期望的表面粗糙度和加工精度。

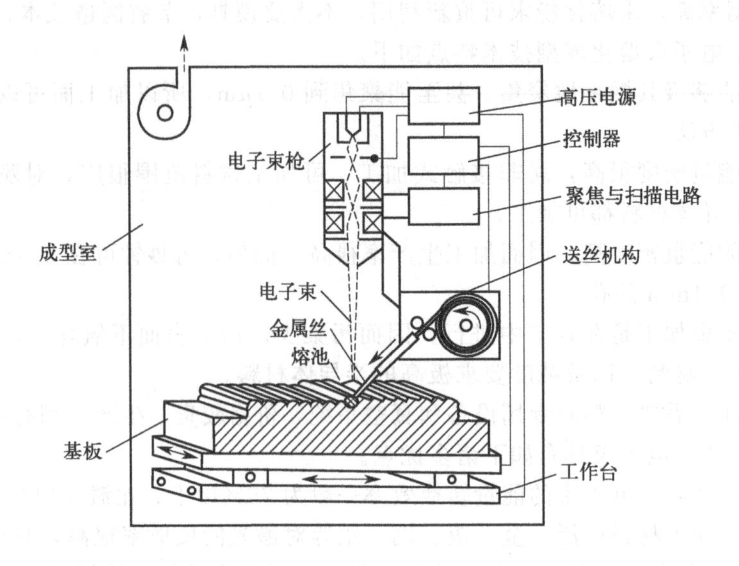

图 7.22 同步送丝电子束熔丝沉积式打印机原理

图 7.23 电子束熔丝沉积成型的金属构件

2219 铝合金材料成型实验显示，*XY* 平面上的运动速度、送丝速率和电子束功率是影响成型件形状和微观结构的最重要参数。低运动速度将导致不均匀微观结构和大晶粒。提高运动速度会使沉积层的宽度和厚度减小，使冷却速度更快，从而产生较均匀的微观结构和较小的等轴晶粒。提高送丝速率会导致沉积厚度变窄和沉积厚度增加。在较高的送丝速率下，冷却速度较快，会产生均匀的细等轴晶粒结构。以 EBF 工艺成型的 2219 铝合金构件的抗拉强度处于完全退火铝板与固溶体处理后直接自然时效铝板的抗拉强度之间。

7.5.5 熔化液滴喷射沉积成型

(1) 熔化液滴喷射沉积成型工作原理

金属构件熔化液滴喷射沉积成型又称为基于液滴的金属制造（droplet-based metal manufacturing，DMM)、基于均匀金属微滴喷射的 3D 打印等。它是一种材料喷射增材制造工艺，其原理是将金属材料置于坩埚（或加热器）中熔化，然后在脉冲压电驱动力或脉冲气压力的作用下，使熔化金属从小喷嘴射出并形成熔化液滴（简称熔滴），选择性地沉积并凝固于工作台的基板上，逐步堆积成型为 3D 金属构件，如图 7.24 所示。这种成型方式没有在基板上形成熔池的过程，只依靠熔化液滴本身的热量与基板结合的界面发生局部重熔，凝固后形成冶金结合，而且熔化液滴的尺寸很小，冷却与凝固速度快，所得成型件的微观组织细小、均匀。

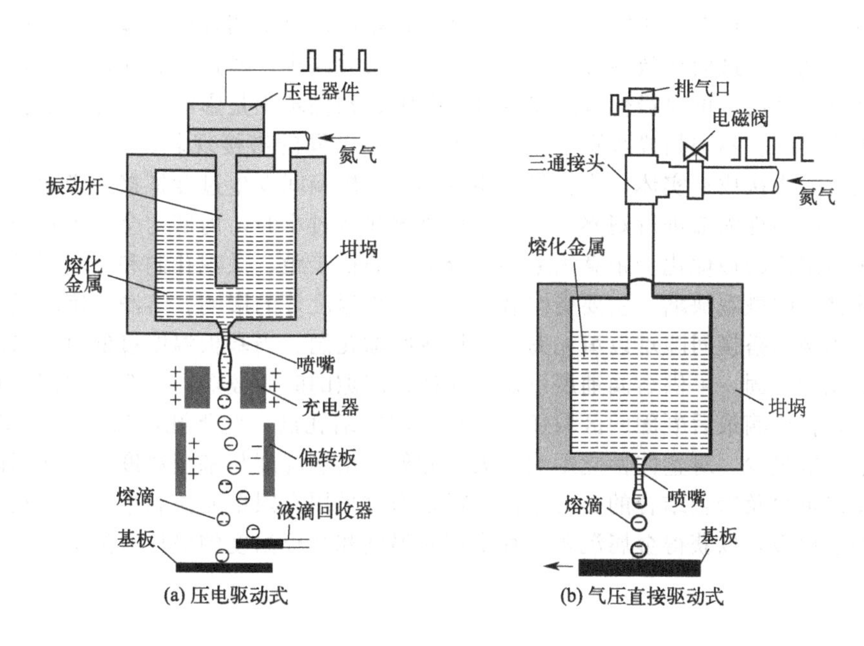

图 7.24　熔化液滴喷射沉积成型原理

金属构件熔化液滴喷射沉积成型不需昂贵的能源，成型所用打印机的成本较低，特别适合高能束反射率高的金属构件直接成型。金属构件熔化液滴喷射沉积成型工艺的喷射方式有多种形式，可以采用压电器件驱动，通过改变偏转板的电场力实现连续式均匀喷射，也可以采用气压直接驱动的按需可控喷射等。

连续式均匀金属微滴喷射是在持续压力的作用下，使喷射腔内流体经过喷孔形成毛细射流，并在激振器的作用下断裂成为均匀液滴流。该技术最早是由美国麻省理工学院和美国加州大学欧文分校在 20 世纪 90 年代基于 Rayleigh 射流线性不稳定理论提出的。如图 7.24(a) 所示，坩埚内熔化的金属先在气压作用下流出喷嘴形成射流，并同时由压电器件（压电陶瓷）产生周期性扰动。当施加扰动的波长大于射流径向周长时，射流内部产生压力波动，结合表面张力的作用，射流半径发生变化。当扰动幅度等于射流初始半径时，射流断裂形成微滴。研究表明，当对射流施加波数 k 约为 0.697 的正弦波扰动时，可实现产生均匀金属液滴。由于微滴产生速率较高，需在射流断裂后经过充电，由偏转电场来控制其飞行轨迹与沉积位置。

按需式金属微滴喷射是利用激振器在需要时产生压力脉冲，改变腔内金属熔液体积，迫使流体内部产生瞬间的速度和压力变化驱使单滴熔滴形成。相比于连续式均匀金属微滴喷射，按需式金属微滴喷射时一个脉冲仅对应一滴熔滴，因而具有喷射精确可控的优点，但喷射速度远低于连续式均匀金属微滴喷射。如图 7.24(b) 所示为按需式金属微滴喷射形成的过程，驱动器按需产生脉冲压力挤压腔内熔液，熔液受迫向下流动形成液柱，在腔内压力、表面张力作用下，更多的熔液流出，液柱伸长，逐渐形成近似球形。当腔内压力减小后，喷嘴出口处流体的速度将小于先期流出流体的速度，导致液柱发生颈缩，并断裂成单滴熔滴。

(2) 熔化液滴喷射沉积成型影响因素

金属构件熔化液滴喷射沉积成型质量主要包括制件尺寸精度、表面质量、内部质量等，分层厚度、扫描步距、熔滴温度、基板温度等工艺参数对成型件质量有较大影响。零件沉积方向上的尺寸精度主要受分层切片厚度的影响，分层切片厚度越小，零件模型分层切片后获得的层数目越多，零件在沉积方向上的尺寸增大；相反，分层切片厚度越大，零件分层切片后获得的层数越小，进而导致零件在沉积方向上的尺寸缩小。通过实验和理论推导，在确定单滴熔滴铺展高度后，可对最优分层厚度进行预测。扫描步距是影响制件外观形貌和内部质量的重要因素之一。不同扫描步距下微滴间可能产生不同的搭接现象。当扫描步距过大时，熔滴间无法有效搭接成型实体；当扫描步距过小时，熔滴间发生过度搭接而隆起。对不同扫描步距下成型的制件内部进行观察，当搭接率过大或者过小时，内部均会产生孔洞，可以采用基于体积恒定法的最优化步距算法来确定合适的扫描步距。微观孔洞和冷隔属于微滴喷射沉积件内部常见的微观缺陷，主要受熔滴温度、基板温度等的影响。熔滴温度较低时，熔滴流动性差，熔滴间搭接间隙难以填充完全，形成间隙孔洞。当基板温度过低时，熔滴在较短时间内就会完全凝固，可供熔滴铺展以及填充搭接间隙的时间较短，也会引起间隙孔洞。除间隙孔洞外，在熔滴最后凝固的区域还会存在凝固收缩孔洞，此类孔洞通常难以完全消除，因其尺寸小，数量少，对整体性能影响不大。此外，熔滴温度与基板温度的合适匹配也是保证熔滴间良好重熔及冶金结合的必要条件。可以通过采用有限单元法和单元生死技术对沉积过程进行动态模拟，以获得金属沉积过程中熔滴温度和基板温度的最佳匹配值。

难加工材料 3D 打印应用

与传统的“切削材料去除”的加工技术（如 3D 雕刻）完全不同，3D 打印以经过智能化处理后的 3D 数字模型文件为基础，运用粉末状金属或塑料等可热熔黏结材料，通过分层加工、叠加成型的方式“逐层增加材料”来生成 3D 实体。因为可采用各种各样的材料（液体、粉末、塑料丝，金属、纸张，甚至巧克力、人体干细胞等），而且可以自由成型（任意复杂的中空、多孔、镶嵌形状），所以 3D 打印机被誉为“万能制造机”。全球范围内的工业级 3D 打印应用主要集中在航空航天、交通运输（如汽车）、工业装备（如模具）、医疗器械，以及消费级电子产品等诸多领域。

8.1 航空领域应用

航空制造业是对零件的安全性要求十分严格的行业。为何 3D 打印在航空领域可以得到应用？3D 打印生产的零件是否靠谱？如何满足航空领域对产品性能的要求？

要想解答好诸如此类的问题，人们首先应认识到在将 3D 打印与传统制造技术进行比较时，应考虑到 3D 打印不是在生产和原来一样的零件，而是在生产完全不一样的零件，不一样的形状、不一样的材料，产生不一样的性能。这就带来了极大的升级空间。以传统锻造业为例，锻造飞机上的钛合金结构件是一项复杂的工艺，而这些结构件还要在机床上经过高达 70％的大余量去除才能获得极佳的精度。而通过激光定向能量沉积（DED）技术等 3D 打印技术，可以以激光近净成型的方式来获得零件毛坯，在机床上进行小余量的切除就可以获得想要的零件。对航空制造业来说，这无疑是材料的节约以及供应链的缩短，在通过 3D 打印来获得更高生产效益的同时，还减少了对钛合金这类昂贵材料的浪费。

此外，利用 3D 打印技术对产品形状创造的自由度，可以将以往需要多个零件组装在一起的零件以一体化结构的方式来成型，并且通过拓扑优化、仿真等软件实现以最少的材料达到最佳的性能。3D 打印在航空制造领域以创造新零件的方式展示了下一代飞机的设计与制造模式。之前 3D 打印在航空产业中只扮演类似快速成型的小角色，但现在的发展趋势是这一技术将在航空航天产业中占据战略地位，甚至成为核心制造技术。

8.1.1 航空关键零件 3D 打印

(1) 宽体客机发动机

GE 航空集团和罗尔斯·罗伊斯公司（简称 RR）这两大飞机发动机制造商均为客机零部件的 3D 打印进行了技术储备。XWB-97 发动机是为空客 A350-1000 宽体飞机设计的，RR 在 XWB-97 发动机研发过程中使用了电子束熔丝沉积成型技术，以该技术制造了一个直径为 1.5m 的前轴承座。该技术的优势是使零部件研发周期缩短，并带来更高的设计自由度。

(2) 涡扇发动机

INTECH DMLS 公司为印度斯坦航空公司（HAL）25kN 涡扇发动机制造了一款 3D 打印的燃烧室机匣，如图 8.1 所示。这是一种复杂的薄壁零部件，打印材料为镍基高温合金。此类零部件不仅具有大型复杂结构，而且对结构完整性要求高，使用传统制造技术加工此类零件时存在众多难点。例如，零件壁较薄，加工时容易变形及产生让刀现象，难以保证加工精度；在加工时，需要将毛坯中的大部分材料作为切削余量加以去除，切削加工量大。由于材料导热性较差，在切削加工中切削温度高，导致加工硬化现象严重、刀具磨损严重等。

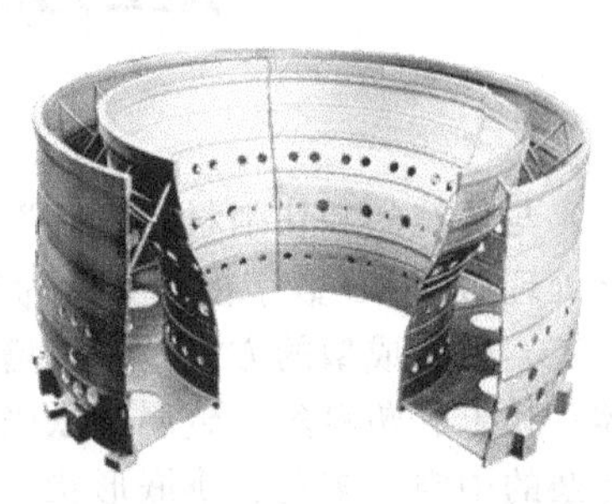

图 8.1　3D 打印的燃烧室机匣

这些难点使发动机燃烧室机匣的制造周期长，制造成本高。传统工艺制造该零部件的周期为 18～24 个月，而 INTECH DMLS 公司研发和制造燃烧室机匣的周期为 3～4 个月，使用的制造工艺包括镍基高温合金机匣的 3D 打印、热处理、机加工、表面处理，以及对 5 个独立的 3D 打印部件的激光焊接。

(3) 涡桨发动机

GE 航空集团的设计师将金属 3D 打印技术引入某涡桨发动机的制造中。该发动机中的部件由 855 个减少到 12 个，超过三分之一的部件是由 3D 打印完成的，使得这款发动机具有强大的市场竞争潜力。

8.1.2 未来航空制造

在传统铸造工艺中，大尺寸和薄壁结构铸件的制造一直存在难以突破的技术壁垒。由于冷却速度不同，在铸造薄壁结构金属零件时，会出现难以完成铸造或者铸造后应力过大、零件变形的情况。这类零件可以使用选区激光熔化成型技术进行制造，通过激光光斑对金属粉末逐点熔化，在局部结构得到良好控制的情况下保证零件整体性能。

图 8.2　3D 打印的多层薄壁圆柱体

图 8.2 所示为 3D 打印的多层薄壁圆柱体。该零件由铂力特公司通过选区激光熔化成型设备制造，材料为镍基高温合金粉末，零件尺寸为 ϕ576mm×200mm，壁厚最薄处仅为 2.5mm，质量为 15kg。该零件体现了选区激光熔化成型技术在制备大幅面薄壁零件方面的能力。与铸造工艺相比，采用金属 3D 打印技术直接制造零件，不需要提前制备砂铸造型，这使得制造周期大幅度缩短。铂力特公司制造多层薄壁圆柱体时所花费的打印时间约为 72h。

随着航空产业的不断发展，对航空装备极端轻量化与可靠化的追求越来越急迫，锻造技术的瓶颈已逐渐显现，尤其在大型复杂整体结构件、精密复杂构件的制造以及制造材料的节省方面。以电子束和等离子束为热能的定向能量沉积技术在航空制造业中的应用恰好弥补了传统锻造技术的不足，受到了航空制造企业的重视，在飞机结构件一体化制造（翼身一体）、重大装备大型锻件制造、难加工材料及零件的成型、高端零部件的修复（叶片、机匣的修复）等传统锻造技术无法满足需求的领域发挥出独特的作用，甚至有人认为 3D 打印技术可以替代锻造技术用于航空制造领域。

（1）轻量化

实现飞机减重的常见方式有两种：一种是使用密度更小、性能更强的先进材料来替代现有材料；另一种是对现有飞机零部件进行轻量化设计。

3D 打印通过结构设计层面实现轻量化的主要途径有四种：中空夹层/薄壁加筋结构、镂空点阵结构、一体化结构、异形拓扑优化结构。

无论是发动机零部件，还是飞机机舱中的大型零部件，在航空制造业所进行的大量 3D 打印探索当中，相比上一代设计更加轻量化几乎是这些零部件的共同特点。3D 打印可通过实现零部件结构设计层面上的突破而实现轻量化，以最少的材料满足零部件的性能要求。

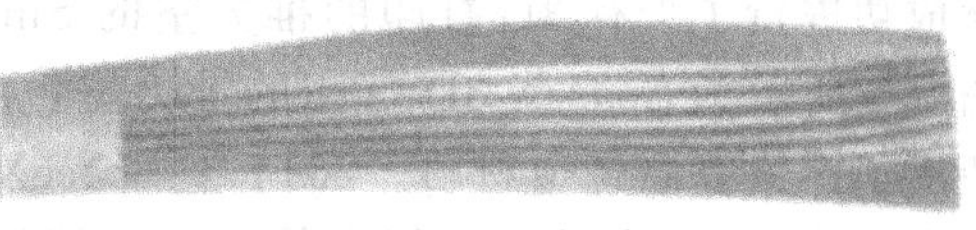

图 8.3 3D 打印的航空发动机中空叶片原型

图 8.3 所示为 3D 打印的航空发动机中空叶片原型，叶片总高度为 933mm，横截面最大弦长为 183mm，内部中空，以 21 排薄肋按 45°进行加固处理。该零件由铂力特公司采用选区激光熔化成型技术一次成型，内部致密，整个叶片采用中空设计，使得叶片质量减轻 75%。

（2）大型零件制造

法国航空供应商 Sogeclair 公司曾采用 3D 打印与铸造工艺相结合的方式来解决飞机舱门传统加工方式所面临的加工复杂性挑战。具体来说，就是通过 3D 打印制造出舱门精密铸造所需要的铸造熔模，然后通过铸造工艺完成舱门的铸造。飞机舱门的设计团队在对零件所要达到的力学性能进行分析之后，决定采用仿生学结构设计理念，在满足舱门所需要达到的力学性能的要求下，实现减重 30%。

图 8.4 所示为 3D 打印的舱门铸造熔模。3D 打印舱门铸造熔模需要采用德国 Voxeljet 公司的大型黏结剂喷射 3D 打印设备和 PMMA 颗粒材料。大型黏结剂喷射 3D 打印设备能够一次性成型舱门铸造熔模，从而避免铸造模具发生破损，降低制造风险，实现铸造件的激光近净成型。

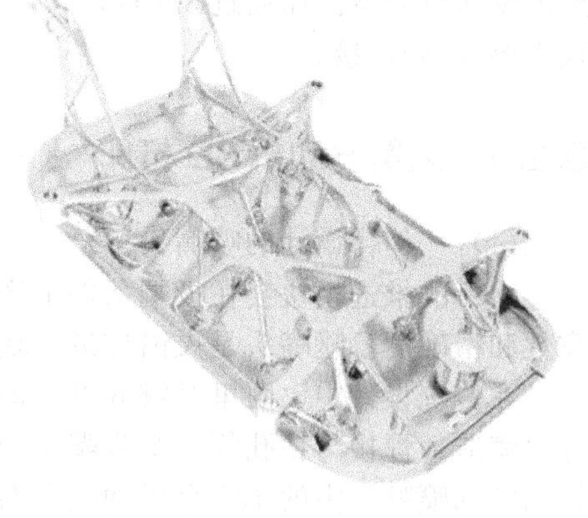

图 8.4 3D 打印的舱门铸造熔模

（3）零件修复

基于定向能量沉积技术的激光熔覆成型技术对飞机的修复产生了直接影响，涡轮发动机叶片、叶轮和转动空气密封垫等零部件，可以通过表面激光熔覆成型强化得到修复。

激光熔覆成型技术本身也在不断地发展。2017 年，德国 Fraunhofer 研究所开发出超高速激光材料沉积（EHLA）技术。这项技术使得定向能量沉积技术所实现的表面质量更高，甚至达到涂层的效果。

除了激光熔覆成型技术，冷喷增材制造技术正在引起再制造领域的关注。其中，GE航空集团就通过向飞机发动机叶片表面以超声速从喷嘴中喷射微小的金属颗粒，为叶片受损部位添加新材料而不改变其性能。除了不需要焊接或机加工就能制造全新零件以外，冷喷增材制造技术令人兴奋之处在于它能够将修复材料与零件融为一体，恢复零件原有的功能和属性。

8.2 航天领域应用

SpaceX（太空探索技术公司）引发了可重复利用、低成本的下一代火箭的开发竞赛，从其开发过程中看，3D打印技术得到大量应用。早在2013年，SpaceX就成功进行了带有3D打印的推力室的SuperDraco发动机的点火实验。图8.5所示为SpaceX 3D打印的推力室，它由选区激光熔化设备制造，使用了镍铬高温合金材料。2014年SpaceX发射的“猎鹰9号”火箭中带有一个3D打印的氧气阀主体。与传统铸造技术相比，使用增材制造不仅能够显著地缩短火箭发动机的交货期并降低制造成本，而且可以实现“材料的高强度、可延展性、抗断裂性和低可变性等”优良属性。在非常复杂的火箭发动机中，所有的冷却通道、喷油头和节流系统很难通过传统技术制造。

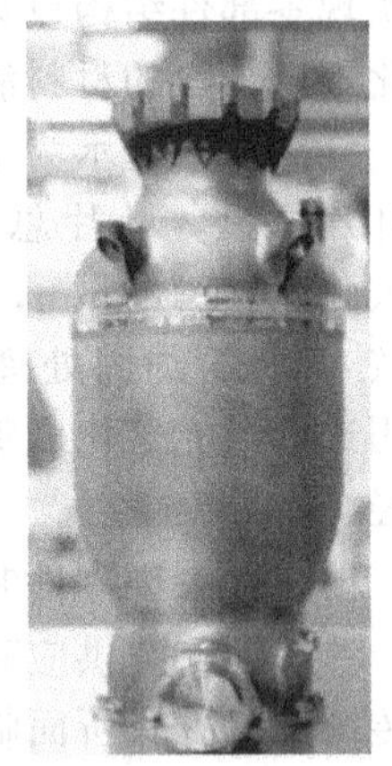

图8.5 SpaceX 3D打印的推力室（图片来源：SpaceX）

美国航空航天局（NASA）于2012年就启动了关于增材制造验证机（additive manufacturing demonstrator engine，AMDE）的计划。NASA认为3D打印在制造液态氢火箭发动机方面颇具潜力。有关团队通过增材制造技术生产出100多个零件，并设计了一个可以通过3D打印来完成的发动机原型。而通过3D打印，零件的数量可以减少80%，并且仅仅需要30处焊接。

8.2.1 火箭发动机3D打印

（1）一体化设计的喷嘴头

火箭的推进模块会在极端条件下产生巨大推力，这要求在较小空间内实现最高级别的可靠性和精确度。喷嘴头是火箭推进模块中的核心组件之一，负责将燃料混合物输入燃烧室。

在传统设计中，阿里亚娜6型火箭助推器的喷嘴头由248个零部件构成，而这些零部件通过铸造、焊接与钻孔等多个步骤生产、装配而成，带有8000多个十字钻孔的铜套管被螺钉固定到喷嘴头中的122个燃油喷射器组件上，以便将其中流动的氢气与氧气混合。但传统工艺存在不足：一方面是不同的工艺步骤可能会导致组件在极端负荷下产生风险；另一方面是生产如此多的零部件也是一个耗时的复杂过程。

金属3D打印技术在制造一体化零部件方面的优势，为喷嘴头这样的复杂组件生产带来了设计优化和制造工艺简化的可行性。Ariane Group（空客公司与赛峰集团的合资公司）就曾采用选区激光熔化成型技术制造了阿里亚娜6型火箭助推器中的一体式喷嘴头。其中，

122个燃油喷射器组件、基板和前面板、带有相应进料管的圆顶氢气氧气燃料输送头，被设计为1个集成的组件。图8.6所示为3D打印的集成式火箭发动机喷嘴头。该零件采用Inconel718合金粉末材料和选区激光熔化成型技术制造。

可以说，阿里亚娜6型火箭中的喷嘴头已经被简化为真正的一体化设计，以增材制造的喷嘴头，其壁厚得到大幅减小，但不会对强度造成损失，其质量减轻了25%。

（2）大型结构件

① 火箭喷嘴。阿里亚娜6型火箭推进模块还有一个3D打印的零件——直径为2.5m的喷嘴。该喷嘴的制造技术为用于大型复杂结构件的定向能量沉积技术。相比上一代设计，该喷嘴的零部件数量减少了90%，从约1000个零部件减少到约100个零部件。该喷嘴已经在发动机喷嘴测试中取得成功。

② 火箭发动机涡轮泵。图8.7所示为3D打印的火箭发动机涡轮泵，由NASA通过选区激光熔化成型技术制造。NASA针对增材制造而进行的设计，相比传统技术制造的涡轮泵减少了45%的零件。

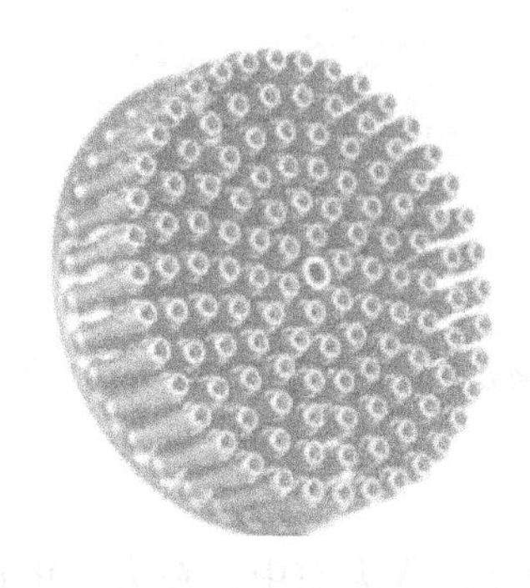

图8.6 3D打印的集成式火箭发动机喷嘴头（图片来源：德国EOS公司）

图8.7 3D打印的火箭发动机涡轮泵

8.2.2 卫星制造及在轨3D打印

（1）功能集成的小卫星

随着卫星技术与应用的不断发展，人们在要求降低卫星成本、减小风险的同时，迫切需要缩短卫星研发周期。

采用3D打印技术以及塑料材料制造小卫星外壳结构受到了卫星制造机构的重视。2017年5月，ESA（欧洲航天局）推出了一项新的3D打印立体小卫星项目，打印材料为PEEK（聚醚醚酮），通过向材料中加入特定的纳米填料而使其具有导电性。小卫星内部的电气线路、仪器和太阳能电池板只需要插入即可。ESA旨在将这些3D打印的小卫星投入商业应用。

（2）卫星轻量化

① 点阵轻量化结构。点阵结构的特点是质量轻、比强度高和特定刚性高，并且带来各种热力学特征。点阵结构适合用于抗冲击/爆炸系统，或者用于散热介质、声振动、微波吸收结构和驱动系统中。

得益于点阵结构的独特性能以及低体积容量，将点阵结构与零部件的功能相结合已被证明是3D打印技术发挥潜力的优势领域。

欧洲卫星制造商 Thales Alenia Space 公司制造的某颗卫星上应用了大尺寸 3D 打印金属点阵结构。如图 8.8 所示，该结构质量为 1.7kg，体积为 134mm ×28mm ×500mm。

② 功能集成一体化天线。3D 打印技术为卫星天线设计带来了继续优化的空间，主要优化方向是进行天线零部件的一体化设计，然后通过选区激光熔化成型技术制造这些一体化结构的天线。

图 8.9 所示为 3D 打印的卫星天线支架。这是一款航天应用的认证产品，比最低要求的强度提升了 30%，具有高度统一的应力分布，实现减重 40%。该支架将为卫星发射带来更低的系统成本和燃料消耗。

图 8.8 卫星中的点阵结构

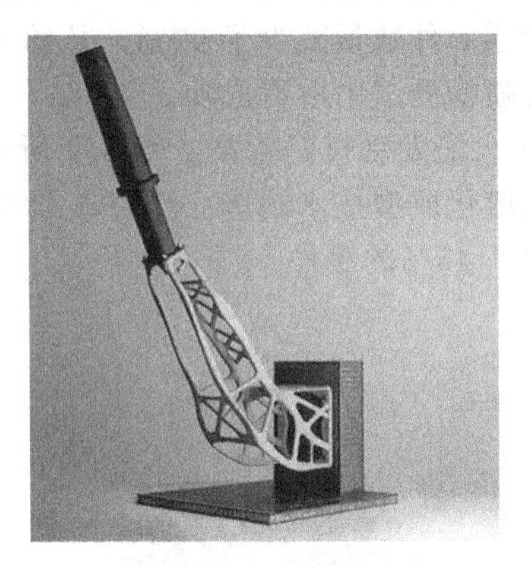

图 8.9 3D 打印的卫星天线支架

（3）在太空中制造

美国 Made In Space 公司正致力于将原材料和生产设备送入太空中，在太空中进行按需生产。该公司和 NASA 合作进行了一个有意思的科学实验，通过一台特殊的零重力 3D 打印机在国际空间站中制造了一个扳手。进行类似太空 3D 打印技术实验的还有俄罗斯的航天制造团队，他们开发了一种可用在国际空间站上的碳纤维增强塑料 3D 打印设备。该设备的样机在 2016 年夏天完成了振动、失重等太空模拟测试，可为空间站上的小卫星制造复合材料的零部件，如反射器、天线等。

Made In Space 公司还启动了一个更大的太空制造计划——研发一台形似蜘蛛的太空制造设备。该设备集成了 3D 打印机和机械臂，其应用方向是在太空轨道上直接进行航天器零部件的制造和装配。其优势是直接在太空中进行制造，不必折叠。在打印材料充足的情况下，可以制造出非常大的航天器。这种在太空直接制造的方式，也减少了对航空器进行“空间优化”的需求，实现了全新的航天器设计，同时降低了太空发射的成本。

8.3 汽车 3D 打印应用

3D 打印最早应用于汽车行业是因为这种技术免除了传统的开模过程，模具制造成本昂贵并花费大量时间。无模化的制造过程使得 3D 打印技术在小批量生产方面更具有灵活性。而在汽车行业中，用到小批量生产的环节包括研发过程中的原型试制、展示过程中的概念车制造、制造过程中的工装夹具、再制造过程中的零件修复、个性化改装与定制过程中的零部件制造以及售后市场中的小批量备品备件制造等。

根据相关市场研究机构的分析，3D 打印技术应用到汽车行业大致需要经过 4 个阶段：基础快速成型、分布式制造思想的产生、先进成型与探索、快速制造和工具制造。这 4 个阶段描绘出一张 3D 打印技术与汽车行业逐渐走向深度结合的路线图。

3D 打印技术在汽车行业中的应用，最终会被未来的汽车设计方向所驱动。下一代汽车技术正朝着轻量化、智能化、个性化方向发展，汽车的设计迭代周期将继续缩短。3D 打印将催生电动汽车设计方面的快速迭代，并带来全新的电动汽车设计与生产模式。此外，3D 打印在电力驱动及控制系统等核心部件制造方面具有颠覆性潜力，减轻质量、创建更高效的动力传动系统、降低噪声，3D 打印将带来永无止境的创新过程。

(1) 快速成型制造

由于通过 3D 打印设备可以在不开发模具的情况下快速地将原型制造出来，这项技术为汽车制造企业的设计工作节省了大量时间，同时节省了研发过程中的模具制造成本，为加速汽车的设计迭代创造了条件。

宾利汽车公司的设计工作室就曾使用过 Stratasys 公司生产的多材料 3D 打印设备制造用于量产前评估和测试的接近真实零部件的零部件原型，如汽车内饰件、外饰件、轮毂以及全尺寸的汽车尾部饰板。该设计团队曾用多材料 3D 打印设备制造出一个包含轮毂在内的橡胶轮胎。

(2) 概念车

概念车是一种介于设想和现实之间的汽车，汽车设计师往往利用概念车向人们展示新颖、独特、超前的构思。

德国博世公司与其合作伙伴 EDAG 公司在共同打造智能化的概念车 Soulmate 时采用 3D 打印技术直接制造零部件。这些零部件是构成轻量化车身的关键结构。EDAG 公司的设计师从叶子中汲取灵感，获取轻量级车身的设计思路。Soulmate 的车身结构由类似于叶脉的 3D 打印的“骨架结构”和一层轻薄的覆盖外层所构成。3D 打印的“骨架结构”经过了拓扑优化设计，设计师在其承载力要求低的地方减少材料的使用，在其承载力要求高的地方提高材料的密度，从而成为一种轻量化的汽车车身结构，减少了制造过程中材料的浪费。Soulmate 车身在制造中使用了金属 3D 打印、激光焊接、激光弯曲成型等技术。图 8.10(b) 所示的 3D 打印的骨架结构其实是车身结构件的节点，节点的形状有效地满足每级荷载加强元件的力学性能需要，所采用的金属 3D 打印技术为 GE 公司的选区激

(a) 概念车

(b) 骨架结构

图 8.10　3D 打印的 Soulmate（概念车）及车身骨架结构

光熔化成型技术。

(3) 3D 打印为汽车零部件制造带来新机遇

图 8.11 展示了 3D 打印技术在汽车零部件制造中的主要应用。此外，还可通过 3D 打印砂型铸造实现制造更为紧凑的零件，或通过 3D 打印制造随形冷却模具以实现更为集成的注塑零件。3D 打印技术将成为一门核心技术。

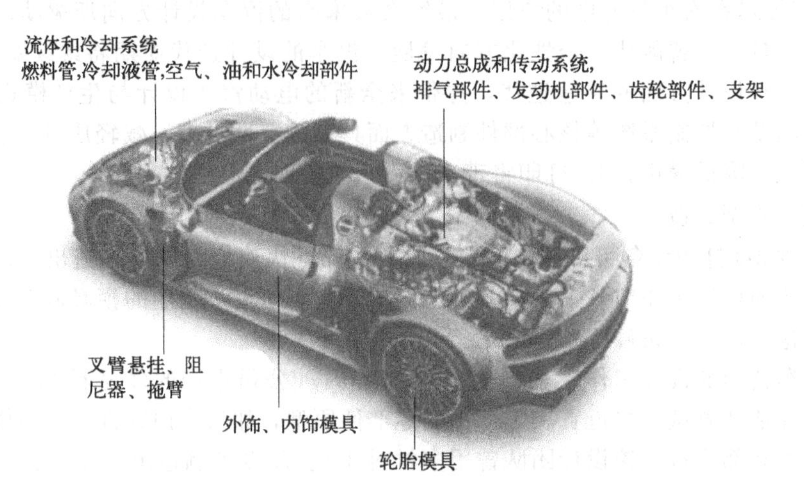

图 8.11 3D 打印应用于汽车零部件

① 应对电子动力总成的新挑战。保时捷公司结合基于 3D 打印的结构优化技术，实现了差速器的独特设计（包括齿圈），通过齿轮减重和刚性形状的组合，可实现更高效的传动。

3D 打印的带齿圈的差速器壳体是减重潜力最大的部件。该壳体采用功能集成的一体化结构，经过制造前仿真分析，最终的、有限元分析优化后的差速器壳体具有非常均匀的应力水平，比原有设计的壁厚更薄。最终的结果实现了减重 13%（约 1kg），径向刚度变化减少 43%，切向刚度变化减少 69%。

② 颠覆性的汽车底盘。有的美国公司将“骨架结构”设计理念应用到了跑车底盘设计中，并通过采用选区激光熔化成型技术打印制成的节点与其他材料相连接的方式来制造底盘，为汽车行业用户提供了颠覆性的底盘制造技术。通过这套技术制造的跑车，拥有铝材 3D 打印制成的节点与碳纤维管材连接而成的底盘。由于汽车中大量采用 3D 打印的铝制节点结构，减少了铸件和机械加工中材料的去除量。这种制造理念可以将一辆 5 人座的汽车减重 50%，可以将零件数量减少 75%，资本消耗只有其他汽车制造方式的 1/50。

(4) 汽车定制和组装

从 2018 年起，新购买和已经购买 MINI 品牌汽车的欧洲车主可以通过专用的在线配置程序来设计自己的内外饰配件，包括 3D 打印的仪表盘、侧面指示灯、个性化的门槛镶嵌和 LED“水坑灯”。侧面指示灯和仪表盘有多种颜色供选择，可以显示文字、简单的图像和纹理图案或者城市风貌。个性化的门槛镶嵌可以呈现车主的手写文字、基本图像甚至星座等。

8.4 模具 3D 打印应用

3D 打印与模具的关系十分微妙：一方面 3D 打印本身就带有无模化的特点，也就是说 3D 打印使得模具变得多余了；另一方面，3D 打印在模具制造方面有着特殊优势，尤其是选择区激光熔化成型技术在随形冷却模具的制造方面变得越来越主流。

金属 3D 打印技术为模具设计带来了更高的自由度，这使得模具设计师能够将复杂的功能整合在一个模具组件上，通过优化设计来提高模具性能，从而使通过模具制造的高功能性终端产品的制造速度更快。

3D 打印可以实现任意形状的冷却通道，以确保实现随形的冷却更加优化且均匀。3D 打印随形冷却模具目前还仅仅适合高附加值模具的制造。除了金属 3D 打印的随形冷却模具，还有一种塑料 3D 打印的快速模具，在工业制造企业开发新产品的过程中，经常会用于小批量的终端产品进行设计验证或市场验证。3D 打印模具缩短了整个产品的开发周期，使模具设计周期跟得上产品设计周期的步伐；3D 打印可使企业能够承受得起模具频繁更换和改善。

3D 打印技术在金属模具与塑料模具的制造中都有相应的应用。在金属模具中较为典型的应用，是将 3D 打印技术用于制造铸模，例如通过黏结剂喷射 3D 打印技术制造金属铸造用的砂模。在注塑模具制造中典型的应用是制造模具中的随形冷却水路。制造随形冷却水路的 3D 打印技术为选区激光熔化成型技术。

目前，3D 打印技术并不能替代传统的模具加工技术，但在模具小批量快速制造或部分复杂模具的制造中，3D 打印技术的应用价值已非常清晰。

（1）大型模具的快速打印

在大型模具方面，美国普渡大学复合材料制造和模拟中心曾与 3D 打印系统制造商在大型注塑模具 3D 打印方面取得进展。该团队通过基于材料挤压工艺的 3D 打印设备和碳纤维增强 PSU（聚砜）塑料材料制造了一个大型模具，并用其生产出直升机的大型结构件。

此外，在制造直升机结构件这样的大型零件时，通常需要用到几吨到几十吨的模具来完成制造工作。而这样的模具通过传统的加工技术加工非常昂贵，其加工过程也充满了挑战。研究团队通过大型混合加工系统（large scale additive manufacturing，LSAM）来制造大型模具。该系统集成了 3D 打印系统与机加工系统，由 3D 打印系统制造出粗糙的模具轮廓，再通过 CNC 铣床将模具加工到精确尺寸，在 3D 打印的过程中可以同步配合机加工切削。

与传统制造方式相比，3D 打印模具的材料比标准模具材料的成本降低 34%，生产速度提高了 69%，3D 打印模具只需 3d 就可以制造完成；而传统的模具制造则需要 8d，因此，为大型模具制造带来了新的切入点。

（2）3D 打印注塑模具随形冷却水路

注塑成型时模具的温度直接影响注塑制品的质量和生产效率，温度主要通过模具中的冷却系统来进行调节。所以，如何在最短时间内高效冷却注塑材料，是注塑模具随形冷却水路设计与制造过程中关键的考量因素。

3D 打印随形冷却水路可摆脱钻孔的限制，大幅度提高冷却效果，颠覆传统随形冷却水路的设计和制造。

模具制造用户可以通过金属 3D 打印技术顺利地构建具有随形冷却通道的模具型芯，使模具内的温度变化更加均匀，从而在时间、成本和质量方面优化模具加工过程，有助于缩短注塑件的成型周期，减少翘曲变形。

图 8.12 所示为高压清洗车后壳注塑模具的新设计和原设计。在新设计中，有两个新增加的金属 3D 打印高强度镍合金钢模芯，模芯带有随形冷却水路，冷却通道更接近热源，可更好地解决“热点”问题。经过热成像技术的检查，修改后的模具壁温度可降低 40～70℃，冷却时间可从 22s 缩短至 10s。

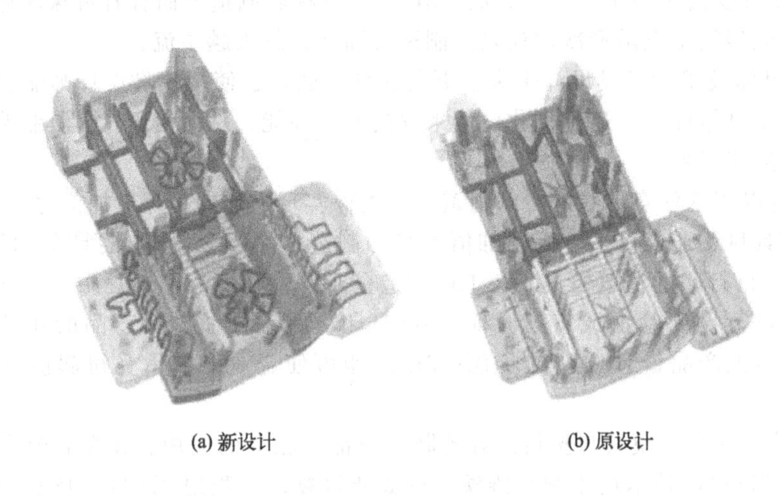

(a) 新设计　　(b) 原设计

图 8.12　高压清洗车后壳注塑模具设计

(3) 3D 打印轮胎模具

金属 3D 打印技术很好地解决了轮胎模具加工中刀具干涉的问题，催生了新型的轮胎制造能力。

更复杂的花纹、更好的抓地力和稳定性能无疑是轮胎制造商的增长点。汽车轮胎制造商米其林公司已经认识到 3D 打印技术制造复杂、高附加值轮胎模具的潜力，并围绕金属 3D 打印技术展开了一系列行动。2015 年，米其林公司与法孚集团（Fives Group）成立了合资公司，共同开发和销售金属 3D 打印设备：2016 年，推出了金属 3D 打印机 FormUp 350；2017 年，正式发布了高端四季轮胎。在制造这款四季轮胎的生产模具时，应用了金属 3D 打印技术。

8.5 医疗领域 3D 打印应用

3D 打印技术在医疗领域的主要应用价值体现在更好地为患者进行个体化治疗，以高效、精准的数字化设计与制造手段制造定制化的医疗器械。3D 打印技术由于能够根据患者需求个性化地定制植入物形状，并且可精确控制植入物的复杂微观结构，可实现植入物外形和力学性能与人体自身骨的双重适配，在骨科植入医疗器械领域深受青睐，发展迅猛。

除了骨科和牙科，3D 打印在医疗器械领域的应用还很广泛。3D 打印可制造的医疗器械主要包括：植入物、手术规划模型、手术器械，以及牙科修复物、正畸器械和康复器械。组织工程、生命科学研究学者采用3D打印技术制造组织工程支架、人体组织以及微流控芯片。3D打印技术在医疗行业应用的发展趋势将是从制造植入物等不具有生物活性的医疗器械发展到制造带有生物活性的人造器官。

(1) 3D打印植入物

3D打印植入物是3D打印技术在医疗行业中市场规模最大的应用。在临床治疗中，植入物是骨骼肌肉系统治疗的方式之一，作用是全部或部分替代关节、骨骼、软骨或肌肉骨骼系统。

如果按照植入物的用途进行分类，植入物分为：关节植入物、脊柱植入物、创伤植入物(如骨板、骨钉)。如果按照植入物的制造材料进行分类，植入物分为：金属植入物、聚合物植入物和陶瓷植入物。目前在这三种类别的材料中，部分有代表性的材料可以通过3D打印设备制造，如图8.13所示。聚合物植入物与陶瓷植入物都可以再进一步分为可降解植入物和不降解植入物。可降解的植入物植入人体之后将在一定时期内被逐渐分解成能够被人体吸收的成分。

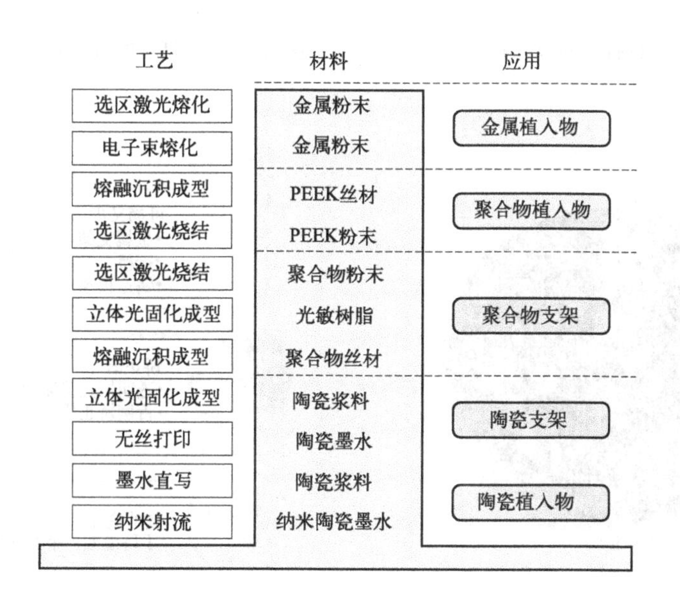

图8.13　植入物3D打印工艺及材料

从具体的医学应用角度来看，金属3D打印技术能够制造颅骨修补片、下颌骨、胸骨、膝关节、髋关节、脊椎融合器等多种植入物。3D打印的髋臼杯如图8.14所示，3D打印的脊椎骨如图8.15所示。

(2) 将实现全盘“3D”化的牙科加工业

牙科领域是3D打印技术短期和长期发展的重要领域，牙科产品对小批量定制化的需求，为3D打印技术提供了良好的应用基础。

虽然在牙冠加工上3D打印技术与CAD/CAM技术高下未分，但是3D打印技术在牙科制造上的应用广度却远在CAD/CAM系统之上。3D打印技术为需要进行牙齿矫正的个人实现个性化定制牙套创造了更多可能。图8.16所示为3D打印的牙冠。

图8.17为3D打印在牙科领域的主要应用，从中可以看出3D打印是数字化牙科加工技术中的“全能选手”。

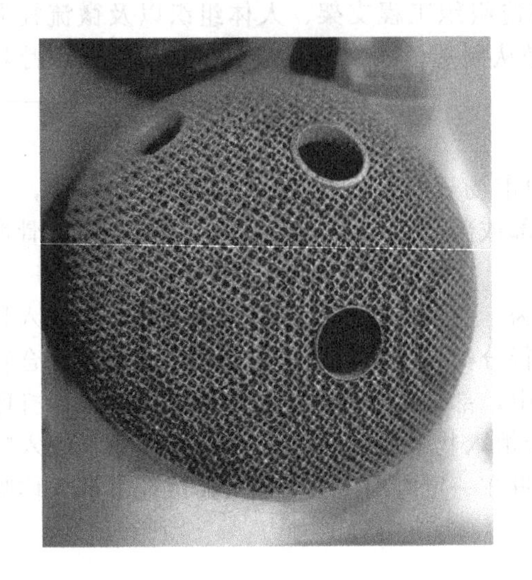

图 8.14　3D 打印的髋臼杯

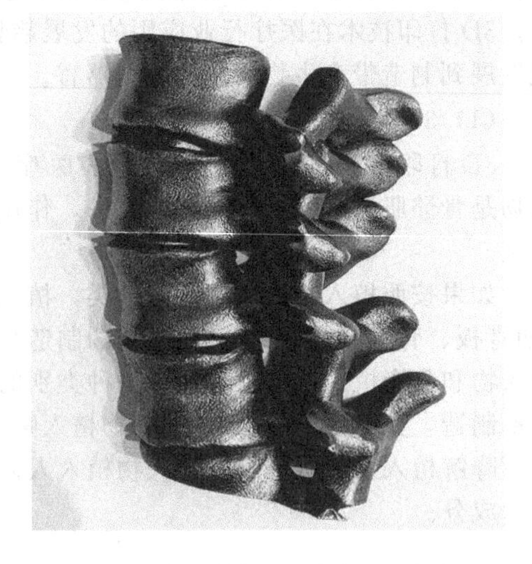

图 8.15　3D 打印的脊椎骨（材料：不锈钢 316L）

图 8.16　3D 打印的牙冠

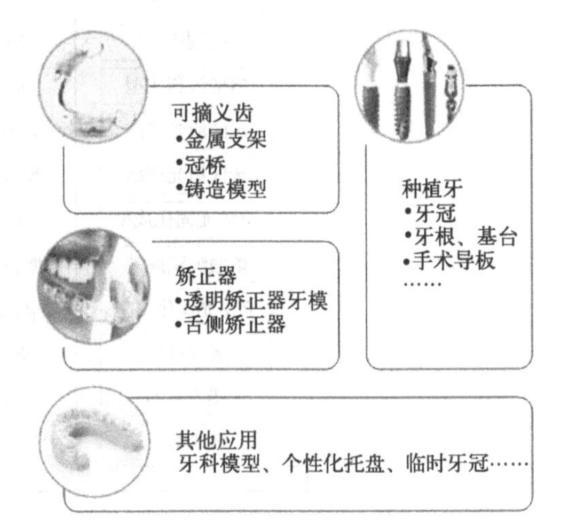

图 8.17　3D 打印在牙科领域的主要应用

参考文献

[1] 傅玉灿．难加工材料高效加工技术［M］．2版．西安：西北工业大学出版社，2016.

[2] 周俊．先进制造技术［M］．北京：清华大学出版社，2014.

[3] 王隆太．先进制造技术［M］．2版．北京：机械工业出版社，2015.

[4] 袁哲俊，王先逵．精密和超精密加工技术［M］．北京：机械工业出版社，2007.

[5] 王明海，韩荣第．现代机械加工新技术［M］．2版．北京：机械工业出版社，2013.

[6] 田民波．材料学概论［M］．北京：清华大学出版社，2015.

[7] 何宁．高速切削技术［M］．上海：上海科学技术出版社，2012.

[8] 盛晓敏．超高速磨削技术［M］．北京：机械工业出版社，2010.

[9] 李伯民，赵波，李清．磨料、磨具与磨削技术［M］．2版．北京：化学工业出版社，2016.

[10] 李伯民，李清．超硬工具加工与应用实例［M］．北京：化学工业出版社，2012.

[11] 戴维姆・保罗．复合材料加工技术［M］．安庆龙，陈明，宦海洋，译．北京：国防工业出版社，2016.

[12] 吴怀宇．3D打印三维智能数字化创造［M］．2版．北京：电子工业出版社，2015.

[13] 辛志杰．逆向设计与3D打印实用技术［M］．北京：化学工业出版社，2017.

[14] 王广春．3D打印技术及应用实例［M］．2版．北京：机械工业出版社，2016.

[15] 蔡志楷，梁家辉．3D打印和增材制造的原理及应用［M］．4版．陈继民，陈晓佳，译．北京：国防工业出版社，2017.

[16] 王晓燕，朱琳．3D打印与工业制造［M］．北京：机械工业出版社，2019.

[17] 辛志杰．3D打印成型综合技术与实例［M］．北京：化学工业出版社，2021.